计算机系列教材

汇编语言程序设计

主编　王先水　吴蓓　章玲
主审　刘永祥

图书在版编目(CIP)数据

汇编语言程序设计/王先水,吴蓓,章玲主编.—武汉:武汉大学出版社,2012.1
计算机系列教材
ISBN 978-7-307-09422-2

Ⅰ.汇… Ⅱ.①王… ②吴… ③章… Ⅲ.汇编语言—程序设计—教材 Ⅳ.TP313

中国版本图书馆 CIP 数据核字(2011)第 282866 号

责任编辑:林 莉　　责任校对:黄添生　　版式:支 笛

出版发行:武汉大学出版社 (430072 武昌 珞珈山)
(电子邮件:cbs22@whu.edu.cn 网址:www.wdp.com.cn)
印刷:湖北金海印务有限公司
开本:787×1092 1/16 印张:20 字数:509 千字
版次:2012 年 1 月第 1 版 2012 年 1 月第 1 次印刷
ISBN 978-7-307-09422-2/TP·421 定价:35.00 元

前　言

“汇编语言程序设计”是工科院校计算机专业及相关专业一门重要的专业技术基础课程。在众多程序设计语言中，汇编语言属于低级语言，“低级”是指在面向用户方面；在面向机器方面，汇编语言是其他高级语言如 C++、JAVA 等无法比拟的。汇编语言可以充分发挥计算机的硬件特性，编写出时间和空间要求很高的程序。在实时控制场合，汇编语言更是无可替代。它借助计算机硬件知识，重点讲解汇编语言程序设计的方法与思想。本课程可以帮助学生掌握计算机硬件组成知识及汇编语言程序设计的方法，建立计算机体系结构的基本思想，为学生后续学习软件、硬件课程作好铺垫。

本书在编写过程中重视基础，循序渐进，内容精炼，重点突出，融入学科方法论内容和科学理念，反映计算机技术发展前沿，倡导理论联系实际和科学的思想方法，体现学科知识组织的层次结构。把握程序设计方法与思路，注重程序设计实践训练，引入典型的程序设计案例，将程序设计课程的学习融入案例的研究和解决过程中，以学生实际编程中解决问题的能力为突破口，注重程序设计算法的实现。从而使学生接受一次程序设计基本功的严格训练，培养学生良好的程序设计风格与严密的逻辑思维能力，提高学生分析问题、解决问题的能力及创新设计能力，为今后研制、开发各种计算机软件打下良好而坚实的基础。

本教材作为计算机系列教材之一，在内容的选择、概念的引入、案例设计与分析、文字描述等方面，都遵循面向应用、重视实践、方便教学的原则，符合人们实践—理论—实践的认知规律。以 Intel 8086/8088 系列微机为基础机型讲解汇编语言程序设计基础知识、8086/8088CPU 寻址方式及指令系统的基础上，详细讲解汇编语言程序设计的基本方法和基本思想。第 1、2 章提供学习汇编语言的基础知识，第 3、4 章重点讲解汇编语言程序设计的基本方法，第 5 章讲解汇编语言程序设计模块设计方法，第 6 章讲解汇编语言输入输出程序设计方法，第 7 章讲解文件的存储读写程序设计方法，第 8 章介绍汇编语言同 C++语言混合编程的基本方法。

本教材在编写过程中得到了中国地质大学江城学院计算机系领导和教师的大力支持。在系主任刘永祥教授的指导下，由王先水、吴蓓、辛玲三位教师共同编写完成。在编写过程中采用编者长期使用的讲稿，并参考了相关书籍，在此对相关作者表示诚挚的谢意。由于编者水平有限，书中难免存在疏漏，敬请同行专家批评指正。

作　者

2011 年 11 月

目 录

第1章 基 础 知 识

【学习目标】

（1）汇编语言及认识汇编语言源程序。

（2）计算机中的数及字符的表示。

（3）8086 微处理器的内部结构、寄存器的功能、存储器的组织。

（4）Intel 80X86 系列微处理器简介。

1.1 汇编语言概述

汇编语言是面向机器的程序设计语言。在汇编语言中，用助记符代替操作码，用地址符号或标号代替地址码。这种用符号代替机器语言的二进制码，就把机器语言变成了汇编语言，因而汇编语言亦称为符号语言。使用汇编语言编写的程序，机器不能直接识别，需要一种程序将汇编语言翻译成机器语言，这种起翻译作用的程序叫**汇编程序**，汇编程序是系统软件中语言处理系统软件。汇编程序把汇编语言翻译成机器语言的过程称为**汇编**。

汇编语言是一种面向机器的语言，不同 CPU 的计算机，其汇编语言都不相同。要学习好汇编语言，首先应了解并掌握该汇编语言的计算机硬件结构、数据类型及其在计算机内的表示方法。本书从 8086/8088CPU 的硬件结构、寻址方式、指令系统、程序设计方法和输入输出等内容进行介绍。由于 8086/8088CPU 已被技术淘汰了，但目前奔腾系列微处理器具有向下兼容的特性，因此 8086/8088CPU 机器仍然是学习汇编语言的基础，学好该机器的汇编语言也很容易拓展到 80X86 的机器甚至更高档的机器。

汇编程序同汇编语言程序是两个不同的概念。在今后的学习过程中要认真去体会并加以理解。

1.1.1 汇编语言源程序

汇编语言源程序就是用汇编语言的语句编写的程序，它是不能被机器所识别的。可以用任何一种文本编辑器进行编辑但应保存为.ASM 文件类型。如纯文本编辑器 EDIT 编辑的汇编语言源程序（保存时属性应为.ASM 的源文件或汇编语言源程序的扩展名为.ASM）。汇编语言源程序要比用机器指令编写的程序容易理解和维护，但必须通过汇编程序对其汇编成机器能识别的机器指令。

首先我们一起来认识一个完整的汇编语言源程序。利用纯文本编辑如 EDIT 编写的程序内容如下：

```
DATA SEGMENT          ；定义数据段，段名是 DATA 用于存放程序中的数据
    BUF1 DB 5         ；定义变量 BUF1，其类型是字节，其值为 5
    BUF2 DB 2         ；定义变量 BUF2，其类型是字节，其值为 2
```

```
DATA ENDS                           ; 数据段结束
STACK SEGMENT STACK                 ; 定义堆栈段，段名STACK用于保护程序中的数据
    DB 100 DUP(?)                   ; 堆栈段的大小为200个字节且每个单元初值为0
STACK ENDS                          ; 堆栈段结束
CODE SEGMENT                        ; 定义代码段，段名为CODE用于存放程序中的代码
ASSUME DS:DATA,SS:STACK,CS:CODE     ; 建立程序中各段与段寄存器的联系使CPU
                                      能访问
START:MOV AX,DATA                   ; START是代码存放的起地址。将DATA段地址送AX
    MOV DS,AX                       ; 将AX的内容送到段寄存器DS中
    MOV DL,BUF1                     ; 将变量BUF1的值传送到寄存器DL中
    MOV BL,BUF2                     ; 将变量BUF2的值传送到寄存器BL中
    ADD DL,BL                       ; 将寄存器DL的内容与BL的内容相加结果存在DL中
    ADD DL,30H                      ; 将寄存器DL中的数据加30H转换成ASCII码
    MOV AH,2                        ; 调用DOS系统2号功能，显示DL中的数据
    INT 21H
    MOV AH,4CH                      ; 调用DOS系统4CH号功能，退出DOS
    INT 21H
CODE ENDS                           ; 代码段结束
    END START                       ; 程序从"START"始地址开始执行到此结束
```

该程序实现了一个计算5+2的和并在屏幕上打印其结果。该程序相对C语言程序来说较复杂，这是由汇编语言源程序的基本结构来体现的。实现功能要求的核心语句如下：

```
    MOV DL,BUF1                     ; 将变量BUF1的值传送到寄存器DL中
    MOV BL,BUF2                     ; 将变量BUF2的值传送到寄存器BL中
    ADD DL,BL                       ; 将寄存器DL的内容与BL的内容相加结果存在DL中
    ADD DL,30H                      ; 将寄存器DL中的数据加30H转换成ASCII码
    MOV AH,2                        ; 调用DOS系统2号功能，显示DL中的数据
    INT 21H
```

其余的是汇编语言源程序的基本框架语句。

1.1.2 机器语言

机器指令是CPU能直接识别并执行的指令，它的表现形式是二进制编码即0和1所组成的代码。机器指令通常由**操作码**和**操作数**两部分组成，**操作码**指出该指令所要完成的操作，即指令的功能，**操作数**指出参与运算的对象，以及运算结果所存放的位置等。

由于机器指令与CPU紧密相关，所以，不同种类的CPU所对应的机器指令也就不同，而且它们的指令系统往往相差很大。但对同一系列的CPU来说，为了满足各型号之间具有良好的兼容性，要求做到：新一代CPU的指令系统必须包括先前同系列CPU的指令系统。只有这样，先前开发出来的各类程序在新一代CPU上才能正常运行，即同类型的CPU具有兼容性。

机器语言是机器指令的集合。机器语言是用来直接描述机器指令、并遵循机器指令的规则。它是CPU能直接识别的唯一一种语言，也就是说，CPU能直接执行用机器语言描述的

程序。

1.1.3 汇编语言

虽然用机器语言编写程序有很高的要求和许多不便，但编写出来的程序执行效率高，CPU严格按照程序员的要求去做，没有多余的额外操作。所以，在保留“程序执行效率高”的前提下，人们就开始着手研究一种能大大改善程序可读性的编程方法。

为了改善机器指令的可读性，选用了一些能反映机器指令功能的单词或词组来代表该机器指令，而不再关心机器指令的具体二进制编码。与此同时，也把 CPU 内部的各种资源符号化，使用该符号名也等于引用了该具体的物理资源。

如此一来，令人难懂的二进制机器指令就可以用通俗易懂的、具有一定含义的符号指令来表示了，于是，汇编语言就有了雏形。现在，我们称这些具有一定含义的符号为助记符，用指令助记符、符号地址等组成的符号指令称为**汇编格式指令（或汇编指令）**。

汇编语言是汇编指令集、伪指令集和使用它们规则的统称。汇编指令集是 CPU 机器指令的符号化，如加法指令 ADD。伪指令是在程序设计时所需要的一些辅助性说明指令，它不对应具体的机器指令，如段定义伪指令 SEGMENT。有关汇编指令及伪指令在以后的章节中详细叙述。

1.1.4 高级语言

由于汇编语言依赖于硬件体系，且助记符量大难记，于是人们又发明了更加易用的所谓高级语言。在这种语言下，其语法和结构更类似普通英文，且由于远离对硬件的直接操作，使得一般人经过学习之后都可以编程。高级语言可以分为命令式语言（比如 Fortran、Pascal、Cobol、C、C++、Basic、Ada、Java、C#）、函数式语言(如 Lisp、Haskell、ML、Scheme)和逻辑式语言（例如 Prolog）。

虽然各种语言属于不同的类型，但它们各自都不同程度地对其他类型的运算模式有所支持。

1.1.5 三种语言特点比较

1. 机器语言——面向机器的语言

机器语言是最底层的计算机语言。用机器语言编写的程序，计算机硬件可以直接识别。在用机器语言编写的程序中，每一条机器指令都是二进制形式的指令代码。对于不同的计算机硬件(主要是 CPU)，其机器语言是不同的，因此，针对一种计算机所编写的机器语言程序不能在另一种计算机上运行。由于机器语言程序是直接针对计算机硬件所编写的，因此它的**执行效率比较高，能充分发挥计算机的速度性能**。但是，用机器语言编写程序的难度比较大，容易出错，而且程序的直观性比较差，也不容易移植。

2. 汇编语言——面向机器的语言

汇编语言与机器语言一般是一一对应的，因此，汇编语言也是与具体使用的计算机有关的。由于汇编语言采用了助记符，因此，它比机器语言直观，容易理解和记忆，但是，计算机仍不能直接识别用汇编语言编写的程序，需要用汇编程序对其进行汇编成机器能识别并能执行的机器指令，依赖于计算机硬件。

3. 高级语言——面向问题、面向对象的语言

高级语言就是算法语言，它不是面向机器的，而是面向问题的，不依赖于具体机器，具有良好的通用性。高级语言的表达方式接近于被描述的问题，又由于接近于自然语言和数学语言，从而易于为人们接受掌握和书写。高级语言的显著特点是独立于具体的计算机硬件，具有较好的通用性和可移植性。

1.2 计算机中数和字符的表示

计算机中的数据分为数值数据、非字符数据。在 8086 汇编语言中，常用的数值数据为二进制数、十进制数、十六进制数或 BCD 码。数值数据分为有符号数和无符号数两种，均以其补码表示。在计算机内，所有的数（含地址）均采用二进制形式，类型有字节、字、双字等。非字符数据主要有表示字符的 ASCII 码和表示汉字的变形国际码。对数值数据和非字符数据人们按约定用二进制数来表示，从而使计算机能识别并处理。

1.2.1 不同进制的数及相互间的转换

首先，我们要理解几个概念。

进位制：表示数时，仅用一位数码往往不够用，必须用进位计数的方法组成多位数码。多位数码每一位的构成以及从低位到高位的进位规则称为进位计数制，简称进位制。

基数：进位制的基数，就是在该进位制中可能用到的数码个数。

位权：在某一进位制的数中，每一位的大小都对应着该位上的数码乘上一个固定的数，这个固定的数就是这一位的权数。权数是一个幂。

1. 常用的几种数制

（1）十进制。数码为 0～9，基数是 10。运算规则：逢十进一，即 9＋1＝10。十进制数的权展开式，如

$(5555)_{10}=5\times10^3+5\times10^2+5\times10^1+5\times10^0$

10^3、10^2、10^1、10^0 称为十进制的权，各数位的权是 10 的幂，同样的数码在不同的数位上代表的数值不同，任意一个十进制数都可以表示为各个数位上的数码与其对应的权的乘积之和，称**权展开式**。

又如：$(209.04)_{10}=2\times10^2+0\times10^1+9\times10^0+0\times10^{-1}+4\times10^{-2}$

（2）二进制。数码为 0、1，基数是 2。运算规则：逢二进一，即 1＋1＝10。二进制数的权展开式，如：

$(101.01)_2=1\times2^2+0\times2^1+1\times2^0+0\times2^{-1}+1\times2^{-2}$

二进制数只有 0 和 1 两个数码，它的每一位都可以用电子元件来实现，且运算规则简单，相应的运算电路也容易实现。

（3）八进制。数码为 0～7，基数是 8。运算规则：逢八进一，即 7＋1＝10。八进制数的权展开式，如：

$(207.04)_8= 2\times8^2+0\times8^1+7\times8^0+0\times8^{-1}+4\times8^{-2}$

（4）十六进制。数码为 0～9、A～F，基数是 16。运算规则：逢十六进一，即 F＋1＝10。十六进制数的权展开式，如：

$(D8.A)_{16}=13\times16^1+8\times16^0+10\times16^{-1}$

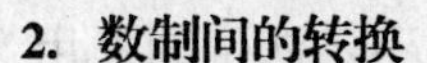

2. 数制间的转换

同一个数可采用不同的计数体制来表示，那么各种数制表示的数是可以相互转换的。数制转换指一个数从一种进位制表示形式转换成等值的另一种进位制表示形式，其实质为权值转换。数制相互转换的原则为转换前后两个有理数的整数部分和小数部分必定分别相等。下面将介绍数制间的转换。

（1）二进制、八进制、十六进制数转换为十进制数。

转换规则：分别写出二进制、八进制、十六进制数按权展开式，数码和位权值的乘积称为加权系数。各位加权系数相加的结果便为对应的十进制数。如：

$(101.01)_2=1\times2^2+0\times2^1+1\times2^0+0\times2^{-1}+1\times2^{-2}=(5.25)_{10}$

$(207.04)_8=2\times8^2+0\times8^1+7\times8^0+0\times8^{-1}+4\times8^{-2}=(135.0625)_{10}$

$(D8.A)_{16}=13\times16^1+8\times16^0+10\times16^{-1}=(216.625)_{10}$

（2）十进制数转换为二进制数。

整数和小数转换方法不同，因此必须分别进行转换，然后再将两部分转换结果合并得到完整的目标数制形式。

转换规则：整数部分采用除 2 取余法：先得到的余数为低位，后得到的余数为高位。小数部分采用乘 2 取整法：先得到的整数为高位，后得到的整数为低位。

【例题 1.1】将十进制数 44.375 转换为二进制数可分别采用整数部分除 2 取余法，小数部分乘 2 取整法，其求解过程如图 1-1、图 1-2 所示。

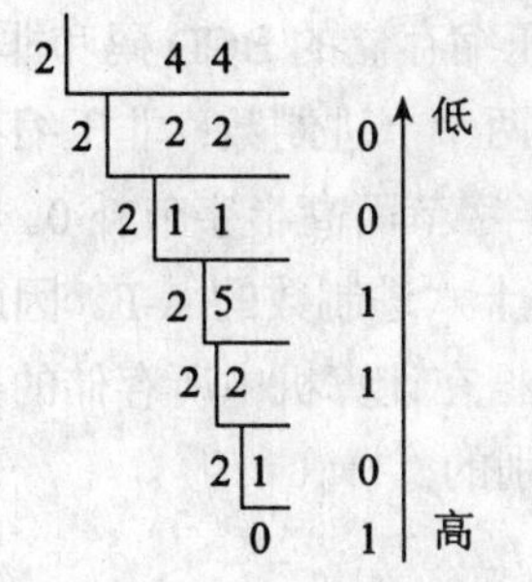

图 1-1 除 2 取余过程图

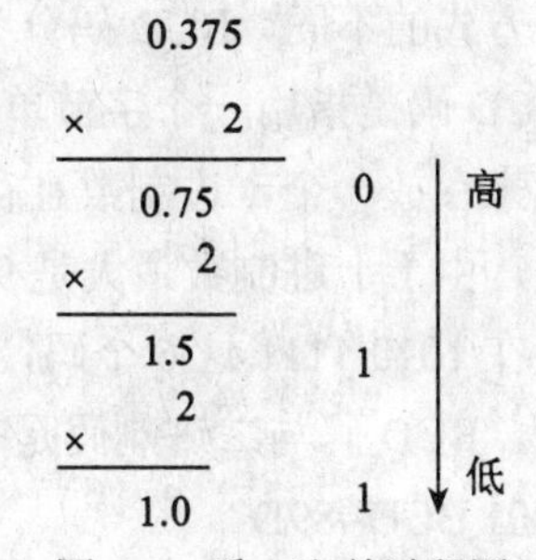

图 1-2 乘 2 取整过程图

所以：$(44.375)_{10}=(101100.011)_2$

同理：可采用同样的方法将十进制数转成八进制、十六进制数，但由于八进制和十六进制的基数较大，做乘除法不是很方便，因此需要将十进制转成八进制、十六进制数时，通常是将其先转成二进制，然后再将二进制转成八进制、十六进制数。

（3）二进制数转换为八进制、十六进制数。

①二进制数转换成八进制数。

将二进制数转换成八进制数时，首先从小数点开始，将二进制数的整数和小数部分每三位分为一组，不足三位的分别在整数的最高位前和小数的最低位后加“0”补足，然后每组用等值的八进制码替代，即得目的数。反之，则可将八进制数转换成二进制数。

如 $(11010111.0100111)_2=(?)_8$ 得 $(11010111.0100111)_2=(327.234)_8$

②二进制数转换成十六进制数。

与上述相类似，由于十六进制基数 $R=16=2^4$，故必须用四位二进制数构成一位十六进制数码，同样采用分组对应转换法，所不同的是此时每四位为一组，不足四位同样用“0”补足。

如（111011.10101）$_2$=（?）$_{16}$ 故有（111011.10101）$_2$=（3B.A8）$_{16}$

各种数制形式之间的转换方法中，最基本的是十进制与二进制之间的转变，八进制和十六进制可以借助二进制来实现相应的转换。

1.2.2 BCD 码

计算机系统只能识别 0 和 1，怎样才能表示更多的数码、符号、字母呢？用编码可以解决此问题。

用一定位数的二进制数来表示十进制数码、字母、符号等信息称为编码。

用以表示十进制数码、字母、符号等信息的一定位数的二进制数称为代码。

二十进制代码：用 4 位二进制数 $b_3b_2b_1b_0$ 来表示十进制数中的 0～9 十个数码，简称 BCD 码。

用四位自然二进制码中的前十个码字来表示十进制数码，因各位的权值依次为 8、4、2、1，故称 8421-BCD 码。十进制的 10 个数码对应的 BCD 码编码是：

十进制数码：	0	1	2	3	4	5	6	7	8	9
BCD 码编码：	0000	0001	0010	0011	0100	0101	0110	0111	1000	1001

将一个十进制数用 BCD 码表示，只要把十进制数的各位数字用对应的 BCD 码编码来表示即可。根据存储方式的不同，BCD 码分为两种：压缩存储的 BCD 码和非压缩存储的 BCD 码。压缩存储的 BCD 码是指用一个字节单元来存放两个十进制数；非压缩存储的 BCD 码是指用一个字节单元来存放一个十进制数且存放于低半字节而高半字节补 0。

值得注意的是，由于十进制数最大是 9，不存在十六进制数的 A-F。因此用 BCD 码表示十进制数时就不存在 1010-1111 这 6 个码，连续的数据在计算机中所存储的数值是不连续的。由于这种不连续性，BCD 码与二进制码是有本质区别的。

例如：10001001 BCD=89D

10001001 B=$2^7+2^3+2^0$=137D

【例题 1.2】画出十进数 1936 在计算机内存中以压缩的 BCD 码和非压缩 BCD 码存储示意图。

根据压缩 BCD 码和非压缩 BCD 码的要求可知：以压缩形式存储需要 2 个字节存储单元；以非压缩形式存储需要 4 个字节存储单元。其存储结构如图 1-3、图 1-4 所示。

00110110	低位
00011001	高位

图 1-3　压缩 BCD 码存储结构

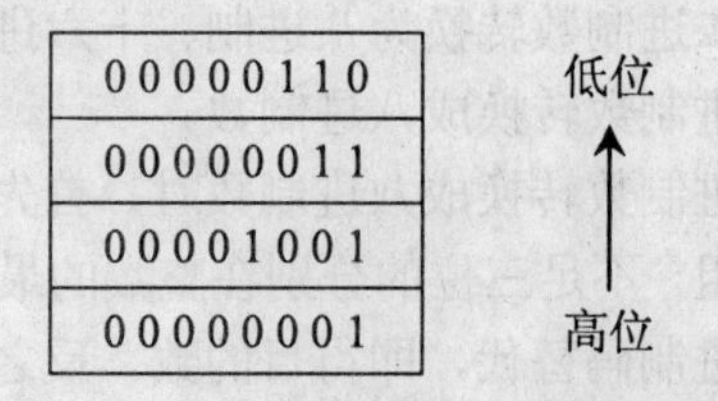

图 1-4　非压缩 BCD 码存储结构

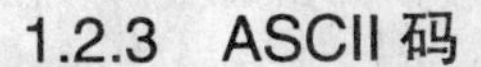

1.2.3 ASCII码

ASCII（American Standard Code for Information Interchange，美国信息互换标准代码）是基于拉丁字母的一套电脑编码系统。它主要用于显示现代英语和其他西欧语言。它是现今最通用的单字字节编码系统，并等同于国际标准 ISO/IEC 646。

ASCII 码使用指定的 7 位或 8 位二进制数组合来表示 128 或 256 种可能的字符。标准 ASCII 码也叫基础 ASCII 码，使用 7 位二进制数来表示所有的大写和小写字母，数字 0 到 9，标点符号，以及在美式英语中使用的特殊控制字符。其中：0～31 及 127(共 33 个)是控制字符或专用字符（其余为可显示字符），如控制符：LF（换行）、CR（回车）、FF（换页）、DEL（删除）、BS（退格）、BEL（振铃）等；通信专用字符：SOH（文头）、EOT（文尾）、ACK（确认）等；ASCII 值为 8、9、10 和 13 分别转换为退格、制表、换行和回车字符。它们并没有特定的图形显示，但会依不同的应用程序，而对文本显示有不同的影响。32～126（共 95 个）是字符（32sp 是空格），其中 48～57 为 0 到 9 十个阿拉伯数字；65～90 为 26 个大写英文字母，97～122 为 26 个小写英文字母，其余为一些标点符号、运算符号等。

同时还要注意，在标准 ASCII 中，其最高位（b_7）用作奇偶校验位。所谓奇偶校验，是指在代码传送过程中用来检验是否出现错误的一种方法，一般分奇校验和偶校验两种。奇校验规定：正确的代码一个字节中 1 的个数必须是奇数，若非奇数，则在最高位 b_7 添 1；偶校验规定：正确的代码一个字节中 1 的个数必须是偶数，若非偶数，则在最高位 b_7 添 1。

后 128 个称为扩展 ASCII 码，目前许多基于 x86 的系统都支持使用扩展（或“高”）ASCII。扩展 ASCII 码允许将每个字符的第 8 位用于确定附加的 128 个特殊符号字符、外来语字母和图形符号。

熟悉一些常用字符的 ASCII 码对学习汇编语言程序设计是十分必要的。每个字符的 ASCII 码用一个两位的十六进制数表示。

如：空格的 ASCII 码是 20H，数字 0～9 字符的 ASCII 码分别是 30H～39H，大写字母 A～Z 字符的 ASCII 码分别是 41H～5AH，小写字母 a～b 字符的 ASCII 码分别是 61H～7AH。其余字符的 ASCII 参照书附录 A。

1.2.4 原码、反码和补码

在计算机中，数值数据有两种表示法：定点表示法和浮点表示法。浮点表示法比定点表示法所表示的数的范围大、精度高。但因为 8086 微处理器处理的数据小数点位置是固定的，属定点数，则对浮点数的运算是与其配套的浮点部件来实现的。浮点部件具有浮点数值运算的功能并提供相应的指令系统。因此本教材只讨论定点数的运算即整数。对于有符号数一律采用其补码表示。

1. 原码表示法

原码表示法是机器数的一种简单的表示法。其符号位用 0 表示正号，用 1 表示负号，数值一般用二进制形式表示。设有一数为 X，则原码表示可记作 $[X]_{原}$。

例如，$X_1=+1010110$　$X_2=-1001010$

其原码记作：$[X_1]_{原}=[+1010110]_{原}=01010110$　$[X_2]_{原}=[-1001010]_{原}=11001010$

原码表示数的范围与二进制位数有关。当用 8 位二进制来表示小数原码时，其表示范围：

最大值为 0.1111111，其真值约为 $(0.99)_{10}$

最小值为 1.1111111，其真值约为（-0.99）$_{10}$

当用 8 位二进制来表示整数原码时，其表示范围：

最大值为 01111111，其真值为（127）$_{10}$

最小值为 11111111，其真值为（-127）$_{10}$

在原码表示法中，对 0 有两种表示形式：[+0]$_{原}$= 00000000　　[-0]$_{原}$=10000000

2. 补码表示法

机器数的补码可由原码得到。如果机器数是正数，则该机器数的补码与原码一样；如果机器数是负数，则该机器数的补码是对它的原码（除符号位外）各位取反，并在末位加 1 而得到的。设有一数 X，则 X 的补码表示记作 [X]$_{补}$。

例如，[X_1] =+1010110　　[X_2] = -1001010

[X_1]$_{原}$=01010110　[X_1]$_{补}$=0101011　即 [X_1]$_{原}$= [X_1]$_{补}$=01010110

[X_2]$_{原}$= 11001010　[X_2]$_{补}$=10110101+1＝10110110

补码表示数的范围与二进制位数有关。当采用 8 位二进制表示时，小数补码的表示范围：

最大为 0.1111111，其真值为（0.99）$_{10}$

最小为 1.0000000，其真值为（-1）$_{10}$

采用 8 位二进制表示时，整数补码的表示范围：

最大为 01111111，其真值为（127）$_{10}$

最小为 10000000，其真值为（-128）$_{10}$

在补码表示法中，0 只有一种表示形式：[+0]$_{补}$=00000000 [-0]$_{补}$=11111111+1=00000000（由于受设备字长的限制，最后的进位丢失）所以有 [+0]$_{补}$= [-0]$_{补}$=00000000

3. 反码表示法

机器数的反码可由原码得到。如果机器数是正数，则该机器数的反码与原码一样；如果机器数是负数，则该机器数的反码是对它的原码（符号位除外）各位取反而得到的。设有一数 X，则 X 的反码表示记作 [X]$_{反}$。

例如：X_1= +1010110　X_2= -1001010

[X_1]$_{原}$=01010110　[X_1]$_{反}$= [X_1]$_{原}$=01010110

[X_2]$_{原}$=11001010　[X_2]$_{反}$=10110101

反码通常作为求补过程的中间形式，即在一个负数的反码的末位上加 1，就得到了该负数的补码。

【例题 1.3】已知 [X]$_{原}$=10011010，求 [X]$_{补}$。

分析如下：由 [X]$_{原}$求 [X]$_{补}$的原则是：若机器数为正数，则 [X]$_{原}$= [X]$_{补}$；若机器数为负数，则该机器数的补码可对它的原码（符号位除外）所有位求反，再在末位加 1 而得到。

现给定的机器数为负数，故有 [X]$_{补}$=[X]$_{反}$+1，即 [X]$_{原}$=10011010　[X]$_{反}$=11100101+1

[X]$_{补}$=11100110

【例题 1.4】已知 [X]$_{补}$=11100110，求 [X]$_{原}$。

分析如下：对于机器数为正数，则 [X]$_{原}$= [X]$_{补}$；对于机器数为负数，则有 [X]$_{原}$=[[X]$_{补}$]$_{补}$。

现给定的为负数，故有：[X]$_{补}$=11100110　[[X]$_{补}$]$_{补}$= [[X]$_{补}$]$_{反}$+1=10011001+1

[[X]$_{补}$]$_{补}$=10011010= [X]$_{原}$

1.3 Intel 8086/8088 CPU 的功能结构

汇编语言程序设计者必须了解计算机资源及相关的硬件结构。如地址空间、寄存器组、寻址方式及指令系统等。计算机由控制器、运算器、存储器、输入设备和输出设备构成，其中将控制器和运算器集成在一块芯片上称微处理器即中央处理器 CPU。中央处理器 CPU 是整个系统的核心，指令的执行、机器的工作都由其完成。

Intel8086 微处理器是一个 16 位结构，在设计上较前一代 8 位微处理器 8080/8085 有较大进步。它的基本组成如图 1-5 所示。8086CPU 由指令执行部件 EU 和总线接口部件 BIU 两部分组成。执行部件 EU 的功能是控制和执行指令，主要由算术逻辑部件 ALU、EU 控制部件、8 个 16 位寄存器和一个标志状态寄存器 FLAGS 组成。总线接口部件 BIU 的功能是负责从存储器预取指令和数据，以及所有 EU 需要的总线操作，实现 CPU 与存储器和外设之间的信息传递，主要由指令队列、指令指针寄存器、段寄存器、地址加法器（形成 20 位的物理地址）组成。

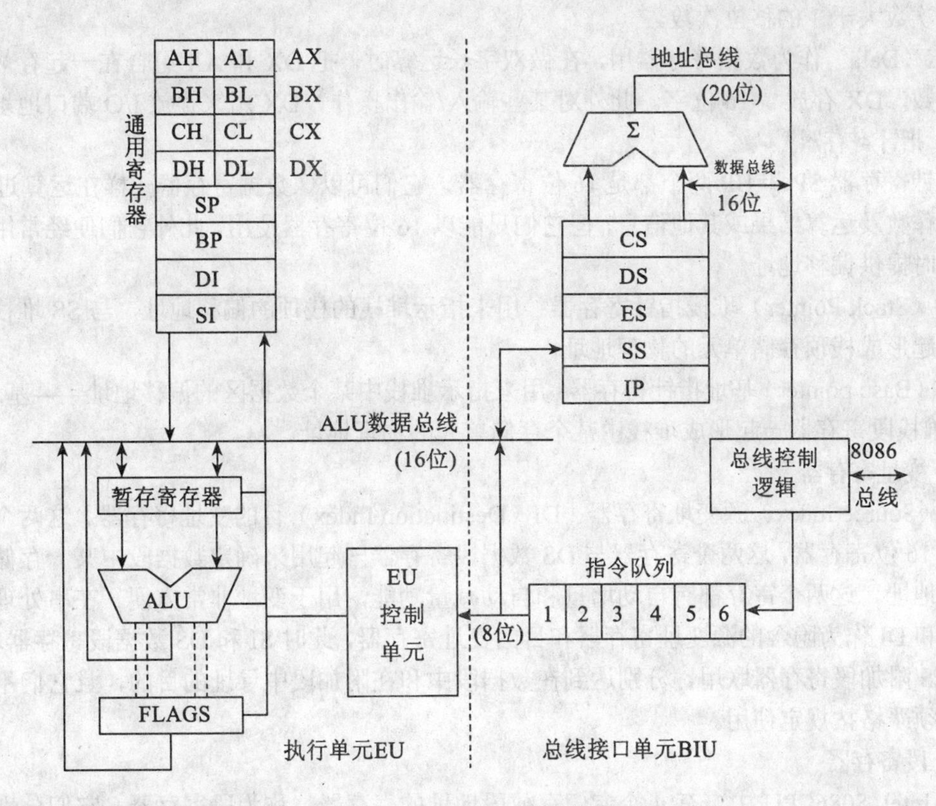

图 1-5　8086CPU 的结构图

1.3.1 8086CPU 寄存器组

在汇编语言程序设计中，CPU 中各寄存器、存储器和 I/O 端口是进行汇编程序设计的有效资源，因此掌握 8086CPU 中各寄存器的使用方法是非常必要的。Intel 8086CPU 共有 14 个 16 位寄存器，分别是：通用寄存器 8 个（根据其使用情况分三类：数据寄存器、指针寄存器、变址寄存器）、控制寄存器 2 个和段寄存器 4 个。

1. 数据寄存器

数据寄存器是指 CPU 中的通用寄存器 AX、BX、CX 和 DX 四个寄存器，它们用来暂时存放运算过程中所用到的操作数、运算结果或其他信息。它们既可以以字 16 位的形式使用，也可以以字节 8 位的形式使用。以字节形式使用时，高 8 位数据寄存器分别为：AH、BH、CH 和 DH，低 8 位数据寄存器分别为：AL、BL、CL 和 DL。

这四个寄存器都是通用寄存器的一类，但它们又有专门的用途：

AX（Accumalator）作为累加器用，它是乘法运算中存放参加运算的一个操作数（被乘数）及存放运算结果数据（乘积或乘积的低 16 位部分）。由 AX 的低 16 位和 DX 的高 16 位共同组成 32 位数据。另外，所有的输入/输出操作都使用这一寄存器与外部设备传送信息。

BX（Base）作为基址寄存器用。在计算存储器地址时，它经常用作基地址寄存器来使用，所以又称为基址寄存器。

CX（Count）作为计数寄存器用。在循环和串处理指令中用作计数器及在移位操作中存放移位次数大于 1 的移位次数。

DX（Data）作为数据寄存器用，在做双字长运算时，把 DX 和 AX 组合在一起存放一个双字长数，DX 存放高 16 位字。此外对某些输入/输出操作，DX 用来存放 I/O 端口地址。

2. 指针寄存器

指针寄存器 SP 和 BP 两个都是 16 位寄存器，它们可以像数据寄存器一样在运算过程中存放操作数及运算结果或其他信息，但它们只能以 16 位寄存器使用。此外它们便经常用于段内寻址时提供偏移地址。

SP（Stack Pointer）堆栈指针寄存器：用来指示堆栈的栈顶的偏移地址，与 SS 堆栈段寄存器一起形成栈顶存储单元的物理地址。

BP（Base pointer）基址指针寄存器：用来指示堆栈中某个数据区的偏移地址——基地址，与 SS 堆栈段寄存器一起形成堆栈中某个存储单元的物理地址。

3. 变址寄存器

SI（Source Index）源变址寄存器；DI（Destination Index）目的变址寄存器。这两个寄存器也是 16 位寄存器，这两个寄存器与 DS 数据段寄存器一起用来确定数据段中某一存储单元的物理地址。这两个寄存都有自动增量和自动减量功能，用于变址非常方便。在串处理指令中，SI 和 DI 作为隐含的源变址寄存器和目的变址寄存器，此时 SI 和 DS 数据段寄存器联用，DI 和 ES 附加段寄存器联用，分别达到在数据段中和在附加段中寻址的目的，且它们不能互换，必须严格按规定使用。

4. 段寄存器

在 Intel 8086CPU 中，有 4 个专门存放段地址的寄存器，称为段寄存器。它们分别是代码段寄存器 CS、数据段寄存器 DS、堆栈段寄存 SS 和附加数据段寄存 ES。每个段寄存器可以确定一个段的起始地址。这 4 个段寄存器有不同的用途。代码段寄存器 CS 主要存放程序运行的代码指令。数据段寄存器 DS 主要存放程序运行过程中所需要的数据，且这些数据是通过伪指令 DB、DW、DD 等来定义的，如果程序中使用了串处理指令，则源操作数默认存放在数据段中。堆栈段寄存器 SS 主要是保护程序运行过程中需要保护的数据，堆栈是一种数据结构，在内存中开辟一块存储区，其大小由用户通过伪指令 DB、DW、DD 等来定义，是以“先进后出”的原则来访问，堆栈只有一个出口，以 SP 堆栈指针来指明，堆栈的所有

操作是通过栈指针 SP 来实现的。附加数据段是一个辅助存储区，如果程序中使用了串操作指令，则是目的串操作数默认存放在附加数据中。

编程用户定义好的各段在存储区中的分配是由操作系统负责的。当 CPU 要访问某个存储单元时，就应指明该存储单元所在哪个段中以及该单元到段基址的字节数是多少，这个字节数称为偏移地址或偏移量。

Intel 8086/8088CPU 的段寄存器分别是 CS、SS、DS、ES 四个 16 位的寄存器。

CS（Code Segment）代码段寄存器

SS（Stack Segment）堆栈段寄存器

DS（Data Segment） 数据段寄存器

ES（Extra Segment） 附加段寄存器

根据实际需要，一个程序可把存储器划分为若干个，用 CS、DS、SS、ES 四个段寄存器分别指明的段称为当前段。在程序运行的任何时刻，CPU 最多只能访问 4 个当前段。为了使其他的段成为当前段，则必须用相关的指令实现当前段与非当前段间的切换。

5. 控制寄存器

控制寄存器是指使两个 16 位的寄存 IP 和 PSW。IP（Instruction Pointer）指令指针寄存器。它用来存放代码段中的偏移地址。在程序运行过程中，它始终指向下一条指令的首地址，称为当前 IP。它与 CS 段寄存器联合确定下一条指令的物理地址。当这一地址送到存储器后，控制器可以取得下一条要执行的指令，而控制器一旦取得这条指令，立即修改 IP 的内容，使它指向下一条指令的首地址。计算机就是用 IP 寄存器来控制指令序列的执行流程的，因此 IP 寄存器是计算机中很重要的一个寄存器。

编程用户编制的程序是不能访问 IP，也就是说不能用指令去取出 IP 的值或给 IP 设置给定值。但是可通过某些指令的执行来自动修改 IP 的值。如后面要学到的转换指令 JMP、JGE，调用子程序指令 CALL 等。

1.3.2 程序状态字

程序状态寄存器 PSW 是计算机系统的核心部件——控制器的一部分，是 16 位的寄存器，用来反映微处理器在程序运行时的某些状态，PSW 寄存器中有 9 个标志位，其中 6 个标志位为条件标志位，另外 3 个标志位为控制标志位。程序状态寄存器又称为**标志寄存器**。PSW 用来存放两类信息：一类是体现当前指令执行结果的各种状态信息，如有无进位（CF 位），有无溢出（OF 位），结果正负（SF 位），结果是否为零（ZF 位），奇偶标志位（PF 位）等；另一类是存放控制信息，如允许中断(IF 位)，跟踪标志（TF 位）等。图 1-6 说明了 8086/8088CPU 标志寄存器的内容，图中未标明的位置暂不用。

15	14	13	12	11	10	9	8	7	6	5	4	3	2	1	0
--	--	--	--	OF	DF	IF	TF	SF	ZF	--	AF	--	PF	--	CF

图 1-6 8086/8088 的标志寄存器

1. 进位标志 CF(Carry Flag)

进位标志 CF 主要用来反映算术运算是否产生进位或借位。如果运算结果的最高位产生了一个进位或借位，那么，CF=1，否则 CF=0。

使用该标志位的情况有：多字(字节)数的加减运算，无符号数的大小比较运算，移位操作，字(字节)之间移位，专门改变 CF 值的指令等。

2. 奇偶标志 PF(Parity Flag)

奇偶标志 PF 用于反映运算结果中低 8 位中“1”的个数的奇偶性。如果“1”的个数为偶数，则 PF=1，否则 PF=0。

利用 PF 可进行奇偶校验检查，或产生奇偶校验位。在数据传送过程中，为了提供传送的可靠性，如果采用奇偶校验的方法，就可使用该标志位。

3. 辅助进位标志 AF(Auxiliary Carry Flag)

在发生下列情况时，辅助进位标志 AF 的值被置为 1，否则其值为 0。在字节操作或字操作时，发生低 8 位中的 D_3 位向 D_4 位有进位或借位时，AF=1，否则 AF=0，与操作数的长度无关，它是计算机用于十进制运算时调整中使用的，用户不能用。

4. 零标志 ZF(Zero Flag)

零标志 ZF 用来反映运算结果是否为 0。如果运算结果为 0，则 ZF=1，否则 ZF=0。在判断运算结果是否为 0 时，可使用此标志位。

5. 符号标志 SF(Sign Flag)

符号标志 SF 用来反映运算结果的符号位，它与运算结果的最高位相同。在微机系统中，有符号数采用补码表示法，所以，SF 也就反映运算结果的正负号。运算结果为正数时，SF=0，否则 SF=1。

6. 溢出标志 OF(Overflow Flag)

溢出标志 OF 用于反映有符号数加减运算所得结果是否溢出。如果运算结果超过当前运算位数所能表示的范围，则称为溢出，若发生溢出 OF=1，否则，OF=0。

对以上 6 个运算结果标志位，在一般编程情况下，标志位 CF、ZF、SF 和 OF 的使用频率较高，而标志位 PF 和 AF 的使用频率较低。

7. 追踪标志 TF(Trap Flag)

当追踪标志 TF 被置为 1 时，CPU 进入单步执行方式，即每执行一条指令，产生一个单步中断请求。这在 DEBUG 调试程序状态下，可以使指令单步运行，可逐一检查各寄存器的内容、标志状态、存储器的检查或修改等。

指令系统中没有专门的指令来改变标志位 TF 的值，但程序员可用其他办法来改变其值。即在调试程序时用 T 命令来实现，当 TF=1 时为调试程序时所用，程序调试成功后，使 TF=0，CPU 正常工作时不产生单步中断。

8. 中断允许标志 IF(Interrupt-enable Flag)

中断允许标志 IF 是用来决定 CPU 是否响应 CPU 外部的可屏蔽中断发出的中断请求。但不管该标志为何值，CPU 都必须响应 CPU 外部的不可屏蔽中断所发出的中断请求，以及 CPU 内部产生的中断请求。具体规定如下：

（1）当 IF=1 时，CPU 可以响应 CPU 外部的可屏蔽中断发出的中断请求；

（2）当 IF=0 时，CPU 不响应 CPU 外部的可屏蔽中断发出的中断请求。

CPU 的指令系统中也有专门的指令来改变标志位 IF 的值。

9. 方向标志 DF(Direction Flag)

方向标志 DF 用来决定在串操作指令执行时有关指针寄存器发生调整的方向。在微机的指令系统中，还提供了专门的指令来改变标志位 DF 的值。

1.4 Intel 8086/8088 存储器的组织

内存储器是计算机的记忆部件，用来存放数据或程序代码。编程者用逻辑地址编写程序，CPU 访问存储单元时是按内存器的物理地址进行的，那么逻辑地址与物理地址间有何关系？这就需要了解和掌握存储器管理模式。

1.4.1 存储单元的地址和内容

计算机存储信息的基本单位称存储元件，每个存储元件是一个二进制位，一位可存放一个二进制数 0 或 1。每 8 位组成一个字节。由于 8086CPU 是 16 位数据总线，则其字长是 16 位，由 2 个字节组成。

在存储器内是以字节为单位来存储信息的，因而对存储器的编址是按字节编址，从而使 CPU 根据地址编号找到存储器中的操作数或者说 CPU 根据地址编号访问该存储单元的内容。地址从 0 开始编号，顺序地每个地址加 1，在计算机内地址也是用二进制数表示，地址是一个无符号整数，为了书写方便和编程，在源程序中常用十六进制数或符号来表示一个存储单元的地址。如 1MB 的地址范围若用二进制数和十六进制数表示如下：

二 进 制 数 ：0000 0000 0000 0000 0000B—1111 1111 1111 1111 1111B

十六进制数：　0　　0　　0　　0　　0 H – F　　F　　F　　F　F H

8086/8088CPU 有 20 根地址线，其最大寻址范围是 1MB 的空间。1MB=2^{20} B 即 8086CPU 的 20 根地址线上每根地址线是 0 信号时形成最低地址，每根地址线上是 1 信号时形成最高地址。因此 8086/8088 的寻址范围是：00000H～0FFFFFH。在这些地址中，每一个单元的地址称为字节地址，任何相邻两个单元组成一个字地址，按编址原则约定用其中一个较小的地址来表示字地址。一个字由两个字节组成，则低字节对应低地址，高字节对应高地址。任何相邻的 4 个单元组成一个双字地址，按编址原则约定用其中一个较小地址来表示双字地址，同样遵循低字节对应低地址，高字节对应高地址。存放在内存单元中的信息称为存储单元内容，按地址的表示类型，存储单元的内容分字节地址内容、字地址内容和双字地址内容。因此在 8086/8088CPU 访问内存指令中，可分为字节和字访问两种情况。

假设内存单元存放的信息如图 1-7 所示。

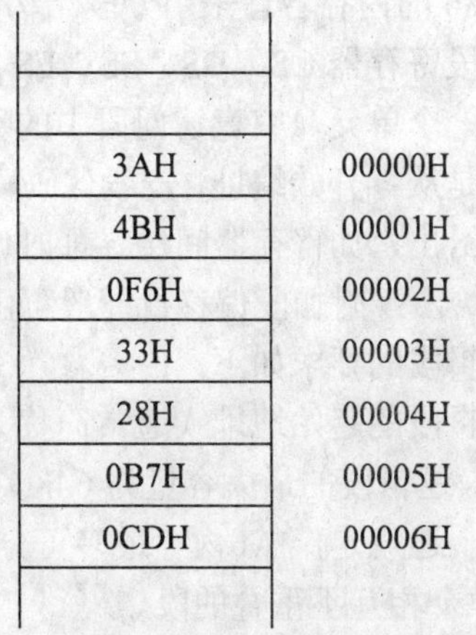

图 1-7 内存单元地址和内容

从图中可以看出，物理地址为 00002H 的字节单元内容是 0F6H，原因是 00002H 字节单元中存放的信息是 0F6H。在汇编语言可表示为：（00002H）=0F6H。

从图中可以看出，由 00002H 和 00003H 两个相邻单元组成一个字地址，则按编址原则要求用 00002H 地址来表示字地址。字地址内容表示为：（00002H）=33F6H。其中高地址 00003H 的信息是 33H，低地址 00002H 的信息是 0F6H（注意 0 只是标明是一个常数而不是一个符号）。因此高地址的内容存放到高字节中，低地址的内容存放到低字节中。

从图中可以看出，由 00002H、00003H、00004H 和 00005H 四个相邻的单元组成一个双字地址，则按编址原则要求仍然用 00002H 地址来表示双字地址。双字地址的内容表示为：（00002H）=0B72833F6H。

1.4.2　存储器地址的分段

8086/8088CPU 有 20 根地址总线，最大的寻址容量是 1MB 的空间，其地址范围是 00000H～0FFFFFH，而 8086/8088CPU 存放地址的寄存器都是 16 位，最大寻址容量是 64KB 的空间，其地址范围是 0000H～0FFFFH。那么 16 位字长的机器如何提供 20 位的地址线？解决这个问题的方法是把 1MB 的存储空间划分成若干个段，每个段由 1～64KB 个连续的字节单元组成，每个段是一个可独立寻址的逻辑单位。在 8086/8088 的程序设计中，需要划分多少个段，每个段的大小是多少个字节单元及每个段的用途完全由用户自己决定。同时每个段存放的代码或数据可以存放在段内的任何单元中。

一个存储器可划分为若干个段，但是每个段的起始地址不是任意的，而是有所规定即必须从任意的小段的首地址开始。机器规定：从 0 开始，每 16B 为一个小段，1MB 可分成 65536 个小段，其划分情况如下：

第 1 小段：00000H，00001H，00002H，00003H，…，0000BH，0000CH，0000DH，0000EH，0000FH

第 2 小段：00010H，00011H，00012H，00013H，…，0001BH，0001CH，0001DH，0001EH，0001FH

第 3 小段：00020H，00021H，00022H，00023H，…，0002BH，0002CH，0002DH，0002EH，0002FH

⋮

第 65536 小段：FFFF0H，FFFF1H，FFFF2H，FFFF3H，…，FFFFBH，FFFFCH，FFFFDH，FFFFEH，FFFFFH

从每一小段的首地址特点可知其低 4 位均为 0，这样一来，我们只要将分段中段寄存器存放地址总线的高 16 位而形成的地址称为段首址，在某一个段中的存储单元距离段首址的字节数称为偏移地址。即段中某一存储单元的址用两部分构成即“段首址：偏移地址”。

8086 的内存管理采用分段结构，一个程序可以有代码段、数据段、堆栈段和附加数据段，分别由段寄存器 CS、DS、SS、ES 指向相应段的起始地址。8086 CPU 一次只能访问某一个段中的一个单元，究竟访问段中的哪一个单元，由段内的偏移量指出，称为偏移地址，偏移地址都是从零开始编址。一般代码段的偏移量在 IP 中；数据段偏移量根据不同寻址方式由多种形式给出，如寄存器间接寻址时偏移量由 BX、SI 等寄存器给出；堆栈段偏移量一般由 SP 或 BP 给出；附加段偏移量一般可由 DI 给出。16 位微机把内存空间划分成若干个逻辑段，每个逻辑段的要求如下：

逻辑段的起始地址（通常简称为：段地址）必须是 16 的倍数，即最低 4 位二进制必须全为 0；逻辑段的最大容量为 64K，这由 16 位寄存器的寻址空间所决定。

按上述规定，1M 内存最多可分成 64K 个段，即 65536 个段（段之间相互重叠），至少可分成 16 个相互不重叠的段。

这种存储器分段的内存管理方法不仅实现了用两个 16 位寄存器来访问 1M 的内存空间，而且对程序的重定位、浮动地址的编码和提高内存的利用率等方面都具有重要的实用价值。

1.4.3 物理地址的形成

8086 有 20 位地址线，可直接寻址的最大内存空间为 2^{20}=1MB，即 00000H～FFFFFH。这种用于对存储器寻址的地址，称为物理地址，也称实际地址。而 8086 的内部所有寄存器都是 16 位，程序设计时，只能使用 16 位的地址，而不能直接给出 20 位的地址。由存储器的分段可知，把 20 位地址的高 16 位装入段寄存器中，而 20 位的低 4 位全是 0，现暂时忽略这 4 个 0。CPU 访问存储单元时，根据操作的性质和要求，选择某一适当的段寄存器，将它的内容左移 4 位，也就是在最低位补上 4 个 0，恢复了段首址原来的值，再与本段中某一待访问的存储单元的偏移地址相加，则可得到该单元的 20 位物理地址。

我们通常把存储单元与它所对应的段的段首址之间的字节距离称为段内偏移量，也称为有效地址（Effective Address，EA）或偏移量（Offset）等。在程序设计中程序员使用的地址是逻辑地址。一个逻辑地址是由段地址和偏移量组成，有了段地址和偏移量，就能唯一地确定某一内存单元在存储器内的具体位置即物理地址。物理地址具有唯一性，是 CPU 要访问的地址，逻辑地址具有不唯一性，是程序员使用的地址。逻辑地址转换为物理地址的方法是：物理地址=段基址×16+偏移量，如图 1-8 所示。

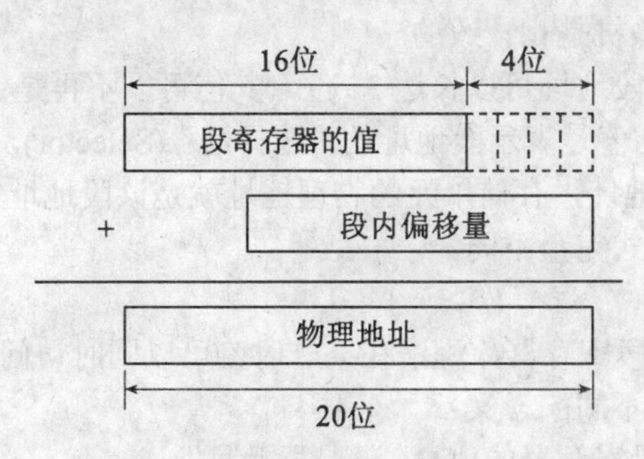

图 1-8 16 位 CPU 物理地址的计算示意图

【例题 1.5】假设当前代码段的大小是 64KB，（CS）=0C018H（IP）=0FE7EH，试计算该代码段最后一个物理地址。

分析：代码段（CS）=0C018H，表示的是该代码段的入口地址从 0C018H 开始，即代码段段首地址，而该代码的大小是 64KB=2^{16}B，表明偏移地址是 0FFFFH。

最后一个字单元的物理地址 PA＝ 段基址*16+偏移量

＝0C018*16+0FFFEH＝0D017EH

（IP）＝0FE7EH 则 CPU 访问的存储单元的物理地址 PA＝0C018H*16+0FE7EH＝0CFFFEH。

1.4.4 段寄存器的引用

为了合理有效地使用内存单元，8086 设定了四个段寄存器，专门用来保存段地址：CS（Code Segment）：代码段寄存器；DS（Data Segment）：数据段寄存器；SS（Stack Segment）：堆栈段寄存器；ES（Extra Segment）：附加段寄存器。当一个程序要执行时，就要决定程序代码、数据和堆栈各要用到内存的哪些位置，通过设定段寄存器 CS，DS，SS 来指向这些起始位置。通常是将DS固定，而根据需要修改CS。所以，程序可以在可寻址空间小于64K的情况下被写成任意大小。所以，程序和其数据组合起来的大小，限制在DS所指的64K内，这就是COM文件不得大于64K的原因。

CS：存放当前执行的程序的段地址。

DS：存放当前执行的程序所用操作数的段地址。

SS：存放当前执行的程序所用堆栈的段地址。

ES：存放当前执行程序中一个辅助数据段的段地址。

1.4.5 32位微机存储器的管理模式

32位PC的内存管理仍然采用"分段"的管理模式，存储器的逻辑地址同样由段地址和偏移量两部分组成，32位PC的内存管理和16位PC的内存管理有相同之处也有不同之处，因为32位PC采用了两种不同的工作方式：实方式和保护方式。

1. 物理地址的计算方式

（1）在实方式下：段地址仍然都是16的倍数，每个段的最大容量仍然是64K，段寄存器的值*16 是起始地址，存储单元的物理地址仍然是段地址+段内偏移量，在实方式下，32 位微机的内存管理与16位微机是相一致的。

（2）在保护方式下：段地址可以长达32位，其值可以不再是16的倍数，每个段的最大容量可达4G，段寄存器的值是表示段地址的"选择器"(Selector)，用该"选择器"可以从内存中得到一个32位的段地址，存储单元的物理地址就是该段地址加上段内偏移量，这与16位微机的物理地址计算方式完全不同。

2. 段寄存器的引用

32位CPU内有6个段寄存器，程序在某一时刻可以同时访问6个不同的段。其段地址的值在不同的方式下具有不同的含义：

（1）在实方式下： 段寄存器的值*16就是段地址。

（2）在保护方式下： 段寄存器的值是一个选择器，可以间接指出一个32位的段地址。

代码段寄存器：32位PC在取指令的时候，系统自动引用CS和EIP来取出下条指令，在实方式下，由于段的最大容量不超过64K，所以EIP的高16位全部是0，也就是说在实方式下EIP与IP是相同的。

堆栈段寄存器：32位PC在访问堆栈段的时候，总是引用堆栈段寄存器SS。但在不同的方式下堆栈指针有所不同：

在实方式下：32位PC把ESP的低16位SP作为指向堆栈的指针，所以我们可以认为栈顶单元是用SS和SP寄存器共同指定的，与16位PC模式下访问栈顶单元的方法一致。

在保护方式下：堆栈指针可以用32位的ESP和16位的SP

数据段寄存器：DS是主要的数据段寄存器，通常他是访问堆栈以外数据的主要寄存器，在某些串操作中，其目的操作数的段寄存器被指定为 ES 是一个例外。另外，段寄存器CS,SS,ES,FS和GS也都可以作为访问数据时的寄存器，但它们必须用段超越前缀的方式直接在指令中写出，这种方式会增加指令的长度，指令的执行时间也有所延长。

一般情况下，程序频繁使用的数据段用DS来指向，不太常用的数据段可用ES,FS和GS来指向。

3. 存储单元的内容

32位微机存储单元内容的存储格式与16位微机完全一致，同样遵循"高字节存放高地址，低字节存放低地址”的原则存放数据。

1.5 Intel 80X86 系列微处理器简介

1.5.1 80386 微处理器

1. 80386CPU 的特点

1985 年 10 月 Intel 公司推出了高性能全 32 位微处理器 30386DX，它是 80X86 处理器中第 1 个 32 位微处理器，使用了更先进的集成工艺，内部集成了 27.5 万个晶体管，时钟频率从 12.5MHz 至后来的 32MHz。80386DX 在内存管理和处理速度上比 80286 之前的 CPU 有了很大的突破，是一种功能完善高可靠性的 CPU，并在目标代码上保持了与 8086、80286 的向上兼容，还为后续的 80486 和 Pentium 等 32 位机奠定了基础，是 CPU 发展的一个里程碑，其主要特点如下：

（1）全 32 位结构，具有 32 位地址总线和数据总线，能灵活处理 8 位、16 位、32 位和 64 位数据类型；CPU 能直接输出 32 位地址信息，可直接寻址的物理空间达 4GB，除了保留存储器分段管理外，还增加了内存分页管理。

（2）内部结构由总线接口单元、指令预处理部件、指令译码部件、执行部件、分段部件和分页部件 6 个逻辑功能部件组成，6 个部件能独立操作，又可以对同一指令的不同部分同时操作，使多条指令重叠进行，大大提高了 CPU 的速度。

（3）80386 可以按实地址、保护虚地址以及虚拟 8086 三种工作模式，前两种模式与 80286 相同，虚拟 8086 模式是 80386 新增加的一种模式，在这种模式下，每个任务都是用 8086 语运行，从而可以运行 8086 的各种软件。

（4）80386 增加了可测试性和调试功能，可测试性包括自测试和对页面转换高速缓存的直接访问。

（5）为增强浮点数的运算能力，Intel 还推出了与之配套的浮点数协处理器 80387。

1988 年 Intel 推出了介于 80286 和 80386DX 之间的一种芯片 80386SX，该芯片的外部数据总线和地址总线都与 80286 相同，分别是 16 位和 24 位，寻址能力 16MB。1990 年 Intel 推出了 80386SL 和 80386DL 两种芯片，80386SL 是基于 80386SX，80386DL 是基于 80386DX。这两种芯片都是低功耗，节能型的，是为便携计算机和节能型台式机，增加了系统管理方式 SMM（System Management Mode），当进入 SMM 方式后，CPU 会自动降低运行速度，控制显示器和硬盘等其他部件暂停工作，进入“休眠”状态，以达到节能的目的。

2. 80386CPU 寄存器结构

80386 寄存器组是 8086、80286 寄存器组的超集。即在以前寄存器组的基础上加以扩充而成。寄存器组共有 32 个寄存器，分为以下 6 类。

（1）通用寄存器。80386 内部共有 8 个 32 位的通用寄存器，分别命名为：EAX、EBX、ECX、EDX、ESI、EDI、EBP、ESP。如图 1-9 所示。可以用来存放数据和地址，这些寄存器的低 16 位可以单独访问，命名为：AX、BX、CX、DX、SI、DI、BP 和 SP。8 位操作时，可以单独访问 AX、BX、CX 和 DX 的低位字节 AL、BL、CL 和 DL，也可访问高位字节 AH、BH、CH 和 DH。这样的设置是为了和 16 位的 CPU8086、80286 保持兼容。

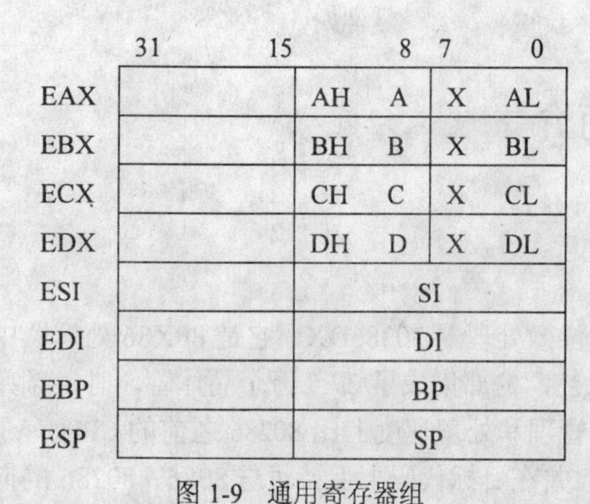

图 1-9 通用寄存器组

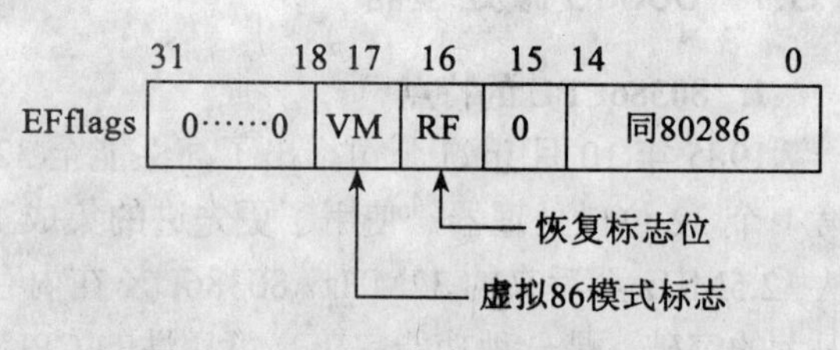

图 1-10 EFlags 寄存器新增标志位

（2）状态寄存器。80386 状态寄存器包括 2 个 32 位的寄存器：指令指针 EIP 和标志寄存器 EFR。

EIP 用于保存下一条待取指令的偏移地址，EIP 的低 16 位称为 IP，与 8086 一样，用于标识 16 位指令代码的位置，这为在 80386 上执行 8086 或 80286 程序提供了可能。特别注意：若 80386 上运行 16 位指令代码，使用 IP 作为偏移地址，其最大代码段为 64KB；若运行 32 位指令，使用 EIP 作为偏移地址，其最大代码段为 4GB。

EFR 又称 eflags 32 位标志寄存器，它的低 16 位与 80286 各位定义相同，在执行 8086 或 80286 指令代码时使用。EFR 格式如图 1-10 所示。其中 RF 位恢复标志（与指令断点异常相关的标志位）。若 RF=1，即使遇到断点或调试故障，也不产生异常中断。VM 为虚拟 86 模式标志，若 VM=1，CPU 工作在虚拟 86 模式下。

（3）段选择寄存器。80386 的段选择寄存器是在 80286 选择寄存器基础之上新增加了 2 个支持当前数据段的段选择寄存器 FS 和 GS，与段选择寄存器相关联的段描述符高速缓冲器扩充到 64 位，如图 1-11 所示。

（4）系统地址寄存器。80386 有 4 个专用的寄存器用来保存保护模式下的表和段，这些寄存器命名为：GDTR、IDTR、LDTR 和 TR，它们对应地保存下面的表和段，即 GDT（全局描述符表）、IDT（中断描述符表）、LDT（局部描述符表）、TSS（任务状态段），如图 1-12 所示。

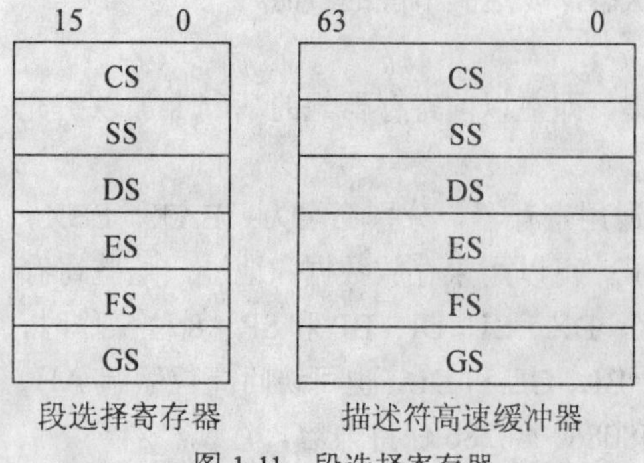

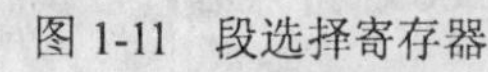

图 1-11 段选择寄存器

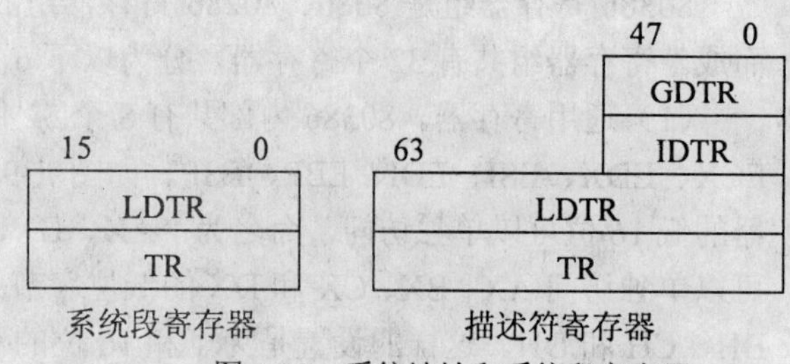

图 1-12 系统地址和系统段寄存器

（5）控制寄存器。80386 有 3 个 32 位控制寄存器分别命名为：CR0、CR2、CR3。它们用于保存全局性质的机器状态。CR1 为 Intel 公司保留。

（6）调试寄存器和测试寄存器。80386 设置有 8 个调试寄存器分别命名为：DR0-DR7，其中 DR0、DR1、DR2、DR3、DR6、DR7 供程序员进行程序调试，DR4、DR5 为 Intel 公司保留。

80386 设置有 2 个测试寄存器 TR6 和 TR7，用于存放需要测试的数据。

1.5.2 Pentium 微处理器

1. Pentium CPU 的特点

1993 年，Intel 推出了第 5 代微处理器 Pentium。寄存器的长度为 32 位，包含有 64 位数据总线，32 位地址总线。Pentium 处理器集成了 310 万个晶体管，最初推出的初始频率是 60MHz、66MHz，后来提升到 200MHz 以上，由于采用了很多新技术、指令系统更加丰富，规模更加庞大。

2007 年 11 月，Intel 公司公布了基于 45μm 技术的全新处理器，处理器增加了许多新的特性，如全新的 SIMD 流指令扩展 4（SSE4），可通过 47 条全新指令加快包括视频编码在内的工作负载的处理速度，从而支持高清晰度画质和照片处理，以及重要的 HPC 和企业应用。同年，Intel 公司公布了 32μm 技术并展示了 32μm 的晶元，并宣布 2009 年将投产 32μm 逻辑处理器。一个句点的面积就可以容纳超过 400 万枚晶体管，可见体积之小。

2. Pentium 处理器的基本结构

Pentium 处理器内部结构如图 1-13 所示。它由总线结构部件、代码高速缓冲存储器（代码 Cache）、数据高速缓冲存储器（数据 Cache）、转移目标缓冲器、控制 ROM 部件、控制部件、指令预取部件、整数运算部件、浮点数运算部件、整数及浮点数寄存器组等功能部件组成。

（1）总线接口部件。总线接口部件负责与外部存储器和 I/O 接口设备进行数据交换，包括地址收发器和驱动器、数据总线收发器、总线宽度控制、写缓冲器、Cache 控制、奇偶校验生成等。总线接口部件使用 32 位的地址总线和 64 位的数据总线与外部连接，可提供 4 种外部数据宽度，可以使用 64 位、32 位、16 位和 8 位宽度的数据总线。

（2）存储器管理部件。Pentium 处理器的存储器管理部件包括段式管理和页式管理两部分。Pentium 存储器虚拟地址被告称为逻辑地址，其长度 48 位，由 16 位段地址和 32 位位移地址构成。Pentium 存储器采用段页式地址转换机制，程序对主存的调入和调出是按页面进行的，通过段地址查阅段表，将表中的地址与位移地址相加后得到 32 位的线性地址，然后通过页面转换得到物理地址。页面转换是通过页目录和页表实现，线性地址由页目录（10 位）、页号（10 位）和位移地址（12 位）组成，页面大小为 4KB。为了加快速度，通常需要设置 TLB 表。

（3）指令预取部件。在总线部件不执行其他部线周期时，指令预取部件执行一个指令周期，预取 32 个字节的指令序列送到预取缓冲部件和 Cache 部件。当执行部件需要指令时，指令从预取部件传送到指令译码部件。预取部件的总线优先权最低，不影响其他的总线周期。

（4）整数流水线。Pentium 处理器内部集成了两条指令流水线，U 流水线和 V 流水线，每个流水线均有自己的 ALU、地址生成电路、数据 Cache 接口，可以在一个机器周期内发出两条整数指令，由于内部采用了超标量执行技术，允许两条指令以并行的方式执行。由于处

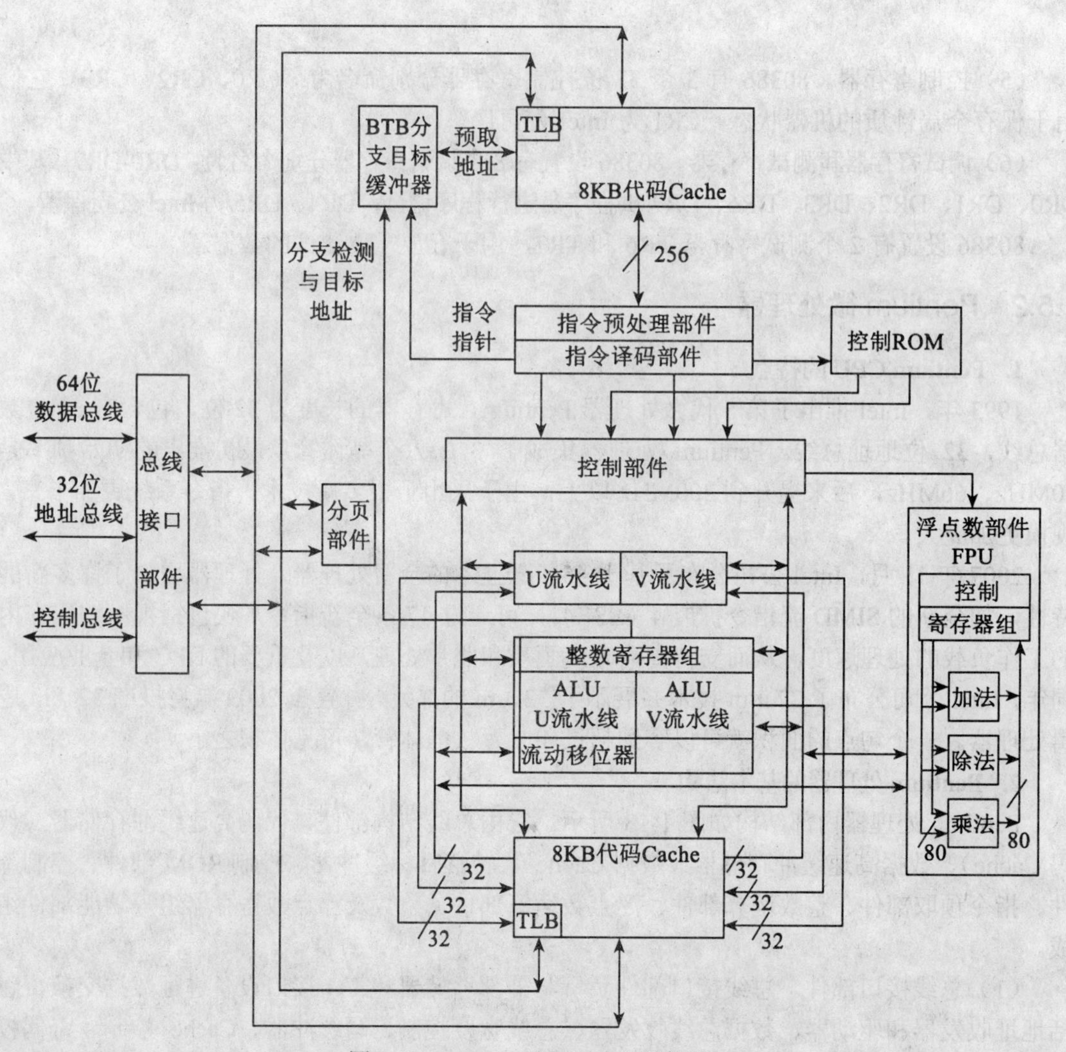

图 1-13　Pentium 处理器内部结构图

理器内部采用了分支转移预测技术，出现转换时，转移目标缓冲器 BTB 可以保存 256 个转移预测，使转移预测失败的概率最小，当程序发生转移时，不因流水线的断流而影响性能。

（5）浮点流水线。浮点流水线由浮点接口、寄存器组及控制部件（FIRC）、浮点加法部件（FADD）、浮点乘法部件（FMUL）、浮点除法部件（FDIV）、浮点指数部件（FEXP）和浮点舍入部件（FRND）等部件构成。浮点流水线支持单精度（32 位）、双精度（64 位）、3 倍精度、80 位扩展精度浮点运算。

（6）Cache 部件。Pentium 处理器设置的片内 Cache 是分离的，分为指令 Cache 和数据 Cache，每个 Cache 容量是 8KB，采用二路组相连的地址映像技术，Cache 行的长度为 32B。数据 Cache 有两个端口，分别与两个 ALU 交换数据，每个端口传送 32 位数据，也可以组合成 64 位数据，与浮点部件接口相连，传送浮点数。Pentium 处理器支持“修改/排他/共享/无效”（modified/exclusive/shared/invalid，MESI）协议，数据 Cache 的每一行包含两个状态位，每一 Cache 行处于上述 4 种状态之一，写入数据时，先查询 Cache 是否命中，若命中，则根据 Cache 行的状态进行相应的写入数据操作，并修改（或保留）原状态位。

（7）指令译码器。Pentium 处理器采用两步流水线译码方案，可以在每一个机器周期提供一个译码完成的指令，指令译码部件从控制 ROM 中读出微指令序列，启动相应的控制动作，同时还有一些硬布线的微指令，在微代码执行前就开始动作。

（8）控制部件。Pentium 处理器采用微指令和硬布线两种方式控制计算机各部件的工作。控制部件得到指令译码后同部分由控制 ROM 中的微指令序列产生控制信号，一部分由硬布线逻辑直接产生控制信号。

3. Pentium 寄存器结构

Pentium 寄存器组是 80386、80486 寄存器组的超集。即在以前寄存器组的基础上加以扩充而成，其通用寄存器、段寄存器、系统地址寄存器、控制寄存器、调试寄存器与 80386 基本相同，并对标志寄存器进行了扩展，取消了测试寄存器，其功能由“模型专用寄存器”MSR（Model Special Registers）来实现。

（1）标志寄存器。在标志寄存器中，增加了 AC 位、VIF 位、VIP 位等 ID 位。如图 1-14 所示。

31……22	21	20	19	18	17 …… 0
0……0	ID	VIP	VIF	AC	与 80386 同

图 1-14 Pentium 标志寄存器

AC（Alignment Check）地址对齐检查标志位（80486SX 处理器有效）。若 AC=1，进行地址对齐检查，当出现地址不对齐时会引起地址异常，只有在特权级 3 运行的应用程序才检查引起地址不对齐的故障。若 AC=0 时不进行地址对齐检查。该位主要是与 80487SX 协处理器同步工作用的。

VIF（Virtual Interrupt Flag）虚拟中断标志位，是虚拟方式下中断标志位的映像。

VIP（Virtual Interrupt Pending）虚拟中断标志位，与 VIF 配合，用于多任务环境下，给操作系统提供虚拟中断挂起信息。

ID（Identification）标识标志位，若 ID=1，则表示 Pentium 支持 CPU ID 指令。CPU ID 指令给系统提供 Pentium 微处理器有关版本号及制造商等信息。

（2）模型专用寄存器。Pentium 微处理器取消了测试寄存器 TR，由一组 MSR 替代，MSR 用于执行跟踪、性能检测、测试和机器检查错误。Pentium 微处理器采用两条指令 RDMSR（读 MSR）和 WRMSR（写 MSR）来访问这些寄存器，ECX 中的值确定将访问该组寄存器中哪一个 MSR。ECX 寄存器的值与 MSR 寄存器关系如表 1-1 所示。

表 1-1 ECX 寄存器与 MSR 寄存器的关系

ECX	寄存器名称	说 明
00H	机器检查地址	引起异常周期的存储地址
01H	机器检查类型	引起异常周期的存储周期类型
02H	测试寄存 1	奇偶校验逆寄存器
03H	保留	
04H	测试寄存器 2	指令超高速缓冲存储器结束位

续表

ECX	寄存器名称	说 明
05H	测试寄存器 3	超高速缓冲存储器测试数据
06H	测试寄存器 4	超高速缓冲存储器测试标志
07H	测试寄存器 5	超高速缓冲存储器测试控制
08H	测试寄存器 6	TLB 测试线性地址
09H	测试寄存器 7	TLB 测试线性地址和物理地址 31-12
0AH	测试寄存器 8	TLB 测试物理地址 35-32
0BH	测试寄存器 9	BTB 测试标志
0CH	测试寄存器 10	BTB 测试目标
0DH	测试寄存器 11	BTB 测试控制
0EH	测试寄存器 12	执行跟踪和转移预测
0FH	保留	
10H	时间错计数器	性能监测
11H	控制和时间选择	性能监测
12H	计数器 0	性能监测
13H	计数器 1	性能监测
14H	保留	

1.6 外部设备

计算机用户是通过外部设备与计算机进行信息交互的，用户使用输入设备把程序和数据输入计算机，程序运行的结果又通过输出设备输出给用户，因此，输入、输出设备是计算机的重要组成部分，对输入、输出设备的控制是汇编语言的一个重要应用同时也是比较复杂的内容之一。

外部设备是通过 I/O 端口与主机（CPU 和内存储器）交换信息的。I/O 端口是一组独立于内存储器的寄存器组成。为了便于 CPU 访问外设，对 I/O 端口的 64KB 个寄存器按字节进行编址，该地址称为端口地址。8086 的端口地址范围是 0000H～0FFFFH 构成 64KB 的 I/O 地址空间。

许多外部设备占用多个编址连续的寄存器，用来同 CPU 进行信息交换，这些寄存器的主要用途是：

（1）数据寄存器：用来存放要在外设和 CPU 间传送的数据。这类寄存器实际上起缓冲器的作用。

（2）状态寄存器：用来保存外部设备或接口的状态信息，以便在必要时测试外部设备状态，查询外部设备的工作状态，主要起联络作用。

（3）命令寄存器：CPU给外部设备或接口的控制命令通过此寄存器传送给外设的。

为了便于用户使用外设，PC机提供了两种类型的程序供用户调用。一种是BIOS功能调用；另一种是 DOS 功能调用。它们都是系统编制的子程序，通过中断方式转入所需要的子程序去执行，执行完后返回原来的程序继续执行。这些程序有的只完成一次简单的外设信息传送，如从键盘输入一个字符用MOV AH，1和INT 21H两条指令来实现，或送一个字符至显示器等；也有的要完成一次相当复杂的外设操作，如从磁盘读写一个文件。总之，操作系统把一些复杂的外设操作编制成了例行程序，用户只需按入口对数设定、功能号设定，再执行一条INT n（n是中断类型码）就可进入这些例行程序，完成所需要的外设操作。

BIOS 和 DOS 功能调用都是系统的例行程序，但它们间存在差别。BIOS 存放在机器的只读存储器ROM中，可能将其看成是机器硬件的一个组成部分，它的层次较DOS更低、更接近硬件，由生产厂家将其固化到只读存储器中。DOS 功能调用是操作系统 DOS 的一个组成部分。

1.7 本章小结

本章首先从汇编语言的概念入手，介绍了汇编语言的源程序以及汇编语言与机器语言、高级语言之间的异同点，使读者了解汇编语言的基本概念。

计算机系统只能识别0和1，怎样才能表示更多的数码、符号、字母呢？主要采用两种编码方式：ASCII和BCD码。较详细介绍了不同进制的数的转换，在转换时，还需掌握数的真值变成机器码时有三种表示方法：原码表示法，反码表示法，补码表示法。

介绍了8086CPU主要由指令执行部件EU和总线接口部件BIU两部分组成。EU部件控制和执行指令，BIU负责从存储器预取指令和数据，以及所有EU需要的总线操作，实现CPU与存储器和外设间的信息传递。8086/8088CPU的寄存器组包括通用寄存器（AX、BX、CX、DX、BP、SP、SI、DI、AH、AL、BH、BL、CH、CL、DH、DL）段寄存器（DS、SS、CS、ES）和专用寄存器（PSW、IP）。通用寄存组用于存放操作数、操作数地址和中间结果，段寄存器存放段基址，指令指针寄存器IP存放下一条要执行的程序语句的地址，程序状态字寄存器PSW存放一条指令执行后，CPU所处状态信息及运算结果的特征。

8086/8088CPU的最大寻址范围是1MB的空间，而8086/8088CPU的寄存器都是十六位的，其最大寻址范围是64KB的空间，为了访问1MB的空间，在主存中运用了分段技术，将20位的物理地址的高16位装入段寄存器中，用段基址和偏移地址来表示某存储单元的物理地址。物理地址PA=段基址×16+偏移地址。

1.8 本章习题

1．简述汇编语言、机器语言与高级语言的区别。

2．在汇编语言中，如何表示二进制、八进制、十进制和十六进制的数值？

3．一个8位数能表示的最大值和最小值是多少？一个16位数能表示的最大值和最小值是多少？

4．如何实现ASCII码数字字符与BCD码之间的相互转换？

5．写出下列各数的原码、补码、和反码。

11，0，-0，-1，-3

6．已知X=0.1011，Y= -0.1101。求X+Y的原码、补码与反码。

7．8086 CPU为什么只能寻址1MB的内存空间？

8．简述存储器的逻辑地址、物理地址和有效地址。

9．下列操作可使用哪些寄存器？

（1）加法和减法。

（2）循环计数。

（3）乘法和除法。

（4）指示程序已执行到哪条指令的地址。

（5）指示当前从堆栈中弹出数据的地址。

（6）表示运算结果为零。

10．设有一个30个字的数据区，它的起始地址是2000H：3000H，请给出这个数据区的首、末字单元的物理地址。

11．假设用以下寄存器组合来访问存储单元，试求出它们所访问单元的物理地址。

① DS=1000H和DI=2000H　　② DS=2000H和SI=1002H

③ SS=2300H和BP=3200H　　④ DS=A000H和BX=1000H

⑤ SS=2900H和SP=3A00H

12．请将下列左边的项与右边的解释联系起来（把所选字母填在括号中）

（1）CPU　（ ）A．保存当前的栈顶地址的寄存器。

（2）存储器　（ ）B．指示下一条要执行的指令的地址。

（3）堆栈　（ ）C．存储程序、数据等信息的记忆装置，在PC机有ROM和RAM两种。

（4）IP　（ ）D．以后进先出方式工作的存储空间。

（5）SP　（ ）E．把汇编语言程序翻译成机器语言程序的系统程序。

（6）状态标志　（ ）F．唯一代表存储空间中每个字节单元的地址。

（7）控制标志　（ ）G．能被计算机能够直接识别的语言。

（8）段寄存器　（ ）H．用指令助记符、符号地址、标号等符号书写的程序语言。

（9）物理地址　（ ）I．把若干模块连接起来成为可执行文件的系统程序。

（10）汇编语言　（ ）J．在PC机中，保存各逻辑段起始地址的寄存器有CS、DS、SS、ES四个寄存器。

（11）机器语言　（ ）K．控制操作的标志，PC机有DF、IF、TF。

（12）汇编程序　（ ）L．记录指令操作结果的标志，在PC机中有OF、SF、ZF、AF、CF、PF。

（13）连接程序　（ ）M．分析、控制并执行指令的部件，由ALU和寄存器组组成。

（14）指令　（ ）N．由汇编程序在汇编过程中执行的指令。

（15）伪指令　（ ）O．告诉CPU要执行的操作，在程序运行时执行。

第2章　8086指令系统

【学习目标】

（1）8086汇编指令的一般格式、标号、目的操作数、源操作数、注释的概念。

（2）8086操作数寻址方式：立即寻址、寄存器寻址、直接寻址、寄存器间接寻址、寄存器相对寻址、基址变址寻址、相对基址变址寻址。各种寻址方式的特点、表示形式及实际操作数的地址确定方法和寻址方式的基本应用。

（3）8086CPU的指令相关约定及语法规则。

（4）8086CPU基本指令：数据传送类指令、算术运算类指令、位操作类指令内容、格式、使用方法及基本应用。

2.1　8086汇编语言指令格式

计算机指令是由操作码和操作数两部分组成。操作码指明计算机能执行的操作；操作数是计算机执行操作所需要的数据即操作对象。指令系统是计算机能接收的指令的集合，是由处理器的硬件性能所决定的。8086CPU的基本指令系统大约100多条机器指令。80386在8086的基础上增加了70多条，而Pentium已增至300多条指令，32位的80X86指令系统能很好地兼容8086的16位指令系统。其特点是：原有8086的16位操作指令都可扩展支持32位操作数；原有的16位存储器寻址的指令都可以使用32位的寻址方式。

汇编语言是一种符号语言，它用助记符来表示操作码，用符号或符号地址来表示操作数或操作数地址，它与机器指令是一一对应的。汇编语言的指令格式如下：

[标号：] 操作码 [<目的操作数>][,<源操作数>][；注释]

例如：START：MOV AX，DATA ；将数据段段基址送到寄存器AX中。

其中：START：是标号；MOV：是操作码表示传送；AX：是目的操作数；DATA：是源操作数。

（1）标号，是用来表示语句的地址的符号。其中的[ ]表示是可选项。标号的命名必须是汇编语言合法的符号，它不能是系统中的保留关键字，如指令的操作码、寄存器名和运算符号等。例如中的START是标号。

（2）操作码，是实现指令的功能，汇编程序在汇编时将其汇编成一条二进制编码的机器指令。例如中的MOV是传送指令的操作码。

（3）操作数，是操作的对象，操作数的个数由该指令来确定，可以没有操作数，也可以有一个、二个或三个操作数。当是两个或两个以上的操作数时，则需要用逗号隔开，8086指令中最多的是两个操作数。绝大多数指令的操作数要显式的写出来，但也有指令的操作数是隐含的，不需要在指令中写出。当指令含有操作数，并要求在指令中显式地写出来时，则在书写时必须遵守。

（4）注释，加注释的目的是使自己或他人在阅读、分析程序时，更好对程序各部分的逻辑关系有个了解。注释可由若干个字符组成，但必须以分号；开始，以行终止符结束（回车符）。注释在汇编时不生成机器代码。

8086 汇编指令中的操作数根据实际操作数的存放形式不同，可分为立即操作数、寄存器操作数、存储器操作数和 I/O 端口操作数。

2.2 操作数及寻址方式

操作数是指令中被操作的对象，其表现形式可以是具体的数据，也可以是存储单元的内容或寄存器中的内容，还可以是输入/输出端口寄存器中的内容。8086CPU 的寻址方式主要有：立即寻址方式、寄存器寻址方式、直接寻址方式、寄存器间接寻址方式、寄存器相对寻址方式、基址变址寻址方式、相对基址变址寻址方式。

2.2.1 寻址方式概述

根据指令内容确定操作数地址的过程称为寻址；寻址方式就是寻找操作数或操作数地址的方式。8086 提供了与操作数有关和与 I/O 端口地址有关的两类寻址方式。与操作数有关的寻址方式有七种，分别是立即寻址，寄存器寻址，直接寻址，寄存器间接寻址，寄存器相对寻址，基址变址寻址，相对基址变址寻址；与 I/0 端口有关的寻址方式有直接端口寻址和间接端口寻址方式。

数据寻址方式的讨论中均以 MOV DEST,SRC 为例，这是传送类指令，第一操作数为目的操作数 DEST，第二操作数为源操作数 SRC，指令的功能是将源操作数的内容传送到目的操作中且源操作数内容不变。

2.2.2 寻址方式

1. 立即寻址方式

操作数作为指令的一部分而直接写在指令中，这种操作数称为立即数，这种寻址方式也就称为立即数寻址方式。立即数可以是 8 位、16 位或 32 位，该数值紧跟在操作码之后。如果立即数为 16 位或 32 位，则低位字节存放在低地址中，高位字节存放在高地址中。

例如：
```
MOV AH， 80H
MOV AL，12H
MOV AX，0012H
MOV WORD PTR [SI]，1234H
MOV BUF，5678H ；BUF 变量名（存储单元地址）用伪指令 DW 来定义
MOV AX，COUNT  ；COUNT 是符号常数用伪指令 EQU 来定义
```

以上指令中的第二操作数都是立即数，在汇编语言中，规定：立即数不能作为目的操作数，立即数不能直接传送给段寄存器。该规定与高级语言中“赋值语句的左边不能是常量”的规定相一致。

立即数寻址方式通常用于对通用寄存器或内存单元赋初值，如常用置循环初值。并且只能用于源操作数字段，不能用于目的操作数字段，且源操作数长度应与目的操作数长度一致。

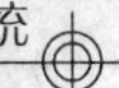

2. 寄存器寻址方式

寄存器寻址指寄存器的内容就是指令要找的操作数。可使用的寄存器除CS外的16位、8位和32位的所有寄存器。

指令中可以引用的寄存器及其符号名称如下：

8位寄存器有：AH、AL、BH、BL、CH、CL、DH和DL。

16位寄存器有：AX、BX、CX、DX、SI、DI、SP、BP和除代码段寄存器CS外的段寄存器。

32位寄存器有：EAX、EBX、ECX、EDX、ESI、EDI、ESP和EBP。

寄存器寻址方式是一种简单快捷的寻址方式，源操作数和目的操作数都可以是寄存器。由于指令中的操作数在寄存器中，则指令执行过程减少CPU读/写存储单元的次数，因此，寄存器寻址方式是指令执行速度最快。在编写汇编语言源程序时尽可能使用寄存器寻址方式。

寄存器寻址方式要点如下：

（1）操作数存放在寄存器中。如：AX，BX，CX。

（2）是除CS以外的段寄存器。

（3）寄存器的位数决定了指令操作数的类型。

（4）使用时注意类型匹配。

如：MOV AX，BX

MOV AH，AL

下面两条指令是不合法的：

MOV CS，AX ；代码段段基址是由操作系统分配的，用户不能将一个操作数送给它。

MOV AX，BH ；源操作数和目的操作数的类型不匹配。

3. 直接寻址方式

指令所要的操作数存放在内存单元中，在指令中直接给出该操作数所在单元的有效地址（也称偏移地址用EA表示），这种寻址方式为直接寻址方式。

在通常情况下，操作数存放在数据段中，因此操作数的物理地址将由数据段寄存器DS和指令中给出的有效地址直接形成，若操作数存放在附加数据段中，则操作数的物理地址由附加段寄存器ES和指令中给出的有效地址直接形成。但允许使用段超越前缀来改变操作数的段属性。

【例题2.1】假设有指令：MOV BX, [1234H]，在执行时，(DS)=2000H，内存单元21234H的内容为13H。内存单元21235H的内容为52H。问该指令执行后，BX寄存的内容是多少？

解：根据直接寻址方式的寻址规则，把该指令的具体执行过程用图2-1来表示。从图中可看出执行该指令要分三个过程：由于[1234H]表示的是一个地址即直接给出操作数的地址，它紧跟在指令的操作码之后，随取指令而被读出；该地址默认在数据段中，用数据段DS的段基址2000H和有效地址EA=1234H相加，求得存储单元的物理地址PA=20000+1234=21234H；由目的操作数BX是16位寄存器，则将21234H单元的内容13H送到BX寄存器低8位，将21235H单元的内容送到BX寄存器的高8位，即遵循“高地址高字节低地址低字节”的原则存入寄存器BX中。因此，在执行该指令后，BX寄存器的内容为5213H。表示成(BX)=5213H。

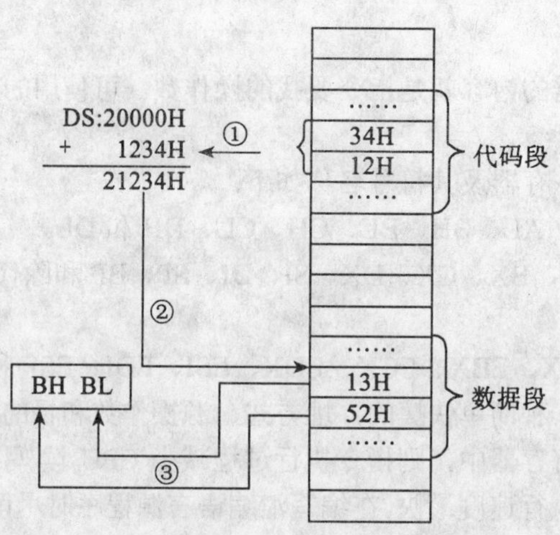

图 2-1　直接寻址方式的存储与执行示意图

由于数据段的段寄存器默认为 DS，如果要指定访问其他段内的数据，可在指令中用段前缀的方式显式地书写出来。

下面指令的目的操作数就是带有段前缀的直接寻址方式。MOV　ES:[1000H], AX；将 AX 的寄存器的内容传送到以附加数据段 ES 的内容为段基址，以偏移地址为 1000H 的存储单元中。

直接寻址方式常用于处理内存单元的数据，其操作数是内存变量的值，该寻址方式可在 64K 字节的段内进行寻址。

（1）直接寻址的操作数存放在数据段中：

MOV AX，DS：[3000H]

（2）直接地址允许段超越：

MOV AX，ES：[3000H]

则物理地址为 ES*16+EA=ES*16+3000H 的存储单元是在附加数据段中

（3）直接地址可用符号地址（即变量名）：

先定义后使用。DA1 DW 2345H，6789H,79H

⋮

MOV AX，DA1

则 DA1 表示的是符号地址。

若不定义就使用 DA1 具有多义性，如定义为 DA1 EQU 2345H ，则 MOV AX，DA1 中的 DA1 是立即数。要使 DA1 表示为符号地址则要写成：MOV AX，[DA1]

注：伪指令 DW 与 EQU 的区别即前者定义变量后者定义常量

【例题 2.2】分析下列程序执行的结果。

```
DATA   SEGMENT
  A DW 100H，300H，500H，700H
  B DW 0
DATA ENDS
STACK SEGMENT STACK
   DB 20 DUP（0）
```

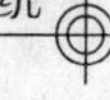

```
STACK ENDS
CODE SEGMENT
    ASSUME DS：DATA，SS：STACK，CS：CODE
START：MOV AX，DATA   ；数据段的段基址送到 AX 寄存器中
       MOV DS，AX     ；逻辑数据段段基址装入 CPU 的数据段段寄存器 DS 中
       MOV AX，0
       ADD AX，A      ；取变量 A 的值送到 AX 中，则（AX）=100H
       ADD AX，A+2    ；（A+2）+（AX）→（AX）=400H
       ADD AX，A+4    ；（A+4）+（AX）→（AX）=900H
       ADD AX，A+6    ；（A+6）+（AX）→（AX）=1000H
       MOV B，AX      ；（AX）→B=1000H
       MOV AH，4CH    ；程序正常结束返回 DOS 系统
       INT 21H
 CODE   ENDS
        END START
```

数据段中变量 A、B 在内存单元中的存放形式如图 2-2 所示。

该程序实现了求字存储单元内容累加和，并将结果存到 B 变量中，程序执行后（B）= 1000H。

4. 寄存器间接寻址方式

寄存器间接寻址是指操作数的有效地址存放在基址寄存器 BX、BP 或变址寄存器 SI、DI 中。即 BX、BP 或 SI、DI 中的内容是操作数的有效地址，操作数在主存储器中，有效地址不是直接给出而是通过存放在指定的寄存器中间接给出。寄存器间接寻址所使用的寄存器只能是 BX、BP、SI、DI 中其中之一。

（1）寄存器 BX、SI 和 DI 的操作数默认在数据段中，段基值在 DS 段寄存器中。操作数的物理地址的计算方法公式如下：

物理地址 PA=DS*16+（BX）

物理地址 PA=DS*16+（SI）

物理地址 PA=DS*16+（DI）

（2）寄存器 BP 的操作数默认在堆栈段中，段基值在 SS 段寄存器中，操作数的物理地址如下：

物理地址 PA=SS*16+（BP）

例如：MOV AX，[BX] ；以 BX 寄存器的内容为字单元地址的内容送到 AX 寄存器中。

MOV AX，[SI] ；以 SI 寄存器的内容为字单元地址的内容送到 AX 寄存器中。

MOV AX，[DI] ；以 DI 寄存器的内容为字单元地址的内容送到 AX 寄存器中。

MOV AX，[BP] ；以 BP 寄存器的内容为字单元地址的内容送到 AX 寄存器中。

内容	变量
00H	A
01H	
00H	A+2
03H	
00H	A+4
05H	
00H	A+6
07H	
00H	B
10H	

图 2-2 存储结构

上述指令也可写成以下形式：

```
MOV AX，DS：[BX]
MOV AX，DS：[SI]
MOV AX，DS：[DI]
MOV AX，SS：[BP]
```

在不使用段超越前缀的情况下，规定：若有效地址引用 SI、DI 和 BX 等之一寄存器来指定，则其缺省的段寄存器为 DS；若有效地址用 BP 来指定，则其缺省的段寄存器为 SS(即：堆栈段)。

【例题 2.3】假设有指令：MOV BX,[DI]，在执行时，(DS)=1000H，(DI)=2345H，存储单元 12345H 的内容是 4354H。问执行指令后，BX 的值是什么？

解：根据寄存器间接寻址方式的规则，在执行本例指令时，寄存器 DI 的值不是操作数，而是操作数的地址。该操作数的物理地址应由 DS 和 DI 的值形成，即：PA=(DS)*16+（DI）=1000H*16+2345H=12345H。所以，该指令的执行效果是：把从物理地址为 12345H 开始的一个字的值传送给 BX。其执行过程如图 2-3 所示。

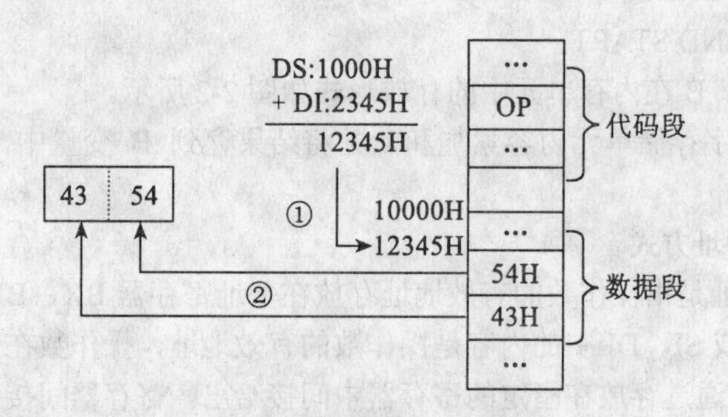

图 2-3　指令执行过程示意图

该指令执行后：（BX）=4354H。

【例题 2.4】分析下列程序的执行功能及 AX、BX、B 的值分别是多少。

```
DATA SEGMENT
  A DW 100H，300H，500H，700H
  B DW 0
DATA ENDS
STACK SEGMENT STACK
   DB 20 DUP（0）
STACK ENDS
CODE SEGMENT
   ASSUME DS：DATA，SS：STACK，CS：CODE
START：MOV AX，DATA   ；数据段的段基址送到 AX 寄存器中
       MOV DS，AX     ；逻辑数据段段基址装入 CPU 的数据段段寄存器 DS 中
       MOV BX，OFFSET A ；将 A 变量的偏移地址取到 BX 寄存器，设置基址指针
       MOV AX，0
       ADD AX，[BX]
```

```
        ADD BX，2
        ADD AX，[BX]
        ADD BX，2
        ADD AX，[BX]
        ADD BX，2
        ADD AX，[BX]
        ADD B，AX
        MOV AX，4C00H
        INT 21H
CODE ENDS
        END START
```

程序功能：求以A为首址的连续4个字单元的和保存在B变量单元中。

（B）=1000H

（AX）=4C00H

（BX）=A的偏移量+6

例题2.2和例题2.4都是求以变量A为首地址的连续4个字单元的内容，但在程序中分别使用了不同的寻址方式。例题2.2使用的是直接寻址，则没有出现相同的指令；例题2.4使用的是寄存器间接寻址，则在整个程序中相同指令重复出现了几次，对这些重复指令可采用循环程序设计方法来实现，使程序显得非常简洁。

5. 寄存器相对寻址方式

操作数在存储器中，其有效地址是一个基址寄存器(BX、BP)或变址寄存器(SI、DI)的内容和指令中的8位偏移量或16位偏移量之和构成。其有效地址的计算公式如下：

EA=（BX）+8位/16位偏移量

EA=（BP）+8位/16位偏移量

EA=（SI）+8位/16位偏移量

EA=（DI）+8位/16位偏移量

在不使用段超越前缀的情况下，规定：若有效地址用SI、DI和BX等之一来指定，则其缺省的段寄存器为DS；若有效地址用BP来指定，则其缺省的段寄存器为SS。

指令中给出的8位/16位偏移量用补码表示。在计算有效地址时，如果偏移量是8位，则进行符号扩展成16位。当所得的有效地址超过0FFFFH，则取其64K的模。

位移量是8位，其符号位自动扩展成16位带符号数进行计算。扩展规则为：当8位位移量是0XH-7XH时，扩展成000XH-007XH。当8位位移量是8XH-FXH时，扩展成0FF8XH-0FFFXH。

【例题2.5】假设指令：MOV BX, [SI+100H]，在执行它时，(DS)=1000H，(SI)=2345H，内存单元12445H的内容为2715H，问该指令执行后，BX的值是什么？

解：根据寄存器相对寻址方式的规则，在执行本例指令时，源操作数的有效地址EA为：EA=(SI)+100H=2345H+100H=2445H 该操作数的物理地址应由DS和EA的值形成，即：PA=(DS)*16+EA=1000H*16+2445H=12445H。所以，该指令的执行效果是：把从物理地址为12445H开始的一个字的值传送给BX。其执行过程如图2-4所示。

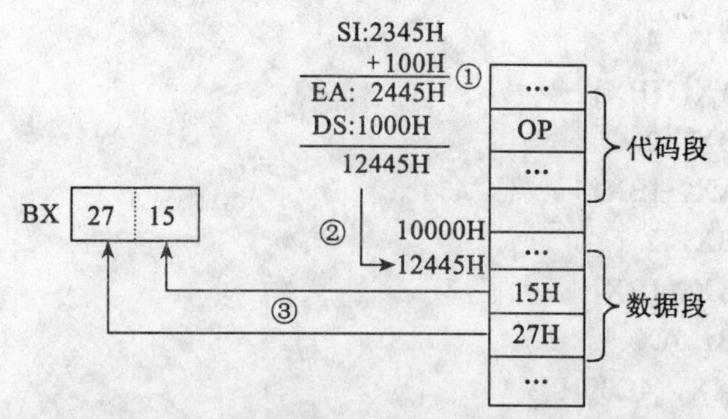

图 2-4 寄存器相对寻址方式的执行过程示意图

6. 基址变址寻址方式

基址变址寻址指操作数在存储器中，操作数的偏移地址是一个基址寄存器（BX、BP）的内容加变址寄存器（SI、DI）的内容，基址寄存器只能是 BX、BP,且 BX 默认的段寄存器是 DS，BP 默认的段寄存器是 SS，变址寄存器只能是 SI、DI。其构成形式是 BX 寄存器可以和变址寄存器 SI 或 DI 或是 BP 寄存器可以和变址寄存器 SI 或 DI。但绝不能是 BX 和 BP 的组合或 SI 和 DI 的组合。则有效地址 EA 的计算式如下：

EA=（BX）+（SI）

EA=（BX）+（DI）

EA=（BP）+（SI）

EA=（BP）+（DI）

在不使用段超越前缀的情况下，规定：如果有效地址中含有 BP，则缺省的段寄存器为 SS；否则，缺省的段寄存器为 DS。那存储单元的物理地址 PA 的计算式如下：

PA=（DS）*16+EA

【例题 2.6】假设指令：MOV BX, [BX+SI]，在执行时，(DS)=1000H，(BX)=2100H，(SI)=0011H，内存单元 12111H 的内容为 1234H。问该指令执行后，BX 的值是什么？

解：根据基址加变址寻址方式的规则，在执行本例指令时，源操作数的有效地址 EA 为：EA=(BX)+(SI)=2100H+0011H=2111H 该操作数的物理地址应由 DS 和 EA 的值形成，即：PA=(DS)*16+EA=1000H*16+2111H=12111H。所以，该指令的执行效果是：把从物理地址为 12111H 开始的一个字的值传送给 BX。其执行过程如图 2-5 所示。

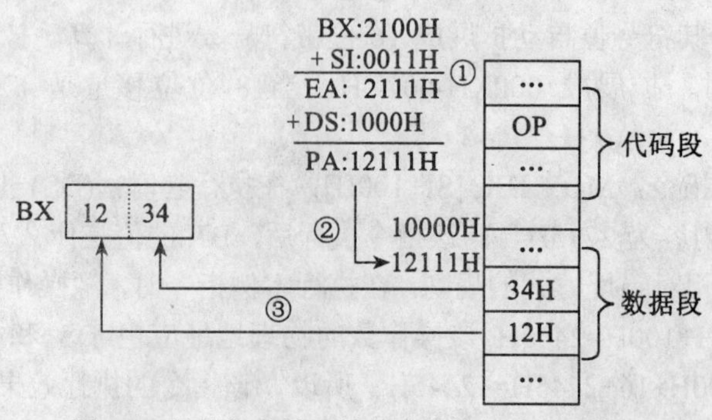

图 2-5 基址加变址寻址方式的执行过程示意图

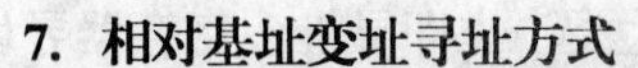

7. 相对基址变址寻址方式

操作数在存储器中，其有效地址是一个基址寄存器(BX、BP)的值、一个变址寄存器(SI、DI)的值和指令中的8位/16位偏移量之和。其有效地址的计算公式如下：

EA=（BX）+（SI）+8位/16偏移量

EA=（BX）+（DI）+8位/16偏移量

EA=（BP）+（SI）+8位/16偏移量

EA=（BP）+（DI）+8位/16偏移量

在不使用段超越前缀的情况下，规定：如果有效地址中含有BP，则其缺省的段寄存器为SS；否则，其缺省的段寄存器为DS。

指令中给出的8位/16位偏移量用补码表示。在计算有效地址时，如果偏移量是8位，则进行符号扩展成16位。当所得的有效地址超过0FFFFH，则取其64K的模。

【例题2.7】假设指令：MOV AX, [BX+SI+200H]，在执行时，(DS)=1000H，(BX)=2100H，(SI)=0010H，内存单元12310H的内容为1234H。问该指令执行后，AX的值是什么？

解：根据相对基址加变址寻址方式的规则，在执行本例指令时，源操作数的有效地址EA为：

EA=(BX)+(SI)+200H=2100H+0010H+200H=2310H 该操作数的物理地址应由DS和EA的值形成，即：PA=(DS)*16+EA=1000H*16+2310H=12310H。所以，该指令的执行效果是：把从物理地址为12310H开始的一个字的值传送给AX。其执行过程如图2-6所示。

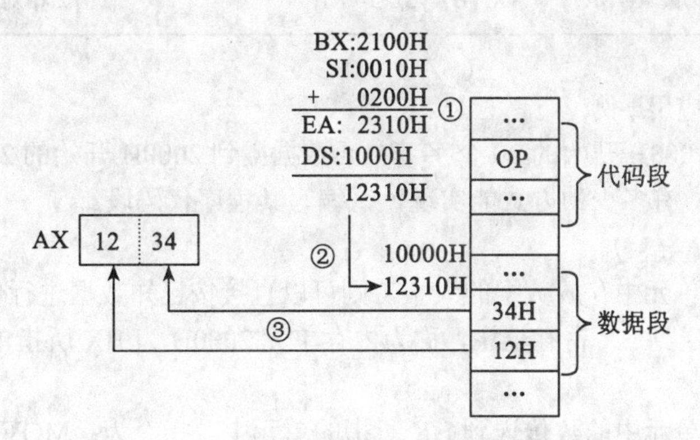

图2-6 相对基址加变址寻址方式执行示意图

从相对基址变址寻址方式来看，由于它的可变因素较多，看起来就显得复杂些，但正因为其可变因素多，它的灵活性也就很高。比如：用D1[i]来访问一维数组D1的第i个元素，它的寻址有一个自由度，用D2[i][j]来访问二维数组D2的第i行、第j列的元素，其寻址有两个自由度。多一个可变的量，其寻址方式的灵活度也就相应提高了。

相对基址变址寻址方式有多种等价的书写方式，下面的书写格式都是正确的，并且其寻址含义也是一致的。

```
MOV   AX, [BX+SI+1000H]          MOV   AX, 1000H[BX+SI]
MOV   AX, 1000H[BX][SI]          MOV   AX, 1000H[SI][BX]
```

但书写格式BX [1000+SI]和SI[1000H+BX]等是错误的，即所用寄存器不能在“[‘，’]”之外，该限制对寄存器相对寻址方式的书写也同样起作用。

根据操作数存放的位置不同，相应的寻址方式可分为三大类：立即寻址、寄存器寻址、存储器寻址。立即数寻址是将立即数直接放在指令中，它只能作为指令的源操作数。寄存器寻址是直接采用寄存器名表示操作数的位置。存储器寻址采用有效地址表达式表示操作数在内存中地址。寄存器、存储器既可作源操作数，又可作目的操作数。Intel8086/8088 处理器中，有效地址 EA 采用 16 位地址表示如下：

EA=基址寄存器名+变址寄存器名+偏移量。

在 16 位存储地址表示中，偏移地址的三部分：基址寄存器、变址寄存器和偏移量的不同选取形成了不同的寻址方式。如表 2-1 所示。

表 2-1　**基址寄存器、变址寄存器和偏移量的不同选取形成不同寻址方式**

源操作数	指令的变形	源操作数的寻址方式
只有偏移量	MOV　AX, [100H]	直接寻址方式
只有一个寄存器	MOV　AX, [BX]　或　MOV AX, [SI]	寄存器间接寻址方式
有一个寄存器和偏移量	MOV　AX, [BX+100H]　或　MOV AX, [SI+100H]	寄存器相对寻址方式
有两个寄存器	MOV　AX, [BX+SI]	基址变址寻址方式
有两个寄存器和偏移量	MOV　AX, [BX+SI+100H]	相对基址加变址寻址方式

8. 寻址方式的应用举例

【例题 2.8】将 1000H 开始的 20 个字节单元数据搬到 2000H 开始的 20 个字节单元中，依据所学的寻址方式，有多少种方式能实现，试编写其程序代码段。

方法 1：

若知道这 20 个单元中存放数据的大小，则可以直接按已知数据进行传送。其步骤如下：

（1）将 2000H 送到 BX 寄存器中，称为内存单元 2000H 为 BX 所指单元。指令为：MOV AX，2000H。

（2）取 1000H 单元中的数传送到 BX 所指的单元中。指令为：MOV [BX]，00H。

（3）将 2001H 送到 BX 寄存器中。

（4）取 1001H 单元中的数再传送到 BX 所指的单元中。指令为：MOV [BX]，01H。

（5）如此反复，直到 20 个数据传送完为止。

其程序代码段如下：

```
MOV BX，2000H
MOV [BX]，00H
MOV BX，2001H
MOV [BX]，01H
   ⋮
```

从编写的程序代码上看，传送20个数据需要40条这样的指令，且当存储区中的数据发生改变时则必须修改源代码，因此本程序段没有实际意义。其中的[BX]表示BX所指的存储单元。

方法2：

若不知道1000H存储单元中的数据，则可采用直接地址来表示即[1000H]表示1000H单元地址的内容。其实现步骤如下：

（1）将2000H送到BX寄存器中，称为内存单元2000H为BX所指单元。指令为：MOV AX，2000H。

（2）将1000H单元中的数用[1000H]表示并将其传送到AL寄存器中。指令为：MOV AL，[1000H]。

（3）将AL寄存器中的内容传送到BX的所指的存储单元中。指令为：MOV [BX]，AL。

（4）重复上述3步，但存储单元地址加1。

其程序代码段如下：

```
MOV BX，2000H
MOV AL，[1000H]
MOV [BX]，AL
MOV BX，2001H
MOV AL，[1001H]
MOV [BX]，AL
⋮
```

从编写的程序代码上看，传送20个数据需要60条这样的指令，采用这种编程思想及算法在实际中是不可取的，对这样的思想及算法需要作进一步的优化。

方法3：

通过设置两个指针，一个取数指针SI，一个存数指针DI，取一个数到AL，接着存到DI所指的存储单元中，修改指针使指针加1指向下一个存储单元，再取再存再修改指针，直到20个数取完存完为止。

其程序代码段如下：

```
      MOV SI，1000H
      MOV DI，2000H
      MOV CX，20
NEXT：MOV AL，[SI]
      MOV [DI]，AL
      INC SI
      INC DI
      DEC CX
      JNE NEXT
```

方法4：

设置一个指针DI指向取数首地址，采用相对寄存器寻址方式实现存数的算法思想来实现20个数的传送。

（1）将1000H存到DI中，指令为：MOV DI，1000H。

（2）以 DI 中数为地址，从该地址中取数存到 AL 中，指令为：MOV AL，[DI]。

（3）将 AL 中内容传送到以 DI 中数加 1000H 为地址的存储单元中，指令为：MOV [1000H+DI]，AL。

（4）修改指针 DI，使 DI 加 1，取下个数及存下一个单元。

（5）直到 20 个数取完存完为止。

其程序代码段如下：

```
        MOV CX，20
        MOV DI，1000H
NEXT：MOV AL，[DI]
        MOV 1000H[DI]，AL
        INC DI
        DEC CX
       JNE NEXT
```

采用这种算法思想，不论想传送多少个单元的数据，都只需要以上 7 条语句就可以实现。

方法 5：

设置两个指针分别指向 1000H 和 2000H 的首地址，设置一个基地址，用基址变址寻址方式的算法思想来实现。

（1）将 0 存到基址寄存器 BX 中，指令为：MOV BX，0。

（2）将 1000H 送到取数指针 SI 中，指令为：MOV SI，1000H。

（3）将 2000H 送到存数指针 DI 中，指令为：MOV DI，2000H。

（4）采用基址变址取数到 AL 寄存器中，指令为：MOV AL，[BX+SI]。

（5）采用基址变址将 AL 寄存器中内容存到 2000H 单元中，指令为：MOV [BX+DI]，AL。

（6）修改基址寄存器内容使其加 1，以便取下一个数和存下一个数，指令为：INC BX。

（7）直到 20 个数取完存完为止。

其程序段代码如下：

```
        MOV CX，20
        MOV BX，0
        MOV SI，1000H
        MOV DI，2000H
NEXT：MOV AL，[BX][SI]
        MOV [BX][DI]，AL
        INC BX
        DEC CX
        JNE NEXT
```

方法 6：

采用相对基址变址寻址方式的算法思想来实现。其程序段的代码如下：

```
        MOV CX，20
        MOV BX，0
        MOV DI，1000H
```

```
NEXT: MOV AL,[DI][BX]
      MOV 1000H[DI][BX],AL
      INC BX
      DEC CX
      JNE NEXT
```

从上面的算法分析中可见，如果硬件设计允许，同一个问题可以有多种算法实现，每种算法都有其优点和缺点。若提供给程序员选择的算法越多，程序设计就越灵活，越有可能设计出更高效的程序。

9. 32位地址的寻址方式

在 32 位微机系统中，除了支持前面的七种寻址方式外，又提供了一种更灵活、方便，但也更复杂的内存寻址方式，从而使内存地址的寻址范围得到了进一步扩大。

在用 16 位寄存器来访问存储单元时，只能使用基地址寄存器（BX 和 BP）和变址寄存器（SI 和 DI）来作为地址偏移量的一部分，但在用 32 位寄存器寻址时，不存在上述限制，所有 32 位寄存器（EAX、EBX、ECX、EDX、ESI、EDI、EBP 和 ESP）都可以是地址偏移量的一个组成部分。

当用 32 位地址偏移量进行寻址时，内存地址的偏移量可分为三部分：一个 32 位基址寄存器，一个可乘 1、2、4 或 8 的 32 位变址寄存器，一个 8 位/32 位的偏移常量，并且这三部分还可进行任意组合，省去其中之一或之二。

32 位基址寄存器是：EAX、EBX、ECX、EDX、ESI、EDI、EBP 和 ESP;

32 位变址寄存器是：EAX、EBX、ECX、EDX、ESI、EDI 和 EBP(除 ESP 之外)。

下面列举几个 32 位地址寻址指令：

```
MOV AX, [123456H]                MOV EAX, [EBX]
MOV EBX, [ECX*2]                 MOV EBX, [EAX+100H]
MOV EDX, [EAX*4+200H]            MOV EBX, [EAX+EDX*2]
MOV EBX, [EAX+EDX*2+300H]        MOV AX, [ESP]
```

用 32 位地址偏移量进行寻址的有效地址 EA 由 4 个部分组成：

EA=基址+（基址×比例因子）+位移量

在这些部分中，基址、变址和位移量的值可正可负，但比例因子只能为正。各种寻址模式的有效地址的计算可归纳如图 2-7 所示。

$$EA=\left\{\begin{matrix}EAX\\EBX\\ECX\\EDX\\ESP\\EBP\\ESI\\EDI\\无\end{matrix}\right\}+\left\{\begin{matrix}EAX\\EBX\\ECX\\EDX\\--\\EBP\\ESI\\EDI\\无\end{matrix}\right\}\times\left\{\begin{matrix}1\\2\\4\\8\end{matrix}\right\}+\left\{\begin{matrix}8位\\32位\\无\end{matrix}\right\}$$

图 2-7　各种寻址模式有效地址的计算

由于 32 位寻址方式能使用所有的通用寄存器，所以，和该有效地址相组合的段寄存器也就有新的规定。具体规定如下：

（1）地址中寄存器的书写顺序决定该寄存器是基址寄存器，还是变址寄存器；

如：[EBX+EBP]中的 EBX 是基址寄存器，EBP 是变址寄存器，而[EBP+EBX]中的 EBP 是基址寄存器，EBX 是变址寄存器；

（2）默认段寄存器的选用取决于基址寄存器；

（3）基址寄存器是 EBP 或 ESP 时，默认的段寄存器是 SS，否则，默认的段寄存器是 DS；

（4）在指令中，如果使用段前缀的方式，那么，显式段寄存器优先。

下面列举几个 32 位地址寻址指令及其内存操作数的段寄存器。

指令的举例	访问内存单元所用的段寄存器
MOV AX, [123456H]	；默认段寄存器 DS
MOV EAX, [EBX+EBP]	；默认段寄存器 DS
MOV EBX, [EBP+EBX]	；默认段寄存器 SS
MOV EBX, [EAX+100H]	；默认段寄存器 DS
MOV EDX, ES:[EAX*4+200H]	；显式段寄存器 ES
MOV [ESP+EDX*2], AX	；默认段寄存器 SS
MOV EBX, GS:[EAX+EDX*2+300H]	；显式段寄存器 GS
MOV AX, [ESP]	；默认段寄存器 SS

2.3 Intel8086 基本指令

8086CPU 的指令系统大约有 100 条基本指令，按其功能分为数据传送类指令、算术运算类指令、位操作类指令、控制转移类指令和处理器控制类指令。80386 在 8086 的基础上增加了 70 多条指令，而 Pentium 已增加至 300 多条指令。32 位的 80X86 指令系统能很好地兼容 8086 的指令系统。学习基本指令应从指令的基本格式、指令执行后对程序状态字 PSW 中的条件标志位的影响、指令使用过程中的相关约定及指令在程序设计中如何运用几个方面来进行。

2.3.1 数据传送指令

数据传送指令又分为：传送指令、交换指令、地址传送指令、堆栈操作指令、转换指令和 I/O 指令等。除了标志位操作指令 SAHF 和 POPF 指令外，本类的其他指令都不影响标志位。

1. 传送指令 MOV(Move Instruction)

数据传送指令功能是把数据、地址等信息传送到寄存器或存储单元中。传送指令是程序中使用频率高的指令，它相当于高级语言里的赋值语句。

指令格式：MOV DEST, SRC ；B/W

指令功能：是把源操作数 SRC 的值传给目的操作数 DEST。指令执行后，目的操作数的值被改变，而源操作数的值不变。当存储单元是该指令的一个操作数时，该操作数的寻址方式可以是直接寻址、寄存器间接寻址、寄存器相对寻址、基址变址寻址和相对基址变址寻址中的任何一种寻址方式。

注意事项：目的操作数DEST只能是寄存器或存储器，操作数不能是立即操作数或段寄存器CS；源操作数可为寄存器或存储器或立即数；源操作数和目的操作数不能同时为存储器操作数。

符号说明：本书中用到的符号的含义如下：DEST：表示目的操作数；SRC：表示源操作数；REG：表示寄存器；SR：表示段寄存器；R/M：表示存储器的存储单元。

在汇编语言中，数据传送方式如图2-8所示。数据传送指令MOV能实现其中大多数的数据传送方式，但也存在MOV指令不能实现的传送方式。

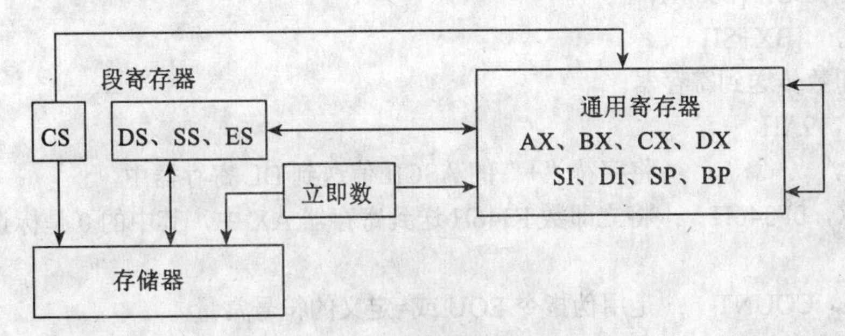

图2-8 数据传送方向图

传送指令有以下几种基本格式：

（1）数据从累加器AX或AL传送到存储单元。

MOV BUFFER，AX ；BUFFER是存储单元的符号地址，表示类型由源操作类型而定

MOV BUFFER[BX+SI]，AL

MOV ES：[BX]，AX ；将AX寄存器内容传送到附加数据段偏移地方址为BX内容的单元中

（2）数据从存储单元传送到累加器AX或AL。

MOV AX，BUFFER ；将BUFFER存储单元地址的字内容送到数据寄存器AX中

MOV AL，[DI]

MOV AX，[BX+SI]

MOV AL，[BX+SI]

（3）数据从存储单元或寄存器传送到段寄存器（除CS外）。

MOV DS，AX

MOV ES，SS：[BX+SI] ；将堆栈段中由BX内容加SI内容形成的偏移地址的单元内容传送到附加数据段寄存器ES中。（：是段操作符。BX和SI形成的偏移地址默认段是数据段寄存器DS）

（4）数据从段寄存器传送到寄存器或存储单元。

MOV BX，SS

MOV BUFFER，DS

MOV DA1[BX+SI]，CS ；DA1是用伪指令DB/DW定义的变量

（5）数据从寄存器传送到寄存器（注意类型匹配）。

MOV AX，DX

MOV CL，BH

（6）数据从寄存器传送到存储单元。

MOV DS：[2000H]，AX ；将 AX 寄存器内容传送到数据段 DS 的偏移地址是 2000H 字单元中

MOV BUFFER[SI]，AL

（7）数据从存储单元传送到寄存器。

MOV AL，DS：[2000H]

MOV AX，DS：[2000H]

MOV BP， [BX+SI]

（8）立即数传送到寄存器。

MOV CL，9AH

MOV DL， '+' ；将字符"+"的 ASCII 值送到 DL 寄存器中

MOV AX，0F346H ；将立即数 F346H 送到寄存器 AX 中，其中的 0 是标识 F346 是数不是符号

MOV CX，COUNT ；是用伪指令 EQU 或=定义的符号常量

（9）立即数传送到存储单元。

MOV BYTE PTR DS：[2000H]，88H ；PTR 是类型说明符号，BYTE PTR 指明其存储单元是字节类型

MOV WORD PTR DS：[2000H]，88H ；PTR 是类型说明符号，WORD PTR 指明其存储单元是字类型

从图 2-8 还可总结出 MOV 指令使用时所不允许的几个方面，但同样也适用于本教材的其他指令。

① MOV 指令不能实现存储单元之间的数据传送。

如：MOV [BX]，[SP]；错误

② MOV 指令不能实现段寄存器间的数据传送。

如：MOV DS，ES ；错误

③ 立即数不能直接传送给段寄存器。

如：MOV DS，2345H

④ 数据不能从任何位置传向立即数。

如：MOV 1234H，AX ；错误

⑤ 段寄存器 CS 不可作目的操作数。

如：MOV CS，[SI] ；错误

⑥ 源操作数与目的操作数的数据或存储单元长度不能冲突。

如：MOV BX，AL ；错误

2. 交换指令 XCHG(Exchange Instruction)

指令格式：XCHG DEST，SRC；B/W

指令功能：将目的操作数 DEST 的内容与源操作数 SRC 的内容进行交换。该指令执行后，源操作数的内容和目的操作数的内容均发生了改变。

注意事项：两操作数不能是立即数；两操作数不能同为存储器操作数；两操作数中不能有段寄存器。可以是字交换也可以是字节交换。

例如：指令执行前：（AX）=1234H，（BX）=5678H，则执行 XCHG AX，BX 指令后的（AX）=？（BX）=？

指令执行后：（AX）=5678H （BX）=1234H

指令的执行过程是将寄存器 AX 和 BX 的内容进行交换。

3. 查表指令（换码指令）XLAT (Translate Instruction)

指令格式：XLAT SRC ；B

XLAT ；B

指令功能：以（BX）为首址，以（AL）为偏移量的字节存储单元中的数据送到 AL 中。（[BX+AL]）→（AL）。

注意事项：该指令的源操作数是一个在存储区已建立好了的字节数据表的表首址，在使用时必须将表首址送到寄存器 BX 中，将要查找表单元所对应的偏移量送到寄存器 AL 中，且执行前与执行后寄存器 AL 的内容含义不相同。源操作数可以省略。

【例题 2.9】分析下列程序的执行过程，程序执行后（AL）寄存器的内容是多少？

```
DATA SEGMENT
 TAB DB  '0123456789'      ；在存储区中建立一字符 0-9 的 ASCII 码。
DATA ENDS
    ⋮
  MOV BX，OFFSET TAB ；将 0-9 的 ASCII 表的首地址取到 BX 寄存器中。
  MOV AL，6          ；以 TAB 为首址偏移量为 6 送到寄存器 AL 中。
  XLAT TAB           ；查表即将以 TAB 为首址偏移量为 6 所对应的字节单元地址
的内容送 AL 中
    ⋮
```

程序执行后(AL)=36H。

4. 取偏移地址指令 LEA(Load Effective Address)

指令格式：LEA DEST，SRC；W

指令功能：按源操作数 SRC 的寻址方式计算的偏移地址并将其送到目的操作数 DEST 中。

注意事项：源操作数 SRC 只能是存储器操作数寻址方式中的一种，目的操作数 DEST 只能是除段寄存器以外的 16 位寄存器。

指令 LEA 是把一个内存变量的有效地址送给指定的寄存器，该指令通常用来对指针或变址寄存器 BX、DI 或 SI 等置初值。

【例题 2.10】执行前（BX）=2340H，（SI）=346AH，DISP=1100H，执行指令 LEA SI，DISP[BX]后（SI）=?

分析：源操作数的寻址方式是寄存器相对寻址，则存储单元的偏移地址 EA 的计算如下

EA =（BX）+DISP=2340H+1100H

=3440H

因此（SI）=3440H。

说明：是将地址值取到寄存器 SI 中，而不是将 3440H 地址的内容取到寄存器 SI 中。单元地址和单元地址的内容是两个不同的概念。

5. 取偏移地址及数据段首址指令 LDS(Load DS which pointer)

8086CPU 在某一时刻只能直接访问 4 个当前段即 DS、CS、SS 和 ES，但用户可根据实

际需要在一个程序中定义多个代码段、多个数据段、多个堆栈段。如果需要访问这 4 个段以外的存储区，只需要改变相应的段寄存器内容即可，当程序定义多个数据段时，指令 LDS 为随时改变段寄存器内容提供了极大的方便。

指令格式：LDS DEST，SRC　；DW/FW

指令功能：将 SRC 的偏移地址送入 DEST 指定的寄存器中，将 SRC 所在段的段基址送入 DS 段寄存器中。

注意事项：目的操作数 DEST 是除段寄存器之外的 16 位通用寄存器，源操作数是双字的各种寻址方式的存储器操作数，该指令常用指定 SI 寄存器。指令 LDS 的执行示意图如图 2-9 所示。

【例题 2.11】 阅读下程序段，仔细领会程序中 LDS 指令在程序中的作用。

```
DATA1 SEGMENT
    T1 DW -50H
    T2 DD F
  DATA1 ENDS
  DATA2 SEGMENT
    BUF DB  'ABCDEF'
    F   DW 70H
  DATA2 ENDS
    ⋮
    MOV AX，DATA1
    MOV DS，AX
    MOV AX，T1
    LDS SI，T2
    MOV AX，DS：[SI]
```

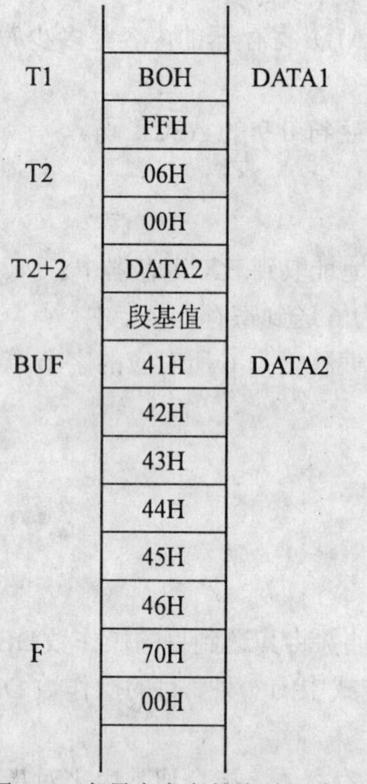

T1	BOH	DATA1
	FFH	
T2	06H	
	00H	
T2+2	DATA2	
	段基值	
BUF	41H	DATA2
	42H	
	43H	
	44H	
	45H	
	46H	
F	70H	
	00H	

图 2-9　变量在内存的存储形式

由程序可知：定义了两个数据段其段名分别是 DATA1、DATA2，其中变量 T1，T2 在数据段 DATA1 中，而 T2 是双字类型其值又是一个变量 F 且在数据段 DATA2 中，则 T2 变量的值的低 16 位应是变量 F 所在段的偏移地址高 16 位应是变量 F 所在段的段基址。程序中指令 LDS SI，T2 的功能是 CPU 访问的当前数据 DATA1 段改变为 DATA2 段即 CPU 访问的当前数据段是 DATA2 段。因此灵活使用 LDS 指令可以很方便地将当前数据段由 DATA1 段更改为 DATA2 段，只是因没用 ASSUME 语句建立 DS 与 DATA2 的对应关系，不能在指令语句中直接使用 DATA2 段中的变量。

6. 传送偏移地址及附加数据段首址指令 LES（Load ES which pointer）

指令格式：LES DEST，SRC　；DW/FW

指令功能：将 SRC 的偏移地址的字单元内容送入 DEST 指定的寄存器中，将 SRC+2 字单元的内容送入 DS 段寄存器中。

注意事项：目的操作数 DEST 是除段寄存器之外的 16 位通用寄存器，源操作数是双字的各种寻址方式的存储器操作数，该指令常用指定 SI 寄存器。

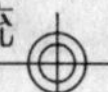

【例题 2.12】LES DI，[BX]

若指令执行前：（DS）=B000H，（BX）=080AH，（0B080AH）=05AEH，（0B080CH）=4000H。

则指令执行后：（DI）=05AEH，（ES）=4000H。

7. 堆栈操作指令(Stack Operation Instruction)

堆栈是一个重要的数据结构，堆栈操作是以“先进后出”的原则进行数据读写操作。PC机的堆栈组织是从高地址向低地址方向生长也称向下生长。

堆栈操作是由堆栈指针寄存器 SP 来管理的，SP 的内容即偏移地址总是指向栈顶。空栈的 SP 指向栈底即最高地址。堆栈有入栈和出栈两种操作。

例如：下面定义了一个堆栈段

```
STACK SEGMENT STACK
  DB 200 DUP（？）
STACK ENDS
```

此定义说明了堆栈的大小是 200 个字节。堆栈的结构如图 2-10 所示。

（1）进栈操作指令 PUSH(Push Word or Doubleword onto Stack)。

指令格式：PUSH　SRC；W/DW

指令功能：是将立即数或寄存器、段寄存器、存储器中的一个字/双字数据压入堆栈中。一个字进栈，系统自动完成两步操作：SP←SP-2，(SP)←操作数；一个双字进栈，系统自动完成两步操作：ESP←ESP-4，(ESP)←操作数。

例如：PUSH 04F8H

执行前：（SP）=1000H

执　行：①（SP）-2→SP，② 04F8H→[SP]。

操作后：堆栈段中偏移地址为 0FFFEH 单元中的内容为 04F8H，若用符号表示则为（0FFEH）=04F8H。汇编程序在处理立即数的压栈指令时，将根据立即数的大小自动确定为字/又字类型的压栈操作。

（2）出栈操作指令 POP(Pop Word or Doubleword off Stack)。

指令格式：POP　DEST；W/DW

指令功能：将栈顶元素弹出送至某一寄存器、段寄存器（代码段寄存器 CS 除外）或存储器中。弹出一个字，系统自动完成两步操作：操作数←(SP)，SP←SP-2；弹出一个双字，系统自动完成两步操作：操作数←(ESP)，ESP←ESP-4。堆栈操作不影响标志位。

【例题 2.13】如图 2-11 所示执行 POP BX 后，（BX）=?，（SP）=?

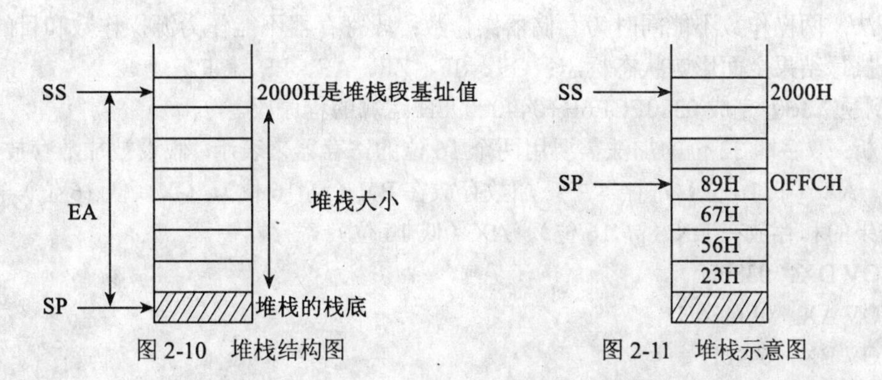

图 2-10　堆栈结构图　　图 2-11　堆栈示意图

根据出栈 POP 的功能知：其操作始终在栈顶进行且遵循“低地址送低字节，高地址送高字节”的原则。栈指针 SP+2→SP。

因此（BX）=6789H，（SP）=0FFEH

2.3.2 算术运算指令

算术运算指令分为二进制数算术运算指令和 BCD 码算术运算调整指令。要求重点掌握二进制数算术运算指令，而 BCD 码算术运算调整指令只需作一般的了解。二进制算术运算指令是指对二进制数进行加、减、乘、除运算的指令及符号扩展指令。除符号扩展指令外，其余的指令均在不同程度上影响标志寄存器中的标志位。

1. 加法运算指令

（1）不带进位的加法指令 ADD(ADD Binary Numbers Instruction)。

指令格式：ADD DEST, SRC ；B/W

指令功能：是把源操作数的内容和目的操作数内容相加，结果保存到目的操作数且源操作数的内容不变。受影响的标志位：AF、CF、OF、PF、SF 和 ZF。

语法：两操作数不能同时为存储器操作数；段寄存器不能作为源操作数和目的操作数；该指令执行结果全面影响状态标志：OF、SF、ZF、AF、PF、CF。

【例题 2.14】 ADD AL，BL。

执行前：（AL）=56H，（BL）=24H

```
指令执行：    0101 0110    （AL）
           +  0010 0100    （BL）
           ------------------------
              0111 1010    （AL）
```

指令执行后：（AL）=7AH ，（BL）=24H 即源操作数内容没有发生改变。

影响状态标志位的分析：两个数相加，D_7 没有进位，则 CF=0；两正数相加，和为正数，7AH 没有超出有符号数正数 7FH 的范围，则 OF=0；相加的和不为零，则 ZF=0；两数相加和的 D_7=0，则符号位 SF=0；两数相加，低字节中 1 的个数为奇数，则 PF=0；两数相加时，D_3 未向 D_4 位进位，则 AF=0。

（2）带进位加指令 ADC(ADD With Carry Instruction)。

指令的格式：ADC DEST, SRC ；B/W

指令的功能：是把源操作数和进位标志位 CF 的值(0/1)一起和目的操作数相加，结果保存到目的操作数中，且源操作数的内容保持不变。受影响的标志位：AF、CF、OF、PF、SF 和 ZF。

语法：两操作数不能同时为存储器操作数；段寄存器不能作为源操作数和目的操作数；该指令执行结果全面影响状态标志：OF、SF、ZF、AF、PF、CF。

【例题 2.15】 完成 0380ECE6H+04408098H 运算的程序段。

分析：双字即 32 位的加法需要用两个 16 位的寄存器来表示。假设被加数存放在 DX（高 16 位）、AX（低 16 位）寄存器中；加数存放在 BX（高 16 位），CX（低 16 位）寄存器中，相加结果的和存放在 DX（高 16 位）、AX（低 16 位）寄存器中。

MOV DX，0380H

MOV AX，0ECE6H

MOV BX，0440H

MOV CX，8098H

ADD AX，CX ；低位字相加

ADC DX，BX ；带进位的高位字相加

由程序段中可知：实现双字加法，必须使用两条加法指令分别完成低位字和高位字的加法，且在高位字相加时，应该使用ADC指令以便把前一条ADD指令作低位加法时所产生的进位值加到高位字最低位中。另外还应注意：带符号的双字数的溢出问题，应根据ADC指令的OF位来判断，而低位值应看成是无符号数且低位加法指令ADD的溢出位OF的值大可不必考虑。

（3）加1指令INC(Increment by 1 Instruction)。

指令格式：INC SRC ；B/W

指令功能：是将操作数的内容加1后仍保存在操作数中，SRC既表示源操作数又表示目的操作数，是单操作数指令，受影响的标志位：AF、OF、PF、SF和ZF，不影响CF。

语法：SRC只能是寄存器与存储器操作数，不允许使用立即数和段寄存器作为操作数；由于该指令是单操作数指令，寻址方式是存储器操作数时，因而无参照的数据类型，因此一定要指明类型说明。

例如：INC BYTE PTR[BX] ；汇编程序翻译为字节操作。

INC WORD PTR[BX] ；汇编程序翻译为字操作。

该指令的主要用途：一般用于循环程序中修改地址或循环次数（采用正计数法）等方面的应用。

（4）交换加指令XADD(Exchange and Add)。

指令格式：XADD DEST, SRC

指令功能：是先交换两个操作数的值，再进行算术“加”法操作。受影响的标志位：AF、CF、OF、PF、SF和ZF。该指令只能用于486及其后继机型，指令的源操作数只能用寄存器寻址方式，目的操作数则可用寄存器或任一种存储器寻址方式。

2. 减法指令

（1）减法指令SUB(Subtract Binary Values Instruction)。

指令格式：SUB DEST, SRC ；B/W

指令功能：是将目的操作数的内容减去源操作数的内容，结果保存在目的操作数中且源操作数的内容不变。受影响的标志位：AF、CF、OF、PF、SF和ZF。

语法：两操作数不能同时为存储器操作数；段寄存器不能作为源操作数和目的操作数；该指令执行结果全面影响状态标志：OF、SF、ZF、AF、PF、CF。

【例题2.16】读下列程序段，请指出错误的语句。

```
DATA SEGMENT
A DW 50H
B DW 100H
DATA ENDS
 ⋮
 MOV AX，200
 SUB AX，A
 SUB B，A
```

```
MOV BX，A
SUB B，BX
⋮
```

依据两操作数的语法规定：目的操作数和源操作数不能同时为存储器操作数，因此 SUB B，A 是错误的语句。

（2）带借位减 SBB(Subtract with Borrow Instruction)。

指令格式：SBB DEST，SRC ；B/W

指令功能：是把源操作数和标志位 CF 的值从目的操作数中一起减去，其结果保存在目的操作数中且源操作数的内容不变。受影响的标志位：AF、CF、OF、PF、SF 和 ZF。该指令主要完成多字节（或多字）的减法运算。

语法：与 SUB 相同。

【例题 2.17】按要求完成 00237546H-00129428 运算的程序段。

分析：双字即 32 位的减法需要用两个 16 位的寄存器来表示。假设被减数存放在 DX（高 16 位）、AX（低 16 位）寄存器中；减数存放在 BX（高 16 位），CX（低 16 位）寄存器中，相减结果的差存放在 DX（高 16 位）、AX（低 16 位）寄存器中。

```
MOV DX，0023H
MOV AX，7546H
MOV BX，0012H
MOV CX，9428H
SUB AX，CX  ；低位字相减
SBB DX，BX  ；高位字相减
```

请读者自己分析：减法运算对状态标志位的影响结果。

（3）减 1 指令 DEC(Decrement by 1 Instruction)。

指令格式：DEC SRC ；B/W

指令功能：是把操作数的值减去 1 后的结果保存到原操作数中。受影响的标志位：AF、OF、PF、SF 和 ZF，不影响 CF。

语法：SRC 只能是寄存器与存储器操作数，不允许使用立即数和段寄存器作为操作数；由于该指令是单操作数指令，寻址方式是存储器操作数时，因而无参照的数据类型，因此一定要指明类型说明。

该指令的主要用途：一般用于循环程序中修改地址或循环次数（采用倒计数法）等方面的应用。

例如：下列 DEC 指令均是合法的。

```
DEC BX  ；字操作
DEC CL  ；字节操作
DEC BYTE PTR[SI]；字节操作
DEC WORD PTR[SI]；字操作
```

（4）求补指令 NEG(Negate Instruction)。

指令格式：NEG DEST ；B/W

指令功能：对一个操作数求补的简单方法，将目的操作数的每一位取反（包括符号位）后加 1 后再保存到目的操作数中。受影响的标志位：AF、CF、OF、PF、SF 和 ZF。

语法：DEST只能是寄存器与存储器操作数，不允许使用立即数和段寄存器作为操作数；由于该指令是单操作数指令，寻址方式是存储器操作数时，因而无参照的数据类型，因此一定要指明类型说明。

注意：求补是一种操作，而补码是一种机器数，两者不能混淆。正数求补后变成对应的负数补码，相反，一个负数的补码经求补指令NEG执行后而成为其对应的正数补码。

【例题2.18】对AL中的数求绝对值。

```
        ADD AL，0  ；产生SF符号标志
        JNS NEXT  ；判断是非负数转到标号NEXT处执行指令
        NEG AL    ；是负数求补后而成为正数
NEXT：…
```

（5）比较指令CMP（Compare）。

指令格式：CMP DEST，SRC ；B/W

指令功能：将目的操作数DEST和源操作数SRC相减，不保存结果且两操作数的内容不发生改变，主要是产生影响标志位的值，该指令后通常紧跟条件转移指令。

比较指令CMP主要用于比较两个操作数是否相等、大小等。主要是通过测试不同的标志位判断两个操作数的关系。

下面以CMP A，B（A、B是两个合法的操作数）为例，说明无符号数与有符号数所要测试的状态标志位的情况：

两个无符号数的比较规则：

当CF=0且ZF=0时，A>B；CF=0说明无符号数够减

当CF=0且ZF=1时，A=B

当CF=1且ZF=0时，A<B；CF=1说明无符号数不够减

两个带符号数的比较规则：

当OF⊕SF=0且ZF=0时，A>B

当OF⊕SF=0且ZF=1时，A=B

当OF⊕SF=1且SF=1时，A<B

对于有符号数的比较，必须将SF符号标志与溢出标志相结合一起考虑，才能判断它们的大小。了解这些知识，对于标志位的作用应该更清晰，在编程中只要用对指令，则指令本身会自动去测试有关的状态标志，程序员不必深究。

【例题2.19】高X、Y、Z均为双精度数，它们分别存放在符号地址X、X+2；Y、Y+2；Z、Z+2的字存储单元中，存放时高位字在高地址中，低位字在低地址中，用指令序列实现W←X+Y+88-Z，并用W和W+2字单元存放运算结果。

```
MOV AX，X
MOV DX，X+2
ADD AX，Y
ADC DX，Y+2    ；完成X+Y
ADD AX，88
ADC DX，0      ；完成X+Y+88
SUB AX，Z
SBB DX，Z+2    ；完成X+Y+Z+88-Z
```

MOV W，AX　　；存结果

MOV W+2，DX

3. 乘法指令

计算机的乘法指令分为无符号乘法指令和有符号乘法指令，它们的唯一区别就在于：数据的最高位是作为“数值”参与运算，还是作为“符号位”参与运算。

乘法指令的被乘数都是隐含操作数，乘数在指令中显式地写出来。CPU会根据乘数是8位、16位，还是32位操作数，来自动选用被乘数：AL、AX或EAX。

指令的功能是把显式操作数和隐含操作数相乘，并把乘积存入相应的寄存器中。

（1）无符号数乘法指令MUL(Unsigned Multiply Instruction)。

指令格式：MUL SRC　；B/W

指令功能：是把显式操作数和隐含操作数(都作为无符号数)相乘，其中隐含操作数是被乘数DEST必须放入累加器寄存器AX或AL中。字节相乘目的操作数DEST在AL中；字相乘目的操作数DEST在AX中。两个8位数相乘得到的16位乘积存放在AX中；两个16位数相乘得到32乘积，高16位存放在DX中，低16位存放在AX中。受影响的标志位：CF和OF(AF、PF、SF和ZF无定义)。

语法：源操作数SRC可使用寄存器操作数，各种寻址方式的存储器操作数（要注意类型说明）；SRC绝不允许使用立即数和段寄存器。

（2）有符号数乘法指令IMUL(Signed Integer Multiply Instruction)。

指令格式：IMUL　SRC　；B/W

指令功能：是把显式操作数和隐含操作数(都作为有符号数)相乘，其中隐含操作数是被乘数DEST必须放入累加器寄存器AX或AL中。字节相乘目的操作数DEST在AL中；字相乘目的操作数DEST在AX中。两个8位数相乘得到的16位乘积存放在AX中；两个16位数相乘得到32乘积，高16位存放在DX中，低16位存放在AX中。受影响的标志位：CF和OF(AF、PF、SF和ZF无定义)。

语法：源操作数SRC可使用寄存器操作数，各种寻址方式的存储器操作数（要注意类型说明）；SRC绝不允许使用立即数和段寄存器。

注意：无定义和不影响状态标志位的意义是不同的：“无定义”是指指令执行后这些状态标志位的值是不定的；“不影响”是指指令执行的结果并不影响标志位的值即这些状态标志位的值应保持原状态不变。

对CF和OF的影响只有以下两种状态：CF=OF=1或CF=OF=0。这样的条件码设置可以用来检查字节相乘的结果乘积是字节还是字，或者可以检查字相乘的结果乘积是字还是双字。

【例题2.20】已知（AL）=0B4H，（CL）=11H，求执行IMUL CL和MUL CL后乘积值并确定CF、OF的值。

已知数为带符号数时：（AL）=0B4H=−76，（CL）=11H=17。

执行IMUL CL的结果为（AX）=−1292，用补码表示的结果：（AX）=0FAF4H。

执行后：（AX）=0FAF4H，（CL）=11H，CF=OF=1。

已知数为无符号数时：（AL）=0B4H=180，（CL）=11H=17。

执行MUL CL的结果为（AX）=3060，用补码表示的结果：（AX）=0BF4H。

执行后：（AX）=0BF4H，（CL）=11H，CF=OF=1。

4. 除法指令

除法指令的被除数是隐含操作数，除数在指令中显式地写出来。CPU会根据除数是8位、16位，还是32位，来自动选用被除数AX、DX-AX，还是EDX-EAX。

除法指令功能是用显式操作数去除隐含操作数，可得到商和余数。当除数为0，或商超出数据类型所能表示的范围时，系统会自动产生0号中断。

（1）无符号数除法指令DIV(Unsigned Divide Instruction)。

指令格式：DIV SRC ；B/W

指令功能：是用显式操作数去除隐含操作数（都作为无符号数），是字节操作的要求是被除数是16位（若是8位则要进行符号扩展）存放在AX中作为隐含的目的操作数DEST，8位的除数是源操作数SRC，相除结果8位商在AL中，8位余数在AH中；是字操作的要求是被除数是32位（若是16位则要进行符号扩展）存放高16位在DX中，低位在AX中作为隐含的目的操作数DEST，16位的除数是源操作数SRC，相除结果16位商在AX中，16位余数在DX中指令。对标志位的影响无定义。

注意：DIV指令对被除数、商、余数的寄存器规定必须遵守，才能进行正确操作，并能正确知道结果放在什么地方。

（2）有符号数除法指令IDIV(Signed Integer Divide Instruction)。

指令格式：IDIV SRC ；B/W

指令功能：是用显式操作数去除隐含操作数（都作为有符号数），是字节操作的要求是被除数是16位（若是8位则要进行符号扩展）存放在AX中作为隐含的目的操作数DEST，8位的除数是源操作数SRC，相除结果8位商在AL中，8位余数在AH中；是字操作的要求是被除数是32位（若是16位则要进行符号扩展）存放高16位在DX中，低位在AX中作为隐含的目的操作数DEST，16位的除数是源操作数SRC，相除结果16位商在AX中，16位余数在DX中指令。对标志位的影响无定义。

注意：IDIV指令对被除数、商、余数的寄存器规定必须遵守，才能进行正确操作，并能正确知道结果放在什么地方。

【例题2.21】 写出实现4001H÷4运算的程序段。

程序段如下：
```
MOV AX，4001H
CWD
MOV CX，4
IDIV CX
```

5. 符号扩展指令

在作有符号除法时，有时需要把短位数的被除数转换成位数更长的数据类型。比如，要用BL中的数据去除AL，但根据除法指令的规定：除数是8位，则被除数必须是AX，于是就涉及AH的取值问题。

为了方便说明，假设：(AH)=1H，(AL)=90H=−112D，(BL)=10H。

（1）在做除法运算前，必须处理AH的原有内容。

假设在做除法时，不管AH中的值，这时，(AH、AL)/BL的商是19H，但我们知道：AL/BL的商应是−7，这就导致：计算结果不是所预期的结果，所以，在做除法运算前，程序员必须要处理AH中的值。

（2）做无符号数除法时。

可强置 AH 的值为 0，于是，可得到正确的结果。

（3）做有符号数除法时。

如果强置 AH 为 0，则 AX=0090H，这时，AX/BL 的商为 9，显然结果也不正确。

如果把 AL 的符号位 1，扩展到 AH 中，得：AX=0FF90H=−112D，这时，AX/BL 的商就是我们所要的正确结果。

综上所述，因为在进行有符号数除法时存在隐含操作数数据类型转换的问题，所以系统提供了四条数据类型转换指令：CBW、CWD、CWDE 和 CDQ。

① 字节转换为字指令 CBW(Convent Byte to Word)。

指令格式：CBW

该指令的隐含操作数为 AH 和 AL。其功能是用 AL 的符号位去填充 AH，即：当 AL 为正数，则 AH=0，否则，AH=0FFH。指令的执行不影响任何标志位。

② 字转换为双字指令 CWD(Convent Word to Doubleword)。

指令格式：CWD

该指令的隐含操作数为 DX 和 AX，其功能是用 AX 的符号位去填充 DX。指令的执行不影响任何标志位。

③ 字转换为扩展的双字指令 CWDE(Convent Word to Extended Doubleword)。

指令格式：CWDE

该指令的隐含操作数为 DX 和 AX，其功能是用 AX 的符号位填充 EAX 的高字位。指令的执行不影响任何标志位。

④ 双字转换为四字指令 CDQ(Convent Doubleword to Quadword)。

指令格式：CDQ

该指令的隐含操作数为 EDX 和 EAX，指令的功能是用 EAX 的符号位填充 EDX。指令的执行不影响任何标志位。

6. 十进制调整指令

前面介绍的算术运算指令都是针对二进制数进行操作的指令，但对绝大多数人来说，十进制是最简单、熟悉的。为了方便按十进制数进行算术运算，指令系统专门提供了一组十进制运算调整指令。

十进制调整指令分为以下两组：

（1）压缩的 BCD 码调整指令。

DAA(Decimal Adjust After Addition)　　十进制数加调整指令
DAS(Decimal Adjust After Subtraction)　十进制数减调整指令

（2）非压缩的 BCD 码调整指令。

AAA(Ascii Adjust After Addition)　　ASCII 码加调整指令
AAS(Ascii Adjust After Subtraction)　　ASCII 码减调整指令
AAM(Ascii Adjust After Multiplication)　ASCII 码乘调整指令
AAD(Ascii Adjust After Division)　　ASCII 码除调整指令

虽然人们会觉得按十进制进行算术运算很自然，但计算机要花更多的时间来完成相应操作。在通常情况下，上述指令很少被程序员运用在实际的程序之中。所以，上述指令的使用率较低，本书对本组指令不加详细说明。

2.3.3 逻辑运算和移位指令

8086微处理器提供的逻辑运算指令和移位指令，它们均可直接对寄存器或存储器中的数据进行位操作。

1. 逻辑运算指令

本类指令可对8位或16位串进行逻辑运算，且操作是“按位进行”的。这类指令主要有AND、OR、XOR及TEST且是双操作数指令和NOT单元操作数指令。

（1）逻辑非指令NOT。

指令格式：NOT　DEST ；B/W

指令功能：将目的操作数的每一个二进制位按位取反（0变1，1变0），结果再送回目的操作数。该指令执行后不影响状态标志位。

语法：目的操作数可以是各种寄存器或存储器寻址方式，但对存储器寻址方式要求指明其类型；目的操作数不可使用立即数和段寄存器。

例如：对（AL）=67H 求反后结果是多少？

　　指令为：NOT AL

　　指令执行后：（AL）=98H

（2）逻辑与指令AND。

指令格式：AND　DEST，SRC ；B/W

指令功能：将目的操作数与源操作数按位进行逻辑“与”运算，并将结果送目的操作数保存。该指令通常用于分离和屏蔽数据。指令执行后仅影响SF、ZF和PF状态标志位，对AF无定义，使CF=OF=0。

例如：AND AL，0FH

本指令将AL寄存器中的内容屏蔽高4位，保留低4位。常用来将数字的ASCII码30H-39H转换成相应的数字0-9。

例如：AND AL，AL

本指令是对一个操作数本身进行“与”操作，其操作数不变，但却使CF=OF=0，并设置了SF、ZF、PF状态值。这样可实现清CF目的；对SF值可判操作数的正负；对ZF值可判操作数是否为零；对PF值可判操作数的奇偶性。

（3）逻辑或指令OR。

指令格式：OR　DEST，SRC　；B/W

指令功能：将目的操作数与源操作数按位进行逻辑“或”操作，并将操作结果送目的操作数保存。该指令通常用于要求某一操作数中的若干位保持不变，而另外若干位置1的场合。利用AND与OR指令可以对字节或字数据重新进行拼装。影响状态标志位同AND指令。

例如：把AX的最高4位置1，最低4位清零，D7清零，D8置1，其他位保持不变，试写出实现操作的指令序列。

```
        OR AX，0F100H   ；字操作
        AND AX，0FF70H
或者：  OR AH，0F1H     ；字节操作
        AND AL，70H
```

（4）逻辑异或指令XOR。

指令格式：XOR　DEST，SRC　；B/W

指令功能：将目的操作数与源操作数按位进行逻辑“异或”操作，并将操作结果送目的操作数保存。影响状态标志位同 AND 指令。该指令通常用于对数据取反运算。如使操作数清零，同时需要得到 CF=0，则用 XOR 指令。

例如：要使 AL 中的高 4 位内容保持不变，低 4 位取反。

```
    XOR AL，0FH
```

（5）测试指令 TEST。

指令格式：TEST　DEST，SRC　；B/W

指令功能：将目的操作数与源操作数按位进行逻辑“与”操作，但结果不保存到目的操作数中，只是根据结果设置标志寄存器里的标志位。测试指令执行后：CF=OF=0，AF 无定义，仅影响 SF、ZF 和 PF。

TEST 指令常常用于位测试，它与条件指令一起，共同完成对特定位状态的判断并实现相应的程序转移。这同比较指令 CMP 有些相似，但也有区别：TEST 指令是比较一个或几个指定的位，而 CMP 指令是比较整个操作数，同时 CMP 指令全面影响状态标志位。

使用 TEST 指令，通常是在不希望改变原有操作数的情况下，用来检测一位或某几位的条件是否满足。编程时，可作为条件转移指令的先行指令，其任务是产生状态标志值，而不改变操作数本身。编程者可根据条件码来测试一个数的正负、奇偶性及零与非零。

例如：若要检测 AL 中的内容是否为负数，是负数则转移，否则继续顺序执行程序。

```
      TEST AL，80H    ；测 D7 位
      JNZ NEXT        ；D7=1 为负数则转
          ⋮
NEXT：    ⋮
```

【例题 2.22】在数据区 BUF 处存放了一串数据，统计其中奇数的个数，并将统计结果存放到 COUNT 单元中。

分析：奇数的共性是其对应的二进制数形式最低位为 1，而偶数的共性是其对应的二进制数形式最低位为 0。因此判断某数是否为奇数，可通过 TEST 指令来检测其最低位是否为“1”实现。设计一个数 0001H，与 AX 的数相“与”，判断结果是否为 0，若为 0，则 AX 是偶数；若不为 0，则 AX 是奇数。而对一组数的判断，则采用循环的方式来实现。

```
STACK SEGMENT STACK
   DB 100 DUP（0）
STACK ENDS
DATA SEGMENT
   BUF DW 1234H，0125H，0FFE6H，0CDA1H，…
   CONT EQU （$-BUF）/2
   COUNT DW ?
DATA ENDS
CODE SEGMENT
   ASSUME DS:DATA,CS：CODE，SS：STACK
START：MOV AX，DATA
```

```
        MOV DS，AX
        MOV CX，CONT
        XOR BX，BX
        MOV SI，OFFSET BUF
AGAIN： MOV AX，[SI]
        TEST AX，0001H
        JZ NEXT
        INC BX
NEXT：  ADD SI，2
        LOOP AGAIN
        MOV COUNT，BX
        MOV AH，4CH
        INT 21H
CODE ENDS
   END START
```

2. 移位指令

移位指令包括逻辑左移/算术左移（SHL/SAL）指令、逻辑右移/算术右移（SHR/SAR）指令、循环左移（ROL）指令、循环右移（ROR）指令、带进位循环左移（RCL）指令、带进位循环右移（RCR）指令。移位指令只有目的操作数而无源操作数，指令中只能用1或CL给出移位的位数，即当移位的位数大于1时，必须用CL指定。

（1）逻辑左移/算术左移（SHL/SAL）指令。

算术移位指令用于有符号数，逻辑移位指令用于无符号数。

指令格式：SAL/SHL　DEST，1/CL　；B/W

指令功能：SAL为算术左移指令，SHL为逻辑左移指令，二者功能完全相同，将目的操作数左移1位或由CL指定的移位次数，最低位补0，CF的内容为最后移入位的值。如图2-12所示。

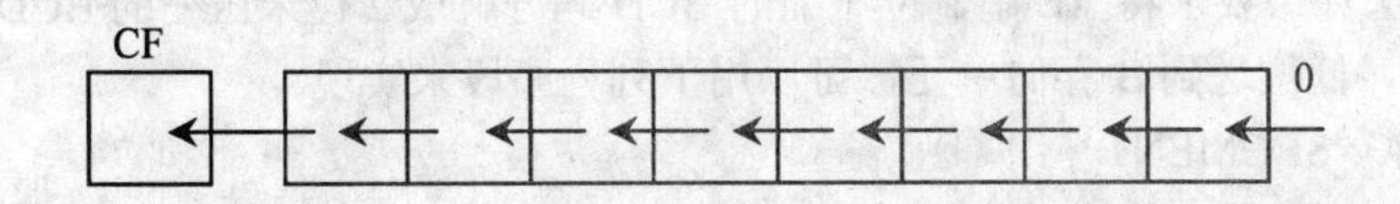

图2-12　SHL/SAL左移功能示意图

例如：MOV CL，4

　　　SAL AX，CL

执行前：（AX）=0EF89H

执行后：（AX）=0F890H，CF=0

由此可知：使用SAL和SHL可以很方便实现有符号数和无符号数乘2^n的运算（n为移位的次数），但在使用时要注意是否发生溢出。

（2）算术右移指令SAR。

指令格式：SAR　DEST，1/CL　；B/W

指令功能：将目的操作数右移 1 位或由 CL 指定的移位次数，最高位保持不变，CF 的内容为最后移入位的值。如图 2-13 所示。

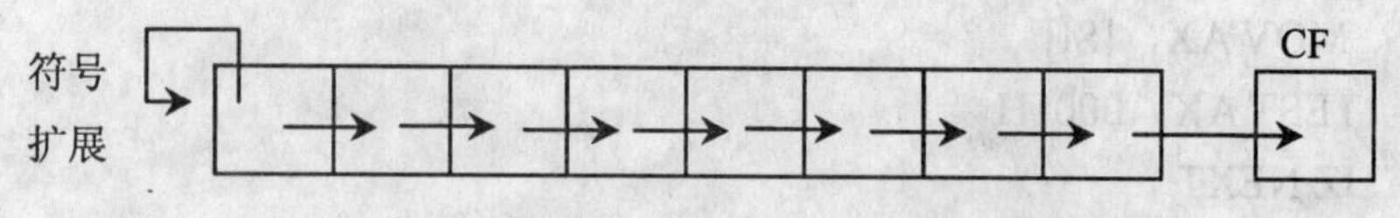

图 2-13　SAR 右移功能示意图

例如：MOV CL，2

　　　SAR BX，CL

执行前：（BX）=0A2F4H，CF=1

执行后：（BX）=0E8BDH，CF=0

此例如的语句“SAR BX，CL”实际上完成了（BX）/4→BH 的运算，因此，使用 SAR 可以方便地实现对有符号数除 2^n（n 是移位次数）的运算。

（3）逻辑右移指令 SHR。

指令格式：SHR　DEST，1/CL　；B/W

指令功能：将目的操作数右移 1 位或由 CL 指定的移位次数，最高位补 0，CF 的内容为最后移入位的值。如图 2-14 所示。

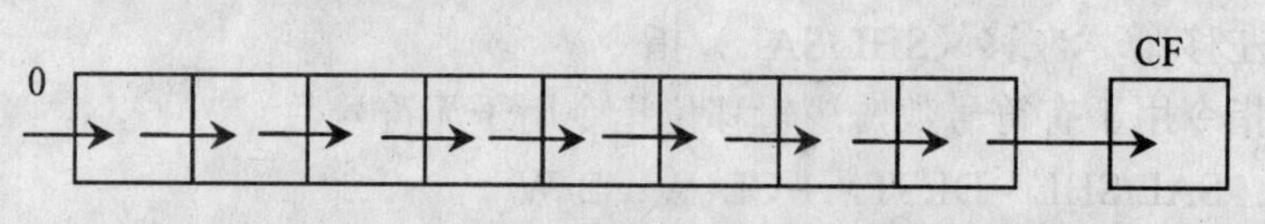

图 2-14　SHR 右移功能示意图

指令用途：使用 SHR 指令可以很方便地实现对无符号数除 2^n（n 为移位的次数）的运算；还可将一个字或字节中的某一位或几位移到指定的位置，从而实现分离这些位的目的。

【例题 2.23】如果要求将 AL 中 2 位压缩的 BCD 码分解成 2 位未压缩的 BCD 码，高位送到 A 存储单元，低位送到 B 存储单元，可以用下列程序段来实现。

```
DATA   SEGMENT
   A DB 0
   B DB 0
DATA   ENDS
   ⋮
   MOV BL，AL
   MOV CL，4
   SHR BL，CL
   MOV A，BL
   AND AL，0FH
   MOV B，AL
```

⋮

在这个程序段中，分两步完成2位压缩BCD的分解过程。第一步是将2位BCD码整个地逻辑右移4位采用两条（MOV CL，4 SHR BL，CL）语句实现的，将分离出来的未压缩BCD的高位送到A存储单元中；第二步将AL中的高4位清零，用语句（AND AL，0FH）实现的，将未压缩BCD的低位送到B存储单元中。

在实现过程中需要注意：第一步操作一定不能破坏AL中的原始值，否则第二步将会得不到正确结果，因此在程序设计时应将第一步操作放在BL中进行，其目的是保证AL中的内容不变。

下面是一种更简单的方法实现上题的功能

```
⋮
MOV AH，0
MOV CL，16          ；（AH，AL）/16→AL(商)，AH（余数）
DIV CL
MOV A，AL           ；商即高位BCD码→A
MOV B，AH           ；余数即低成本位BCD码→B
⋮
```

这是因为一个字节数据除以16，商必然是高半字节中的数，余数一定是低半字节中的数，这样恰好达到了分解两位压缩BCD码的目的。

（4）循环左移指令ROL。

指令格式：ROL DEST，1/CL ；B/W

指令功能：将目的操作数的最高位与最低组成一个环，将环中的所有位一起向左移动1位或CL指定的位数。CF的内容是最后移入位的值如图2-15所示。

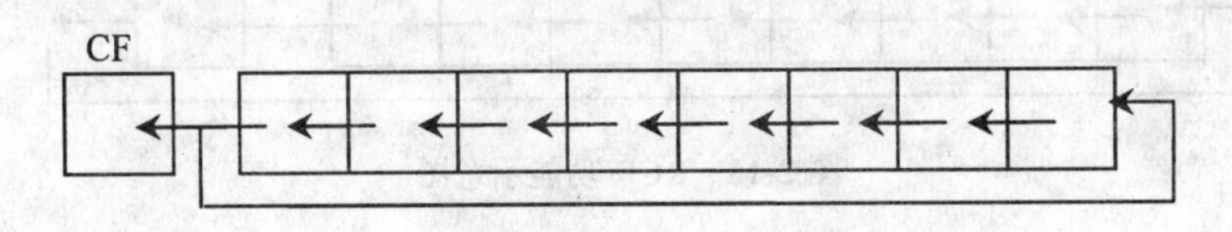

图2-15 ROL功能示意图

例如：MOV CL，4

ROL DL，CL

执行前：（DL）=0FAH，CF=0

执行后：（DL）=0AFH，CF=1

（5）循环右移指令ROR。

指令格式：ROR DEST，1/CL ；B/W

指令功能：将目的操作数的最高位与最低位组成一个环，将环中的所有位一起向右移动1位或CL指定的位数。CF的内容是最后移入位的值如图2-16所示。

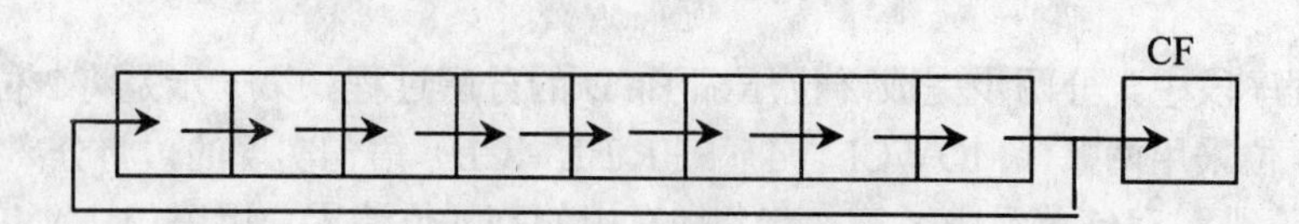

图 2-16 ROR 功能示意图

（6）带进位的循环左移指令 RCL。

指令格式：RCL DEST，1/CL ；B/W

指令功能：将目的操作数的最高位和 CF 及最低位一起组成一个环，将环中的所有位一起向左移动 1 位或由 CL 指定的位数，CF 的内容是最后移入位的值如图 2-17 所示。

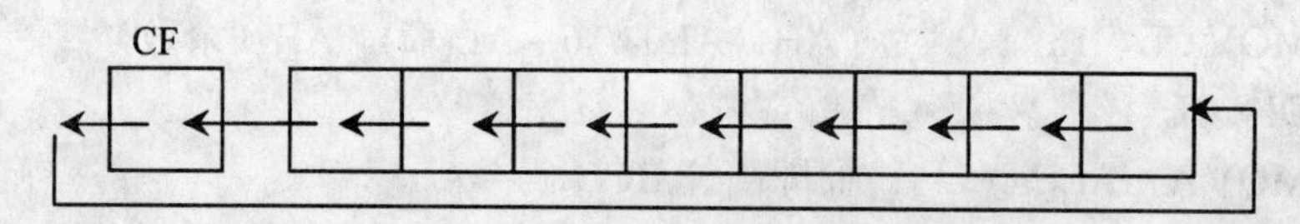

图 2-17 RCL 功能示意图

（7）带进位的循环右移指令 RCR。

指令格式：RCR DEST，1/CL

指令功能：将目的操作数的最高位和 CF 及最低位一起组成一个环，将环中的所有位一起向右移动 1 位或由 CL 指定的位数，CF 的内容是最后移入位的值如图 2-18 所示。

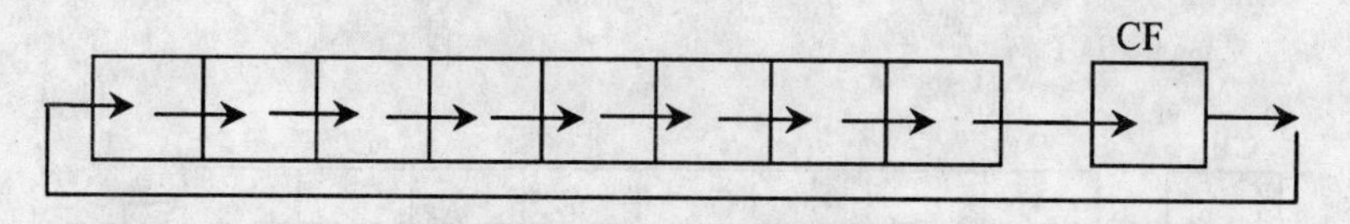

图 2-18 RCR 功能示意图

【例题 2.24】将 DX，AX 组成的 32 位数乘 16 的运算，试编写其指令序列。

```
MOV CL，4
SHL DX，CL
MOV BH，AH
SHL AX，CL
SHR BH，CL
OR DL，BH
```

2.4 本章小结

计算机是通过执行指令序列来解决问题的，因而每种计算机都有一组指令集供用户使用，这组指令集就是计算机的指令系统。指令系统是计算机的主要属性，位于硬件和软件的

交界面上。本章讨论的是8086指令系统所涉及的基本问题。

1. 指令格式

计算机中的指令由操作码和操作数两部分组成。操作码指示计算机要执行的操作，操作数指出在指令执行的过程中需要的操作数。按操作数的设置情况，指令可分为无操作数指令、单操作数指令和双操作数指令。

2. 寻址及寻址方式

指令通常并不直接给出操作数，而是给出操作数的存放地址。指令指定操作数的位置，即给出地址信息，在执行时需要根据这个地址信息找到需要的操作数。这种寻找操作数的过程称为寻址。寻找操作数存放地址的方式，称为寻址方式。

3. 与数据有关的寻址方式

8086/8088 指令的操作数有：立即操作数、寄存器操作数、存储操作数、输入输出端口操作数。

（1）立即数寻址。立即数寻址方式是指操作数直接存放在指令中，紧跟在操作码之后，作为指令的一部分存放在代码段里，这种操作数称为立即数。

立即数寻址只能用于源操作数中。一般用于置循环初值、置移位次数等。

（2）寄存器寻址方式。寄存器寻址方式是指操作数存放在寄存器中，指令中直接寄存器名。寄存器寻址可以用于源操作数寻址，也可用于目的操作数寻址。

（3）存储器寻址。如果操作所需的操作数存放在内存储器中，则指令需要给出操作数的地址信息，8086/8088 指令系统提供了多种存储器寻址方式。不论哪一种寻址方式，首先要掌握寻址过程和计算有效地址的方法。存储器寻址主要有：直接寻址、寄存器间接寻址、寄存器相对寻址、基址变址寻址、相对基址变址寻址。

① 直接寻址：在直接寻址方式中，有效地址就在指令的代码中，它存放在代码段中指令操作后面的操作数。如：MOV AX，DS：[2000H]。

② 寄存器间接寻址：寄存器间接寻址方式是在指令中给出寄存器名，寄存器中的内容是操作数的有效地址。若指令中指定的寄存器是 BX、SI、DI，在没有加段超越前缀的情况下，操作数必定在数据段中；若指令中指定的寄存器是 BP，在没有加段超越前缀的情况下，操作数必定在堆栈段中。若在指令中加上加段超越前缀，则以指定的段寄存器中的内容作为段地址。

③ 寄存器相对寻址：寄存器相对寻址方式是在指令中给定一个基址寄存器 BX 或 BP（或变址寄存器 SI 或 DI）名和一个 8 位或 16 位的相对偏移量，两者之和作为操作数的有效地址。

④ 基址变址寻址：基址变址方式是在指令中给出一个基址寄存器名 BX 或 BP 和一个变址寄存器名 SI 或 DI，两寄存器内容之和作为操作数的有效地址。

⑤ 相对基址变址寻址：相对基址变址方式是在指令中给出一个基址寄存器 BX 或 BP、一个变址寄存器 SI 或 DI 和 8 位或 16 位的偏移量，三者之和作为操作数的有效地址。

（4）I/O 端口寻址方式。I/O 端口指令 IN 和 OUT 使用的端口寻址方式有直接寻址和间接寻址。

在指令中直接给出端口地址，端口地址一般采用 2 位十六进制数，也可以用符号表示，这种寻址方式为直接端口地址。因此，直接端口寻址可访问的端口数为 0～255 个。

如果访问的端口数大于 255，则必须用 I/O 端口的间接寻址方式。所谓间接寻址：是指把 I/O 端口地址先送到 DX 中，和 DX 作间接寻址寄存器，而且只能和 DX 寄存器。

不同机器有不同的指令系统。一个较完善的指令系统应该包括数据传送类指令，算术运算类指令，逻辑运算类指令，程序控制类指令，I/O 指令。而在本章重点讲解了数据传送类指令，算术运算类指令，逻辑运算类指令，在学习时要掌握每条指令的基本格式、基本功能及基本用法以及指令对状态标志位的影响。在本教材的附录中详细列举了 8086/8088 的指令集。

2.5 本章习题

1．指出下列传送指令的目的操作数和源操作数各为何种寻址方式

（1）MOV SI，6000H　　（2）MOV VAR[DI]，AX　；其中 VAR 是一常量

（3）MOV BX，VAR[BX+SI]　　（4）MOV [BX+2]，CX

（5）MOV [BP][SI]，1000H　　（6）MOV AX，D[BX+SI]　；其中 D 是一常量

（7）MOV AX，SI　　（8）MOV AX，ES：[2000H]

2．设 BX=1000H，SI=2000H，位移量 D=3000H，请指出下列各种寻址方式的有效地址是多少？

（1）使用 D 的直接寻址

（2）使用 BX 寄存器的间接寻址

（3）使用 BX 寄存器的相对寻址

（4）基址变址寻址

（5）相对基址变址寻址

3．设 DS=2000H，BX=0100H，SI=0002H，（20100H）=12H，（20101H）=34H，（20102H）= 56H，（20103H）= 78H，（21200H）= 2AH，（21201H）= 4CH，（21202H）=B7H，（21203H）=65H，试说明下列各条指令执行完后 AX 寄存器中的内容是多少？

（1）MOV　AX，1200H

（2）MOV　AX，BX

（3）MOV　AX，[1200H]

（4）MOV　AX，[BX]

（5）MOV　AX，[BX+1100H]

（6）MOV　AX，[BX+SI]

（7）MOV　AX，[BX+SI+1100H]

4．按下列各小题的要求写出相应的一条汇编语言指令。

（1）把 BX 寄存器和 DX 寄存器的内容相加，结果存入 DX 寄存器中。

（2）以 BX 和 SI 寄存器作基址变址寻址方式，把该单元中的一个字传送到 AX。

（3）以 SI 和位移量 20H 作寄存器相对寻址，将该单元中的内容与 CX 寄存器中的内容相加，结果存入 CX 寄存器中。

（4）清除 AX 寄存器的内容，同时清除 CF 标志位。

（5）将字单元 NUM 与 0B6H 进行比较。

5．读下列程序段，依据其执行过程回答下列问题（其中的 X、Y、Z、W 是存储单元）

MOV　AX，X

```
MOV  DX，X+2
ADD  AX，Y
ADC  DX，Y+2
ADD  AX，36
ADC  DX，0
SUB  AX，Z
SBB  DX，Z+2
MOV  W，AX
MOV  W+2，DX
```

（1）该程序段完成的功能是什么？

（2）该程序的操作数是何类型？

（3）结果存放在何处？

6．假定DS=1123H，SS=1400H，BX=0200H，BP=1050H，DI=0400H，SI=0500H，LIST的偏移量为250H，试确定下面各指令访问内存单元的地址。

（1）MOV AL，[1234H]　　（2）MOV AX，[BX]

（3）MOV [DI]，AL　　（4）MOV [2000H]，AL

（5）MOV AL，[BP+DI]　　（6）MOV CX，[DI]

（7）MOV CL，LIST[BX+SI]　　（8）MOV AL，[BP+SI+200H]

（9）MOV AL，[SI-0100H]　　（10）MOV BX，[BX+4]

7．分别说明下列每组指令中的两条指令的区别。

（1）MOV BX，BUF 和 LEA BX，BUF

（2）OR BL，0FH 和 AND BL，0FH

（3）MOV AX，BX 和 MOV AX，[BX]

（4）MOV AX，[BX+DI]和 MOV AX，[BP+DI]

8．使用移位指令来实现乘2和除2的运算，试把52，-48乘以2，它们各应该选用什么指令，得到的结果各是什么？若要除以2呢？

9．设TAB中存放的数据为30H，31H，32H，33H，34H，35H，36H，37H，38H，39H，现执行如下指令序列：

```
LEA  BX，TAB
MOV  AL，X      ；X为数字0～9
XLAT
```

（1）请说明该程序段完成的功能是什么？

（2）若X中的内容为4，则AL的结果是多少？

10．选择适当的指令实现下列功能。

（1）右移DI三位，并把零移入最高位；

（2）把AL左移一位，使0移入最低一位；

（3）AL循环左移三位；

（4）DX带进位位循环右移四位；

（5）DX右移六位，且移位前后的正负性质不变。

11．编写指令序列，将DX：AX：BX中的48位数乘以2。

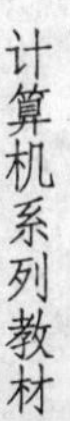

12．设计计算 Z=（X+5）*Y+30,（X，Y 为无符号字节数据）。

13．编写指令将 DX：AX 中的 32 位数据逻辑左移 2 位。

14. 设 BUF 缓冲区中有 100 个字数据。编写程序段统计 100 个字数据中数据为 0 的个数，并将统计的结果存放在 DL 寄存器中。

15．写出用单条指令可将累加器 AX 清零的 4 种方法。

16．当 AL 的内容不允许破坏，为检测 AL 中数据的符号有哪些方法？（至少写出 5 种指令序列判断数据的符号）

17．假设数据段偏移地址 1000H 处开始存放有 10 个字节数据，将其求和，结果存放在 AX 中。

18．编写程序段，将一字节单元中 4 位压缩 BCD 码分离成 4 个 ASCII 存放到以 BUF 为首址的 4 个字节单元中。

第 3 章　汇编语言程序结构

【学习目标】

（1）汇编语言表达式的概念，各种表达式的使用，特别是地址表达式的应用。

（2）常量、变量、标号的概念及在汇编语言源程序中的应用。

（3）常用汇编伪指令的基本格式、基本功能及基本应用。

（4）汇编语言源程序的上机过程及用 DEBUG 调试程序的使用方法。

3.1　表达式

由于汇编语言接近机器语言，它的语句格式和源程序的格式都比较固定。在编写汇编语言源程序时，除了正确选用操作码外，更重要的是如何正确地表示操作数的地址，也就是如何正确使用寻址方式。而在 8086 汇编语言中，寻址方式的使用在某种程度上体现在表达式主要是地址表达式的使用。

在汇编语言的指令或伪指令中，凡是以常数、符号地址（变量或标号）、寄存器和一些运算符（汇编语言运算符主要指算术运算符、关系运算符和逻辑运算符）所组成的式子，称为表达式。表达式分为数值表达式和地址表达式。

对数值表达式求值，结果是一个常数。对地址表达式求值，结果是一个地址。

3.1.1　常量

常量是指那些在将汇编程序翻译成目标程序期间就已经有确定数值的量，且该值不能改变。常量又可分为数值常量和符号常量两种。

常量的主要作用：在伪指令语句中为变量赋初值；用作机器指令语句中的立即操作数、寄存器相对寻址和相对基址变址寻址中的位移量。

1. 数值常量

数值常量一般直接以数值形式出现在汇编语句中，这种常量称为数值常量。汇编语言中所允许的各种数值常量如表 3-1 所示。

表 3-1　**各种形式的数值常量格式对照表**

数值常量形式	格式	*的取值	举例	说　明
二进制常量	**……*B	0 或 1	11001010B	数据类型后缀是字母 B
八进制常量	**……*Q **……*O	0～7	377Q 54O	数据类型后缀是字母 O 或 Q

续表

数值常量形式	格式	*的取值	举例	说明
十进制常量	**……*D	0～9	1234 5678D	字母D可省略
十六进制常量	**……*H	0～9 A～F	8080H 0FFH	如果开头是A～F，则必须在前面加一个0，以指明是一个常数，以同汇编源程序中的标识符相区别
字符常量	'**……*' "**……*"	ASCII码字符	'123' "ABC"	

2. 符号常量

对于经常引用的数值常量，可以事先为它定义一个名字（即标识符），然后在汇编指令中用名字来表示该常量，那么在后面的程序中，凡是出现该名字的位置，它的值就是该常量的值。因此称这个名字为符号常量，可以用等价伪指令EQU和等号伪指令"="来定义一个符号常量。

（1）等价伪指令EQU。

指令格式：<标识符> EQU <表达式>

指令功能：用一个标识符来代表表达式的值，指明标识符与表达式等价。在程序中凡是需要用到该表达式的地方均可用标识符来替换。

例如：
```
NUMBER   EQU  100
   ⋮
MOV  AX ，NUMBER        ；NUMBER是一符号常量，语句执行后(AX)=100
```

（2）等号伪指令 = 。

指令格式：<标识符>=<表达式>

指令功能：用一个标识符来代表表达式的值，指明标识符与表达式等价。在程序中凡是需要用到该表达式的地方均可用标识符来替换。

例如：
```
A = 20+300/4
   ⋮
MOV   AX ，A        ；  A是一符号常量，语句执行后(AX)=95
```

符号常量的使用不仅可以使程序简单，改善程序的可读性，还使得程序便于修改和调试，增强程序的通用性。但值得注意的是，不管是等价伪指令EQU还是等号"="伪指令，汇编程序在汇编时都不会给符号常量分配存储单元。

符号定义伪指令EQU与等号伪指令=的区别：EQU不能重复定义，而"="伪指令可以重复定义，其作用域从定义点到重新定义之前。

例如：
```
VALUE = 5
VALUE = 3*5
VALUE = VALUE+5
MOV AX，VALUE  ；指令执行后：（AX）= 20。
```

3.1.2 数值表达式

操作数和运算符一起构成表达式。如果操作数是常量，则与运算符构成的表达式即为数值表达式，其表达式的值也为一个常量。

不同的操作数允许参与运算的运算符是不同的。汇编语言中允许对常量进行三种类型的运算，即能与常量构成表达式的运算符有三种。

1. 算术运算符

算术运算符包括：加（+）、减（-）、乘（*）、除（/）和模（MOD），这些算术运算符的意义与高级语言中运算符的意义相似。其中，模运算（MOD）要求左右两边的操作数必须是整数，其意义为两整数相除后取余数。

例如：
```
ADD  BX , 200*2+4     ; ((BX) +404) →BX
SUB  CX , 100/2       ;  ((CX) -50) →CX
MOV AH , 42 MOD 10    ;  2→AH
```

2. 关系运算符

关系运算符包括：相等（EQ）、不等（NE）、小于（LT）、大于（GT）、小于等于（LE）和大于等于（GE）。由关系运算符构成的表达式的值只有两种结果，若关系不成立，结果为0；若关系成立，结果为-1

例如：
```
MOV AX , 1234H GT 1202H    ;"1234H GT 1202H"为由关系运算符构成的数值
                            表达式，其值为-1，执行后（AX）=0FFFFH。
MOV  BX , 1234H NE 1234H   ;  语句执行后，（BX）=0
```

3. 逻辑运算符

逻辑运算符包括：与（AND）、或（OR）、非（NOT）和异或（XOR）。由于逻辑运算符是按位进行的，因而运算结果仍为整数常量。

例如：
```
MOV  AX , 789AH AND 0FH   ;"789AH AND 0FH"为由逻辑运算符构成的数
                           值表达式，其值为 0AH，语句执行后（AX）=0AH
MOV  BX , 789AH XOR 0FH   ;"789AH XOR 0FH"的值为 7895H，该条语句
                           执行后，（BX）=7895H
```

数值表达式就是由常量与以上三种运算符组成的有意义的式子。由于它的运算是在汇编期间进行的，且运算结果为一数值常量，因此读者应正确使用数值表达式，将会给程序设计带来很大便利。

3.1.3 变量和标号

在汇编语言中变量是描述数据存储单元地址的名字，即参与运算的数据存放地址的符号表示。存储单元中存放的数据即为变量值。

标号是指令语句存放地址的符号表示，标号表示的存储单元中存放的是指令代码。

变量和标号均表示存储器操作数，由于主存是分段使用的，因而它们都具有如下三种属性：

（1）段属性。变量或标号所在段的段首址，当需要访问该变量或标号时，该段首址一定要在某一段寄存器中。

（2）偏移地址属性。变量或标号所在段的段首址到该变量或标号定义语句的字节距离。

（3）类型属性。变量的类型主要有字节类型 BYTE（每个操作数占 1 个字节）、字类型 WORD（每个操作数占 2 个字节）、双字类型 DWORD（每个操作数占 4 个字节）、四字类型 QWORD（每个操作数占 8 个字节）；标号的类型有 NEAR 类型和 FAR 类型。凡是 NEAR 类型的标号只能在定义该标号的段内使用，而 FAR 类型的标号无此限制，可以在段内或者段间使用。

3.1.4 地址表达式

汇编语言中表达式分为两类：数值表达式和地址表达式。数值表达式的运算结果是一数值常量，它只有大小而没有属性。

如果操作数是变量或者标号，则与运算符构成的表达式即为地址表达式，其表达式的值为一个地址，一般都是段内偏移地址。因而它具有三个属性：段属性、偏移地址属性和类型属性。

单个标号、变量（对应直接寻址方式）和用方括号括起来的基址或变址寄存器（对应寄存器间接寻址）都是地址表达式的特例。如 5[BX]，[3+BX+DI]都是地址表达式。

还应特别注意的是，如果地址表达式中出现变量或标号，则均是取它们的偏移地址（EA）参与运算，绝不可理解为取其存储单元中的内容参与运算。

例如： MOV BX，VARW+3

如果 VARW 是用伪指令定义的变量，那么“VARW+3”为一地址表达式，它的值是以变量 VARW 的偏移地址加 3 后的偏移地址，而不是 VARW 中的内容加 3。即将 VARW+3 的偏移地址单元的内容送到 BX 中。

地址表达式除了可以使用数值表达式所允许的运算符外，还可根据需要使用一些特殊运算符，它们分别是：

1. 属性定义算符

（1）PTR 算符。

格式：类型 PTR 地址表达式

功能：用来指定操作数地址的类型或者临时改变某一操作数地址的类型。

汇编程序规定：每条语句中的操作数的类型要非常明确。如果是单操作数指令，由于只有目的操作数地址，它的类型必须非常明确。如果是双操作数指令，若源操作数和目的操作数的类型均明确，那么它们的类型必须一致，即同时为字类型或同时为字节类型；若一个地址类型明确，一个地址类型模糊（或没有类型），汇编程序将取明确的那个作为源操作数地址和目的两操作数地址共同的类型。

例如：MOV 4[SI] , 55H

此条语句为错误语句，因为目的操作数类型模糊，所以必须指定 4[SI]的类型，此时则可以借助 PTR 算符来指定操作数的类型。可将上条语句改为：

```
MOV   WORD   PTR 4[SI] , 55H  ; 指明以 SI 的内容为地址的字地址。
```

或者：

```
MOV BYTE PTR 4[SI] , 55H  ; 指明以 SI 的内容为地址的字节地址。
```

例如：
```
DATA SEGMENT
    DAT   DB 3 , 4 , 5
DATE ENDS
```

```
⋮
MOV AX，DAT
```

“MOV AX , DAT”为错误语句，该条语句中，目的操作数为字类型，源操作数为字节类型。汇编程序要求，当源、目的操作数的类型均明确的时候，它们的类型必须一致。此时则可以借助 PTR 算符来临时改变某一操作数地址的类型。可将上条语句改为：

```
MOV AX， WORD PTR DAT
```

注意：PTR 操作并不分配存储单元，只能暂时性地强制指定变量或标号的类型，且类型指定之后，只在所出现的语句中有效。

（2）THIS 算符。

格式：THIS 类型

功能：指定下一个能分配的存储单元的类型。它往往与伪指令 EQU 或=等连用，为当前存储单元定义了一个指定类型的变量与标号。

例如：

```
DATA SEGMENT
    B EQU THIS BYTE
    A DD 44332211H
    C EQU WORD PTR A
DATA ENDS
```

THIS 将紧跟在它下面的一个双字类型变量 A 重新定义为字节类型，命名为 B；PTR 将双字类型的变量 A 重新定义为字类型，命名为 C。

PTR 和 THIS 功能类似，都可以指定操作数的类型，也都可用于建立地址相同而类型不同的变量或标号，且都不分配存储单元，但用法有所不同，不同之处在于：

① 格式不同。PTR 可以指定任意操作数的类型，而 THIS 只能指定下一个能分配的存储单元的类型。参见上道例题。

② PTR 可以直接作用于其他变量或标号，也可以与伪指令 EQU 或=等连用，用于将同一存储区地址用不同类型的变量或标号来表示。而 THIS 并不直接作用于其他变量或标号，在定义语句中，THIS 一般与伪指令 EQU 或=等连用。

（3）跨段前缀符“:”。

格式：段寄存器名（或段名） : 地址表达式

功能：临时给变量、标号或地址表达式指定一个段属性，且只在所出现的语句中有效，它并不改变地址表达式的偏移地址和类型属性。

例如：MOV AX , DS : [BP] ；BP 的默认段是堆栈段 SS，该指令改变 BP 的段属性。

MOV CX , SS : [SI] ；SI 的默认段是数据段 DS，该指令改变 SI 的段属性。

2. 属性分离算符

属性分离算符有三种：SEG、OFFSET、TYPE，分别用于分离出变量或标号的段属性、偏移地址属性和类型属性，其运算结果为一数值常量。

格式：属性分离算符 变量或标号

功能：分离出变量或标号的段属性、偏移地址属性和类型属性。

例如：MOV AX，SEG BUF ；将 BUF 所在段的段首址送入 DS 中

MOV DI，OFFSET BUF ；将 BUF 的偏移地址送入 DI 中

```
MOV  SI，TYPE  B        ；将B的类型送入SI中
```

对于变量或标号的类型属性值，参见表3-2。

表3-2　　变量或标号的类型与类型值对照表

变量类型	类型值
字节	1
字	2
双字	4
四字	8
十字节	10
近标号	0FFFFH
远标号	0FFFEH

【例题3.1】 阅读下列程序段，体会属性分离算符的用法。

```
DATA SEGMENT
  A  DW   98，-50H
  B   DB   1，2，3，4，5
DATA ENDS
  ⋮
  MOV   AX，SEG  A  ；   DATA→AX 即将变量所在段段基址送 AX 中
  MOV   SI，OFFSET B  ；4→BX 即将 B 变量的偏移地址送 SI 中
  MOV   CX，TYPE  A   ；2→CX 即将 A 变量的类型值送 CX 中
  MOV   DX，TYPE  B   ；1→DX 即将 B 变量的类型值送 DX 中
```

3.2　汇编语言常用的伪指令

汇编源程序是由若干条机器指令语句组成的，一条机器语句指令能够执行一项操作，若干条机器语句指令有序排列，就能够实现某种特定的功能，这就是汇编源程序。但汇编源程序仅包含机器指令语句是不能被汇编程序翻译成目标程序的，也就无法运行。因为汇编程序无法区分出源程序中哪些是数据、哪些是指令，无法识别数据的类型，也不知道程序在何处结束等。这时，就需要在源程序中使用一些有着固定格式的符号，这些符号就主要用来实现上述功能，即告诉汇编程序应如何工作，这就是汇编控制命令，也叫做伪指令。

伪指令包含在汇编源程序中，仅供汇编程序执行某些特定的任务，不产生任何目标代码，在源程序翻译成目标程序后，它们就不存在了。伪指令与机器指令的根本区别在于，伪指令并不直接命令CPU去执行某一操作，因此被称为伪指令。

伪指令有五六十种，本节重点介绍常用的几种伪指令，其他伪指令语句在其他章节需要

时给出。

3.2.1　变量定义伪指令

通过变量定义伪指令语句可以为变量分配存储单元，并根据需要设置初值。变量定义伪指令通常有五种：DB、DW、DD、DQ、DT。

格式：[变量名]　变量定义伪指令　表达式

其中，变量定义伪指令可以是 DB、DW、DD、DF、DQ、DT 中的任意一种。DB 用来定义字节类型的变量；DW 用来定义字类型的变量；DD 用来定义双字类型的变量；DQ 用来定义四字类型的变量；DT 用来定义五字类型的变量。表达式可以是以下几种形式：

（1）数值表达式。

（2）地址表达式（只适用 DW 和 DD）。如果该地址表达式为一变量名或标号名，用 DW 定义，是取其偏移地址来为变量赋值；用 DD 定义，是取其偏移地址和所在段的段首址来为变量赋值，高字中存放段首址，低字中存放偏移地址。

（3）字符、字符串（适用于 DB）。

（4）问号？（表示所定义的变量无确定值但其值一般为 0）。

（5）重复子句。其格式为：　n　DUP　(表达式)。其中，DUP 表示重复，n 为重复因子，即重复的个数，括号中的表达式则为重复的值。

【例题 3.2】表达式为数值表达式，在存储单元中的存储形式如图 3-1 所示。

```
DATA SEGMENT
    DAT1    DB    60 , 7DH
    DAT2    DW    350H , 99
    DAT3    DD     7CEFH
DATA ENDS
```

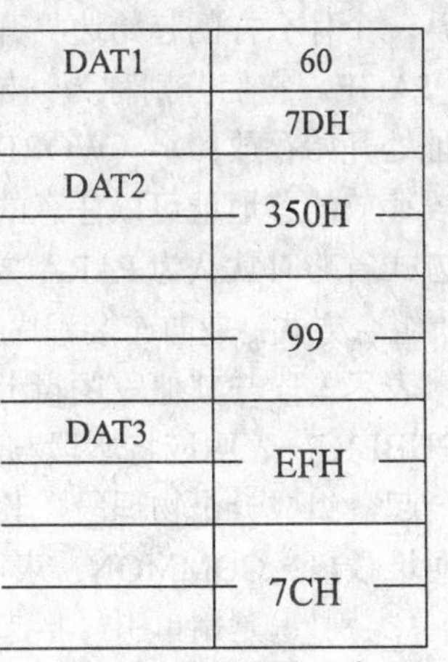

图 3-1　数据存储形式

【例题 3.3】表达式为地址表达式。

```
DATA    SEGMENT
    BUF   DB   41H , 42H
    A      DW    BUF
    B      DD    BUF
DATA    ENDS
```

【例题 3.4】表达式为字符或字符串。

```
STRING    DB    'STUDENT'
```

【例题 3.5】表达式为？表示保留存储空间，但不存入任何值。

```
DAT1   DB   ? , 55H , ? , ? , 88
DAT2   DW   ? , 58
```

【例题 3.6】表达式为重复字句。

```
DAT1   DB   3   DUP   (3BH , 10 , ? )
DAT2   DB   20   DUP   ( ? )
```

【例题 3.7】重复子句的嵌套。

```
DAT3   DB   2   DUP   ( 2   DUP   ( 0DH , 0AH ) , 0CH   )
```

注意，定义变量，通常需要画出整个数据段中的数据在主存中的存储结构图，对于初学者更是如此。并且还需要注意的是，与变量不同，对于常量，系统不会为其分配存储空间。上面例题的存储结构图请读者自己画出并仔细去体会。

3.2.2 段定义伪指令

为了与存储器的分段结构相对应，汇编语言的源程序也由若干段组成。源程序的分段就是由段定义伪指令来完成的。在定义时，由 SEGMENT 与 ENDS 将程序划为一个段体，并给它赋予一个名字。具体格式如下：

```
语句格式：段名    SEGMENT    [定位方式] [组合方式] [类别]
                   ⋮ (段内语句序列)
          段名    ENDS
```

功能：定义了一个以 SEGMENT 伪指令开始，以 ENDS 伪指令结束，以段名命名的存储段。定义段的目的是指定逻辑段的名字和范围，段的起始边界、段与段之间连接关系。

说明：（1）段名是为该段起的名字，用来指出汇编程序为该段分配的存储区起始位置。一个程序模块可以由若干段组成，段名可以不同，也可以重复，汇编程序将一个程序中的同名段处理为一个段。段定义还可以嵌套，但不能交叉。

(2)伪指令 SEGMENT 与 ENDS 必须成对出现。SEGMENT 表明一个段定义的开始；ENDS 表明一个段定义的结束。

（3）定位方式：是告诉连接程序，在将各个段装配在一起时，前一段放完后，后面的一个段将从一个什么样的起始边界开始存放。定位方式有 4 种不同的选择：PARA、WORD、BYTE、PAGE。它们分别称为：节、字、字节和页方式。节（PARA）：表示该段从能被 16 整除地址处开始存放；字（WORD）：表示该段从一个偶数地址处开始存放；字节（BYTE）：表示该段存放的首地址可以任意的；页（PAGE）：表示该段从能被 256 整除的地址开始存放。当定位方式省略时默认为 PARA 方式。

（4）组合方式：是向连接程序提供本段同其他段的组合关系。主要有以下几种选择方式。不选择：表示本段与其他段逻辑上不发生关联，每个段都有自己的段首址，这是隐含的组合类型；PUBLIC：表明应将本段与其他模块中的同名、同‘类别’段按模块连接的顺序相邻连接在一起，组成一个物理段，其大小不超过 64KB；STACK：与 PUBLIC 功能相似，但该方式仅对堆栈段；COMMON：表明本段与同名，同‘类别’的其他段应具有相同的段首址。

（5）‘类别’：是用单引号括起来的字符中表示的，该字符串可以是任何合法的名称，连接程序在进行连接处理时，将把‘类别’相同的所有段存放在连续的存储区中，先出现的前，后出现的在后且每个段仍然有自己起始地址。

但在编写小型的汇编程序时，一般都采用段定义伪指令默认的形式。

例如，一个数据段的定义如下：

```
DATA   SEGMENT
  AA   DW   10H ,-20H
  BB   DB   3CH
DATA   ENDS
```

一个堆栈段的定义如下：

```
STACK   SEGMENT   STACK
```

```
    DB   200 DUP(0)
STACK   ENDS
```

一个代码段定义如下：

```
CODE    SEGMENT
    MOV    AX , DATA
    MOV    DS , AX                    ；定义当前数据段为 DATA 段
    MOV    DX , OFFSET   MESS
    MOV    AH , 9
    INT    21H                        ；DOS 系统功能调用
    MOV    AH , 4CH
    INT    21H                        ；DOS 系统功能调用
CODE    ENDS
```

3.2.3　假定伪指令 ASSUME

汇编程序根据段开始语句和段结束语句判断出源程序的段划分，为了有效地产生目标代码，汇编程序还要了解各程序段与段寄存器间的对应关系。假定伪指令就是用来说明段寄存器与程序段的对应关系的。具体格式如下：

语句格式：ASSUME　段寄存器名：段名 [，段寄存器：段名]

功能：该语句一般出现在代码段中，用来设定段寄存器与段之间的对应关系。使用该条语句后，汇编程序就将这些段作为当前可访问的段来处理。

例如，下面这条 ASSUME 语句就用来告诉汇编程序，当前的代码段对应 CSEG 段，当前的数据段对应 DSEG 段。

```
ASSUME   CS: CSEG , DS: DSEG
```

ASSUME 伪指令中的段名也可以是一个特别的关键字 NOTHING，它表示某个段寄存器不再与任何段有对应关系。如：

```
ASSUME   DS: NOTHING
```

【例题 3.8】阅读下列程序段，仔细领会 ASSUME 语句的作用。

```
A   SEGMENT
    VARW DW 12
A   ENDS
B   SEGMENT
     X   DW 1
     Y   DW 2
B   ENDS
CODE SEGMENT
ASSUME   CS: CODE , DS: A , ES: B        ；建立段名与段寄存器的对应关系
              MOV AX, A
              MOV DS, AX                 ；当前数据段为 A
              MOV AX, B
              MOV   ES , AX              ；当前附加数据段为 B
```

```
            MOV   AX , VARW
            MOV   ES: X , AX
            ASSUME   DS: B , ES: NOTHIG       ; 改变段的对应关系
            MOV   AX , B
            MOV   DS , AX                     ; 当前数据段为 B
            MOV   AX , X
            MOV   Y , AX
    CODE    ENDS
```

汇编程序规定：一般在代码段的开始，就要用 ASSUME 语句建立 CS、SS 与代码段、堆栈段的对应关系，否则就会出错。对于数据段，可以用 ASSUME 语句建立它们与 DS、ES 的关系，也可以不用。如果用 ASSUME 语句建立数据段与 DS、ES 的关系，则其后的语句如需访问这些段内的变量，均可直接使用段内寻址，而不必带跨段前缀符，否则就需要用跨段前缀符指明该变量属于哪个数据段。所以，为了避免出错，也为了和 CS、SS 段的处理方法保持一致，我们也应该在代码段的开始，用 ASSUME 语句建立数据段与 DS、ES 的关系。

在例题 3.8 中，第一次加粗的位置，由于当前数据段 DS 是 A 段，而 X 处于 B 段，在附加数据段 ES 中，所以要加上跨段前缀符指明 X 所处的段为 ES 段。第二次加粗的位置，由于第二次用 ASSUME 指令指明当前数据段 DS 为 B 段，所以不用加跨段前缀符。另外，如果在第二条 ASSUME 语句后，安排指令“MOV　AX , VARW”，汇编程序将发出无法访问变量 VARW 的出错提示信息，原因是第二条 ASSUME 语句已经利用关键字 NOTHING 解除了 DS 与 A 段的对应关系，A 段不再与任何段寄存器对应了。

另外，需要注意的是，若想设立当前数据段为 A 段，必须用两条语句，如上例中的 MOV AX，A 和 MOV DS，AX。因为在程序中使用 ASSUME 语句时，仅仅只是建立了 DS、ES 与数据段的对应关系，紧接着就要将这些段的段首址送入 DS、ES 中，这样才能保证在程序运行时能正确地产生数据存储单元的物理地址。

3.2.4　置汇编地址计数伪指令 ORG

在介绍汇编地址计数伪指令之前，先来了解一下汇编地址计数器。汇编地址计数器用符号$表示，它用来表示汇编程序当前的工作位置。在一个源程序中，往往包含很多段，汇编程序在将源程序翻译成目标程序时，每遇到一个新的段，就为该段分配一个初值为 0 的汇编地址计数器，然后汇编地址计数器会按照语句目标代码的长度增值。因此，段内定义的所有标号和变量的偏移地址就是当前汇编地址计数器的值。例如：

```
DATA    SEGMENT
   A    DB    'ABCDEFGHIJKL'
   COUNT    EQU    $-A          ; COUNT 的值就是 A 数据区所占的字节数，为 12
DATA    ENDS
```

汇编地址计数器$用来表示当前的工作位置，也可以用伪指令 ORG 来进行设置。

格式：ORG　数值表达式

功能：将汇编地址计数器的值设置成数值表达式的值。如数值表达式的值是 n，那么 ORG 伪指令语句使下一个字节的地址成为 n。数值表达式的值应为非负的整数。

【例题 3.9】分析下列程序段，指出变量 BUF 和 BB 的偏移地址是多少？

```
DATA    SEGMENT
  ORG  5                  ; 表示该段的目标代码从偏移地址 5 处开始产生
  BUF  DB   '12345'       ; 变量 BUF 的偏移地址为 5
  ORG   $+5               ; $的值增 5，即这里空出 5 个字节
  BB   DW   43H           ; 变量 BB 的偏移地址为 15
DATA    ENDS
```

经分析可知，变量 BUF 的偏移地址为 5，变量 BB 的偏移地址为 15。

3.2.5　符号定义伪指令 LABEL

语句格式：变量名或标号　　LABEL　类型

功能：与语句"变量名或标号　EQU　THIS　类型"类似，为当前存储单元定义一个指定类型的变量或标号。

与 THIS 类似，LABEL 命令本身不开辟新的内存单元，但它可以改变变量或标号的属性，使同一个变量或标号对不同的引用可以具有不同的属性。

例如：

```
DWBUF    LABEL   WORD
BUF      DB      50 DUP (0)
```

上例中，伪指令 LABEL 定义了一个子类型的变量 DWBUF，它与变量 BUF 具有相同的段属性和偏移地址属性。对标号的处理也是如此：

例如：

```
   OUT   LABEL   FAR
EXIT :  LEA      DX , BUF
```

上例中，伪指令 LABEL 为下一条指令的存储单元定义了一个远标号 OUT，它与 EXIT 具有相同的段属性和偏移地址属性，只是类型不同。这样一来，语句"LEA　DX , BUF"就有了两个标号：OUT 和 EXIT，只要遵守语法规定，正确使用这两个标号中的一个作为目的地址，均可转到语句"LEA　DX , BUF"处执行。

3.2.6　源程序结束伪指令 END

语句格式：END　[表达式]

功能：该语句为源程序的最后一个语句，标志整个程序的结束。

其中，表达式为可选项。如果 END 后面带有表达式，其值必须是一个存储器地址，该地址为该程序在计算机上运行时第一条被执行指令的地址。如果不带表达式，则说明该程序不能单独运行，这时，它往往是作为一个子模块，供另外的程序使用。

例如：

```
CODE   SEGMENG
          ASSUME   DS:DATA , SS:STACK , CS:CODE
STATR : MOV   AX , DATA
        MOV   DS , AX
           ⋮
CODE    ENDS
```

```
        END    START
```

上例中，最后一条语句“END START”即为用 END 伪指令定义的语句。其中，“START”即为表达式，该表达式是该代码段第一条被执行指令的地址。

3.3 常用 DOS 系统功能调用

3.3.1 概述

1. DOS 系统功能调用

MS-DOS 内包含了许多涉及设备驱动和文件管理等方面的子程序，DOS 的各种命令就是通过适当地调用这些子程序实现的。为了方便程序员的使用，把这些子程序编写成相对独立的程序模块且编上号，程序员利用汇编语言可以方便地调用这些子程序。这些子程序被精心编写，且经过了大量的各种应用范围的实践考验，程序员调用这些子程序可以减少对系统硬件环境的考虑和依赖。从而，一方面可以使用户在编制自己的程序时不用考虑输入输出的控制细节，而将精力集中在自己的程序编制上，大大提高工作效率。另一方面可以使程序具有良好的通用性。这些编了号的可被程序员调用的子程序称为 DOS 的系统功能调用。

2. DOS 系统功能调用的过程

（1）根据功能调用准备好入口参数。有部分功能调用时不需要入口参数的，但大部分功能调用需要入口参数，在调用前应按要求准备好入口参数。

（2）把功能调用号送入 AH 寄存器。

（3）执行软中断指令“INT 21H”

（4）分析出口参数。大部分功能调用都有出口参数，在调用后，可根据有关功能调用的说明取得出口参数，也有部分功能调用没有出口参数。

按照上述步骤完成后，程序员不必关心子程序在何处，也不必关心它是如何具体实现其功能的。

3.3.2 常用的输入输出系统功能调用

1. 键盘输入（1 号功能调用）

调用格式：
```
MOV   AH,1
INT   21H
```

功能：等待从键盘输入一个字符并送显示器显示。输入字符的 ASCII 码在 AL 寄存器中。当键入 Ctrl+Break 时，就执行退出。

2. 显示输出（2 号功能调用）

调用格式：
```
MOV   DL,待显示字符的ASCII码
MOV   AH,2
INT   21H
```

功能：将 DL 中的字符送显示器显示。若 DL 中的字符为 Ctrl+Break 的 ASCII 码，就执行退出。

例如：
```
MOV   DL,0AH
MOV   AH,2
```

```
INT     21H              ；输出一个换行符
```

3. 打印输出（5号功能调用）

调用格式：MOV DL，待打印字符的ASCII码

```
          MOV   AH , 5
          INT   21H
```

功能：将DL中的字符送打印机打印。

4. 控制台输入（8号调用）

调用格式：MOV AH , 8

```
          INT   21H
```

功能：该调用功能与1号调用相似，只是从键盘上输入的字符不送显示器显示。

5. 显示字符串（9号调用）

调用格式：LEA DX，显示字符串首偏移地址

```
          MOV   AH , 9
          INT   21H
```

功能：将当前数据段中DX寄存器所指向的以‘$’结尾的字符串送显示器显示。

【例题3.10】阅读下列程序，并指出该程序执行后，显示器显示的结果是什么？

```
DATA SEGMENT
   BUF DB 0AH，0DH，‘I WISH YOU SUCCESS！ $’
DATA ENDS
STACK SEGMENT STACK
   DB 100 DUP(0)
STACK ENDS
CODE SEGMENT
   ASSUME CS:CODE,SS:STACK,DS:DATA
START：MOV AX,DATA
        MOV DS，AX
        LEA DX，BUF
        MOV AH，9
        INT 21H
        MOV AH，4CH
        INT 21H
CODE ENDS
        END START
```

以上程序执行后，显示器上将显示出字符串：I WISH YOU SUCCESS！

说明：在使用9号功能调用时，待输出的字符串一定要在当前数据段中，而且字符串必须要用‘$’结尾。如果待输出的字符串本身就包含了‘$’，就不能采用本调用命令，而只能循环使用2号功能调用才能完成整个字符串的输出。

6. 输入字符串（10号调用）

调用格式：LEA DX，缓冲区首偏移地址

```
          MOV   AH , 10
```

```
INT  21H
```

功能：从键盘上往当前数据段中 DX 寄存器所指向的缓冲区中输入字符串并送显示器显示。

注意，如果用到 10 号功能调用，存放字符串缓冲区必须在当前数据段中进行定义。定义的格式为：

```
BUF  DB  80            ；最大输入字符数
     DB  ?             ；保留一个字节返回实际输入字符的个数
     DB  10  DUP (0)   ；预留最大字符数的空间
```

其中，缓冲区的第一个字节规定了缓冲区的大小，即允许输入的最大的字符个数。第二个字节存放实际输入的字符个数，输入完毕后，系统会自动返回该处存放实际输入的字符数。从键盘输入的字符串从第三个字节处开始存放，最后以回车（0DH）结束。回车符的 ASCII 码也被送入缓冲区，但不计入输入的字符个数之中。

7. 返回 DOS 系统

调用格式：

```
MOV  AH, 4CH
INT  21H
```

功能：由*.exe 文件返回到 DOS 系统。此调用无入口参数和出口参数。

3.3.3 DOS 系统功能调用综合举例

【例题 3.11】键入一组字符串信息。

```
DATA  SEGMENT
BUFF  DB  64
      DB  ?
      DB  64  DUP (0)      ；定义存储键入字符串的缓冲区
DATA  ENDS
CODE  SEGMENT
    ASSUME  CS：CODE， DS：DATA
START : MOV  AX, DATA
        MOV  DS, AX
        MOV  DX, OFFSET  BUFF
        MOV  AH, OAH                ；调用 10 号功能输入一个字符串
        INT  21H
        MOV  AH, 4CH               ；返回 DOS
        INT  21H
CODE  ENDS
        END  START
```

【例题 3.12】具有屏幕提示信息的键入程序。要求在屏幕上显示一行提示信息询问来宾姓名，接收用户从键盘键入的信息，然后在屏幕上显示出问候信息。

```
STACK  SEGMENT  STACK
       DB  64  DUP (0)
STACK  ENDS
```

```
DATA   SEGMENT
  BUFF  DB   50
        DB   ?
        DB   50   DUP (?)          ；定义存储键入字符串的缓冲区
  MES1  DB   0DH , 0AH
        DB   'What  is  your  name? : $'   ；定义提示字符串
  MES2  DB   0DH , 0AH
        DB   'HELLO! '  ,  '$'             ；定义问候字符串
DATA   ENDS
CODE   SEGMENT
        ASSUME  CS：CODE，DS：DATA，SS：STACK
START  : MOV   AX , DATA
         MOV   DS , AX
         MOV   DX , OFFSET  MES1
         MOV   AH , 9                ；调用 9 号功能显示提示信息
         INT   21H
         MOV   DX , OFFSET  BUFF
         MOV   AH , OAH              ；调用 10 号功能键入回答字符串
         INT   21H
         MOV   DX , OFFSET  MES2
         MOV   AH , 9                ；调用 9 号功能显示问候信息
         INT   21H
         MOV   AH , 4CH              ；返回 DOS
         INT   21H
CODE   ENDS
         END   START
```

3.4　汇编语言程序上机过程

汇编语言程序设计是一门实践性很强的课程。编写源程序、上机调试、运行程序是进一步掌握汇编语言程序的必不可少的手段。而一个汇编语言源程序的主体是由若干段组成。在通常情况下，代码和数据分别在代码段和数据段中，但有时代码和数据也合并在同一个段中。一个汇编源程序至少包含一个代码段和 END 伪指令。编辑、调试和运行程序的软件目前使用的是 MASM 6.1X 版本的软件。

3.4.1　开发环境

目前汇编语言的开发环境一般使用的是 MASM 6.1X 宏汇编程序，它包含了比较多的文件，其中最主要的文件是：

ML．EXE　　　汇编器

ML.ERR　　　汇编错误信息文件

LINK.EXE　连接器

LIB.EXE　过程管理程序

NMAKE.EXE　工程维护实用程序

此外，还需要有下列两个文件（但它们不包含在 MASM 6.1X 的宏汇编程序中）：

EDIT.EXE　纯 DOS 下的文本编辑器

DEBUG.EXE　16 位指令调试器

3.4.2 上机过程

下面以 MASM 6.1X 宏汇编程序为例进行说明，假定 MASM 6.1X 宏汇编程序存放于计算机的 F：\MASM 文件夹下，所有的操作都以该目录为当前目录。

汇编语言源程序可能只是一个源程序文件，也可能是由多个源程序文件构成，下面介绍单程序文件的上机操作。

整个上机过程包括建立与编辑源程序、源程序汇编产生目标文件、连接目标程序产生可执行程序及调试运行可执行程序 4 个步骤，其操作流程如图 3-2 所示。

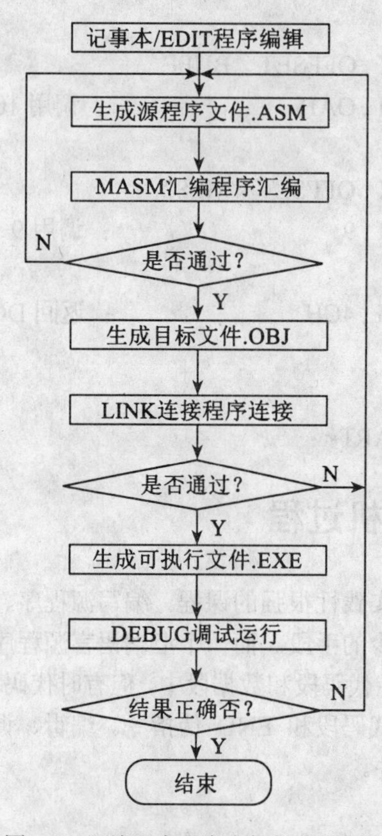

图 3-2　汇编语言程序上机操作流程图

（1）建立与编辑源程序。采用 Windows 系统中的“记事本”或“命令提示符”状态下的 EDIT 文本编辑器建立并编辑汇编语言源程序，保存为扩展名为.ASM。

（2）汇编源程序（即编译）。在“命令提示符”状态下，采用 MASM 程序对源程序汇编，产生目标程序其扩展名是.OBJ，此过程若语法错误，则编译会通不过，必须重新修改源程序，直到汇编产生目标程序为止。

（3）连接。在“命令提示符”状态下，采用 LINK 程序对目标程序进行连接，生成可执行程序其扩展名.EXE。如果连接通不过，必须重新审视编辑、编译和连接的过程，改错直到通过连接产生可执行程序为止。

（4）运行并调试。由于汇编语言指令系统涉及输入输出安排较复杂，一般程序运行结果以及中间结果往往存放于内存单元中或寄存器中。因此，初学汇编语言程序设计的用户，要了解程序运算结果必须直接深入内存调试程序。

方法是：在“命令提示符”状态下，采用 DEBUG 程序对可执行程序进行调试，如果程序运行结果达不到要求或出现异常（即出现逻辑错误），则需要修改源程序、重新进行编辑、编译、连接和运行调试。

【例题 3.13】编写汇编源程序，程序功能是实现 W=X+Y，并完成上机的全部操作。

（1）利用记事本/EDIT 输入并编辑汇编语言源程序的操作步骤如下：

① 执行“开始”→“程序”→“附件”→“记事本”即可打开记事本；或执行“开始”→“运行”命令打开对话框，输入“EDIT”命令，单击“确定”即可打开 EDIT 编辑窗口。下面以 EDIT 编辑的源程序如图 3-3 所示。

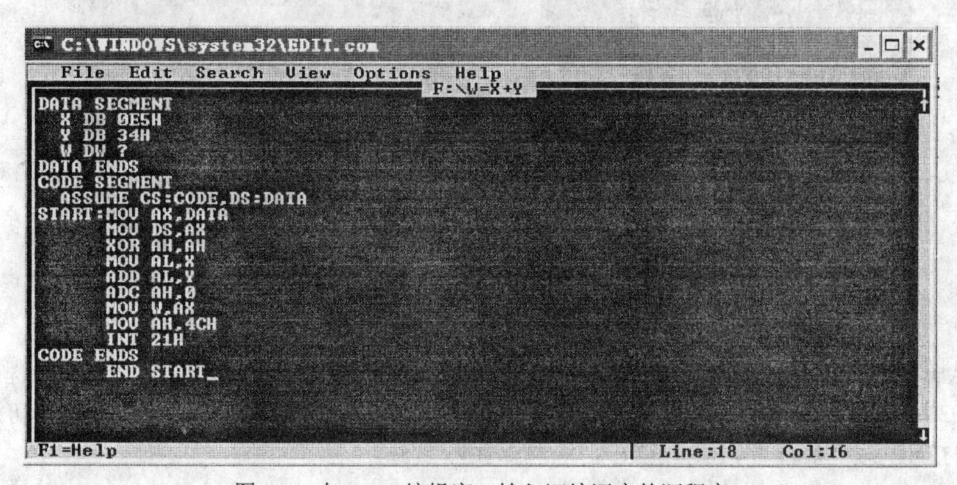

图 3-3　在 EDIT 编辑窗口输入汇编语言的源程序

② 编辑完成后，对输入的程序文件以 FILE1.ASM 文件名进行保存，注意其扩展名必须是.ASM。（保存的路径由用户自己决定）。

（2）利用 MASM 程序编译源文件、产生目标文件。

进入命令提示符，进入 F：\MASM 文件夹，输入“MASM　FILE1.ASM;”并按回车键（注意：“;”不能省，由于编译的源程序是.ASM 文件，文件的扩展名可以省略）。MASM 编译的界面如图 3-4 所示。

从编译结果图中可知：此时系统显示有 0 个致命错误（0 Severe Errors）。0 个警告错误（0 Warning Errors）。表示编译系统通过，并产生目标文件 FILE1.OBJ。

（3）利用 LINK 程序目标文件，生成可执行程序。

通过编译后，生成目标文件 FILE1.OBJ。连接程序 LINK.EXE 的连接过程及产生的结果如图 3-5 所示。

```
命令提示符
Microsoft (R) Macro Assembler Version 5.00
Copyright (C) Microsoft Corp 1981-1985, 1987.  All rights reserved.

Object filename [FILE1.OBJ]:
Source listing  [NUL.LST]:
Cross-reference [NUL.CRF]:

  50854 + 415530 Bytes symbol space free

      0 Warning Errors
      0 Severe  Errors

F:\masm>_
```

图 3-4　MASM 汇编 FILE1.ASM 源程序的结果图

```
命令提示符
F:\masm>MASM FILE1
Microsoft (R) Macro Assembler Version 5.00
Copyright (C) Microsoft Corp 1981-1985, 1987.  All rights reserved.

Object filename [FILE1.OBJ]:
Source listing  [NUL.LST]:
Cross-reference [NUL.CRF]:

  50854 + 415530 Bytes symbol space free

      0 Warning Errors
      0 Severe  Errors

F:\masm>LINK FILE1

Microsoft (R) Overlay Linker  Version 3.60
Copyright (C) Microsoft Corp 1983-1987.  All rights reserved.

Run File [FILE1.EXE]:
List File [NUL.MAP]:
Libraries [.LIB]:
LINK : warning L4021: no stack segment

F:\masm>_
```

图 3-5 LINK 连接程序对 FILE1.OBJ 程序的连接生成 FILE1.EXE 文件

从图 3-5 可知：系统显示 LINK：warning L4021:no stack segment 其含义是 LINK 程序警告 L4021：没有定义堆栈。并表明通过连接，产生了 FILE1.EXE 文件。如果要验证，可通过 DOS 的 DIR 命令来查看 FILE1.EXE 文件清单如图 3-6 所示。

```
命令提示符
2011-08-04  12:08    <DIR>          .
2011-08-04  12:08    <DIR>          ..
2007-04-01  23:12               422 1.ASM
2010-07-20  12:41               816 13.asm
2011-05-07  18:41               679 52.asm
2010-07-19  10:34               463 5_11.asm
2011-03-28  17:35       268,439,566 AA
1987-07-31  00:00            15,830 CREF.EXE
2004-08-08  04:00            20,634 debug.exe
1997-02-25  11:11            72,158 EDIT.COM
2006-10-07  17:16               378 EX2.ASM
2011-08-04  11:46               278 FILE1.ASM
2011-08-04  12:09               552 FILE1.EXE
2011-08-04  12:09               138 FILE1.OBJ
1987-07-31  00:00            32,150 LIB.EXE
1987-07-31  00:00            64,982 LINK.EXE
1987-07-31  00:00           103,175 MASM.EXE
2007-04-22  22:25            29,696 ??? DOS?????8088????.doc
2007-05-12  09:05            40,448 ??? ??????????.doc
2007-06-06  10:10            19,968 ???.doc
              18 File(s)    268,842,333 bytes
               2 Dir(s)  67,332,591,616 bytes free

F:\masm>_
```

图 3-6　用 DIR 命令查看新增加的文件

（4）用 DEBUG 程序调试并运行可执行程序。

FILE1.EXE 是生成的可执行程序，按道理输入 FILE1，就能执行程序。然而屏幕上看不到任何执行结果。其原因是，由于 FILE1 程序的功能是求出变量 X+Y 的和并存放在内存单元 W 中，程序中没有输出结果，屏幕上当然看不到运行结果。这时需要采用 DEBUG 程序来达到目的。

在命令提示符窗口下启动 DEBUG 调试程序，输入 DEBUG 的相关命令且屏幕显示的“-”是 DEBUG 程序的系统提示符，用 N 命令输入文件名，用 L 命令装入文件；或者在 DEBUG 程序后直接输入生成的可执行文件即：DEBUG FILE1.EXE。接着用反汇编命令 U 汇编该文件如图 3-7 所示。

```
命令提示符 - DEBUG FILE1.EXE

Microsoft (R) Overlay Linker  Version 3.60
Copyright (C) Microsoft Corp 1983-1987.  All rights reserved.

Run File [FILE1.EXE]:
List File [NUL.MAP]:
Libraries [.LIB]:
LINK : warning L4021: no stack segment

F:\masm>DEBUG FILE1.EXE
-U
13DB:0000 B8DA13        MOV     AX,13DA
13DB:0003 8ED8          MOV     DS,AX
13DB:0005 32E4          XOR     AH,AH
13DB:0007 A00000        MOV     AL,[0000]
13DB:000A 02060100      ADD     AL,[0001]
13DB:000E 80D400        ADC     AH,00
13DB:0011 A30200        MOV     [0002],AX
13DB:0014 B44C          MOV     AH,4C
13DB:0016 CD21          INT     21
13DB:0018 50            PUSH    AX
13DB:0019 8D8600FF      LEA     AX,[BP+FF00]
13DB:001D 50            PUSH    AX
13DB:001E 8D4680        LEA     AX,[BP-80]
-
```

汇编源程序的代码在计算机内存中存放的首地址为13DB:0000H--13DB:0016H其中的第3列是汇编指令汇编成的机器码。数据段名DATA汇编成段首址13DA其作用是查看数据的存放情况及程序运行结果的重要依据。

图 3-7　反汇编 FILE1 的示意图

这时应记下程序的首地址 13DB：0000 和数据段段首址 13DA，以便在程序执行时掌握数据的存放情况。

① 用 D 命令查看数据在内存中的存放。

-D 13DA：0000，3　；该命令显示地址为 13DA：00-13DA：02 四个单元的内容。查看的结果如图 3-8 所示。

```
命令提示符 - DEBUG FILE1.EXE
Copyright (C) Microsoft Corp 1983-1987.  All rights reserved.

Run File [FILE1.EXE]:
List File [NUL.MAP]:
Libraries [.LIB]:
LINK : warning L4021: no stack segment

F:\masm>DEBUG FILE1.EXE
-U
13DB:0000 B8DA13        MOV     AX,13DA
13DB:0003 8ED8          MOV     DS,AX
13DB:0005 32E4          XOR     AH,AH
13DB:0007 A00000        MOV     AL,[0000]
13DB:000A 02060100      ADD     AL,[0001]
13DB:000E 80D400        ADC     AH,00
13DB:0011 A30200        MOV     [0002],AX
13DB:0014 B44C          MOV     AH,4C
13DB:0016 CD21          INT     21
13DB:0018 50            PUSH    AX
13DB:0019 8D8600FF      LEA     AX,[BP+FF00]
13DB:001D 50            PUSH    AX
13DB:001E 8D4680        LEA     AX,[BP-80]
-D 13DA:00,03
13DA:0000  E5 34 00 00                                        .4..
-
```

图 3-8　D 命令查看变量 X、Y 在内存中的存放结果

按程序中的DATA数据段的定义可知：在内存单元段地址13DA，偏移地址0000H处存放变量X的数据E5H和在段地址13DA偏移地址为0001H处存放变量Y的数据34H。而在段地址13DA偏移地址为0002H、0003H两个单元没存放任何内容，则其单元的内容是0。

② 用G 命令执行程序。

-G=13DB：0000　该命令表示要执行地址为13DB：0000开始的程序，程序立即执行并在屏幕上显示如下信息：

program terminated normally　即程序正常终止。

③ 用D命令或R命令查看相关内存或寄存器的情况，本例是内存，则输入：

-D 13DA：00，3 则此时屏幕显示：13DA：0000 E5 34 19 01

依据源程序数据段的安排，变量W的首地址为13DA：0002，可见其值为0119H，结果是正确的。

④ 用Q命令退出DEBUG返回到DOS状态。

-Q

除了上述全速运行程序外，还可单步调试。所谓单步调试：是指逐条执行指令，每执行完当前一条指令后系统会暂停，此时用D命令查看内存或用R命令查看寄存器内容，从而了解程序是否按照设计要求正常运行。可见掌握单步调试方法，对检查程序是否按照编程者的算法正确运行，是非常有效的。

DEBUG的单步调试命令是T命令。

在用DEBUG将.EXE程序装入并用U命令反汇编了解相关信息后，执行程序时不用G命令而用T命令。以上例FILE1.EXE程序为例，输入：-T=13DB：0

此时屏幕显示各个寄存器内容及下一条要执行的指令，依次使用T命令就能观察每一条指令执行后的寄存器、内存单元的具体情况。

说明：对于某些中断调用、子程序调用，有时没有必要进行程序的单步跟踪，这时用P命令能避免。比如，执行到指令INT 21H，此时应执行P命令，让程序执行完DOS中断，回到INT 21H的下一条指令，这样就避免程序去逐条执行复杂的DOS中断调用程序。如果跟踪某条指令后不希望继续单步执行，可使用G命令连续运行至结束。

3.4.3 MASM汇编程序的使用

1. 宏汇编MASM的使用

Microsoft公司提供了两种版本的汇编程序，一种是全型版本宏汇编MASM.EXE；另一种是小型版本ASM.EXE。ASM的功能是MASM功能的一个子集，它不支持宏汇编、条件汇编。下面主要介绍宏汇编MASM的使用。

MASM将把正确的源代码编译为机器语言目标程序（扩展名为.obj）、列表文件（扩展名为.lst）及交叉索引文件（扩展名为.crf）。如果此时源程序有语法错误，系统将报错并指出在第几行，出现什么类型的错误，用户可根据提示在文本编辑状态（记事本或EDIT）下去逐一修改。

在命令提示符下输入MASM命令，屏幕显示如图3-9所示。

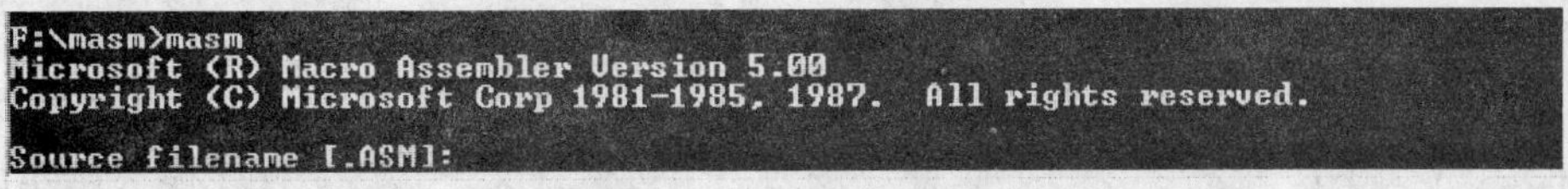

```
F:\masm>masm
Microsoft (R) Macro Assembler Version 5.00
Copyright (C) Microsoft Corp 1981-1985, 1987.  All rights reserved.

Source filename [.ASM]:
```

图 3-9　启动 MASM 的界面

系统要求输入源文件名（默认是.ASM 文件）。例如，在 3.4.2 节中的例题 3.13 编辑的源文件是 FILE1.ASM。现在对它进行汇编，输入文件名 FILE1 并回车。

系统接着提示：

source listing[NUL.LST]:

系统要求输入.LST 列表文件名，括号中的 NUL 为“空”的意思，表示不建立列表文件。若要建立列表文件，则需要输入文件名。若不需要建立列表文件，直接回车。系统接着显示：

cross-reference[NUL.CRF]:

系统接着要求输入.CRF 交叉索引文件名。若不建立交叉索引文件，直接回车；若要建立，则输入交叉索引文件名后再回车。

在上述提示行一一回答后，汇编程序才开始汇编。汇编过程，若发现源程序中有语法错误，则列出有错误的语句和出错的代码，并指出错误类型。汇编完后，最后列出警告错误和致命错误。一般警告错误不影响目标文件的产生，但可能影响 LINK 连接和程序的执行；若出现致命错误，则汇编不成功，不能产生目标文件。

2. 列表文件和交叉索引文件

MASM 汇编时也可以建立列表文件和交叉索引文件，汇编后也可以查看这两个文件。假设建立列表文件 FILE1.LST 和交叉索引文件 FILE1.CRF。图 3-10 是显示的列表文件，但交叉索引文件是二进制文件，用编辑程序打开只能看到莫名其妙的符号。

输入 F:\MASM>EDIT FILE1.LST 命令。

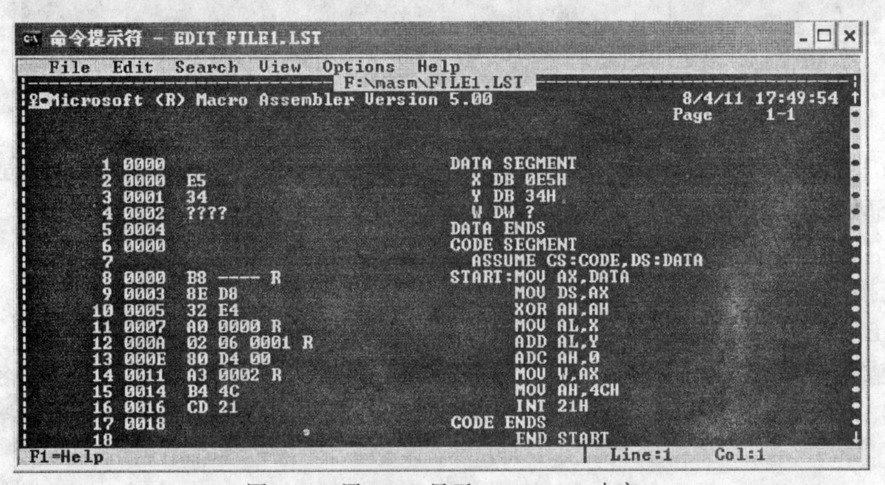

图 3-10　用 EDIT 显示 FILE1.LST 内容

3.4.4　LINK 连接程序的使用

MAMS 把正确的源代码编译为机器语言目标程序（扩展名为.obj）后，接下来就要进行连接操作。在执行连接操作时，以一定的格式将有关目标文件和需要的库文件一起提供给连接程序。连接程序将它们的代码和数据进行组合，形成可执行文件（即连接为.exe或.com文件。也就是说，LINK 能将多个目标文件连接为一个可执行文件。这是程序模块化非常需要的。DOS能够利用装入程序将可执行文件加载到内存的适当位置，然后运行。注意，连接程序LINK只能处理1MB地址及以下运行的程序。LINK连接目标程序有两种常用的操作方式：会话方式和命令方式，要求读者主要掌握会话的两种方式即单个目标模块的连接和多个目标模块的连接。

1. 单个目标模块的连接

所谓单个目标模块：是指由单个源程序文件经过汇编后产生的一个.obj 文件。其操作过程如下：

在命令提示符下输入：

LINK 回车

屏幕显示启动LINK的界面如图3-11所示。

图3-11 LINK的界面

系统要求输入目标模块名（默认是.obj 文件）。现对例题 3.13 编辑的源程序文件FILE1.ASM经编译后生成的目标文件FILE1.OBJ进行连接。输入该文件名：

FILE1 回车

系统接着显示：

Run file[FILE1.EXE]:_

系统要求输入将要生成的可执行文件的文件名，方括号内是LINK隐含的文件名。它与用户给出的目标文件同名，只是扩展名为.EXE。此时若不改变该目标文件名，可直接按回车键。

系统接着显示：

List File[NUL-MAP]:_

系统提示是否要建立映像文件，若要建立，可输入映像文件名（可不含扩展名.MAP，系统自动给出），若不建立映像文件，直接回车。

系统接着显示：

Libraries[.LIB]:_

系统提示是否需要连接库文件，若需要，直接按回车键。至此，连接操作完成。

所谓库文件：是一些经常使用的目标文件的集合。它是为了提高效率和调试方便而建立的。宏汇编语言可以把一些经常使用的子程序段单独汇编。这些单独汇编和调试的程序可以作为外部子程序，供主程序调用。这样把若干个目标文件集中起来组成一个文件库。系统使用库管理程序 LIB 对它们进行编辑管理。

连接程序在生成可执行程序时，若用到文件库中的某些文件，就可在提示是否需要连接库文件时给出库的名称，以供 LINK 程序调用。

例题 3.13 操作输出界面如图 3-12 所示。

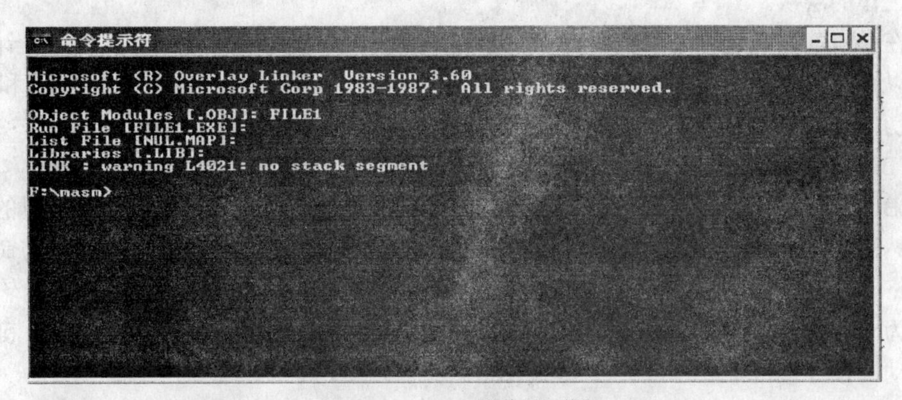

图 3-12　LINK 操作界面图

2. 多个目标模块的连接

在程序的模块化设计中，往往要求调用不在同一个文件中的多个源程序。比如，设计好一个菜单程序，每一个菜单项可能要调用另一个源程序。也就是说，希望把多个源程序构成一个.EXE 程序。采用 LINK 程序能够实现，它可以将多个分别编译好的目标程序即目标模块，连接成一个可执行程序。这个可执行程序的名称，用户可以在执行命令时指定，如果不另行指定，则以第一个目标模块的名称作为可执行程序的名称。

连接多个目标模块时，一定要用“+”号或空格将每个目标文件分开。如果输入的名字一行放不下，就在该行的最后输入一个“+”，然后按回车键，这时连接程序就提示用户追加目标文件。所有目标文件名列完后按回车键。

3.4.5 DEBUG 程序的使用

1. DEBUG 程序介绍

调试程序 DEBUG 是一个工具软件，它可以帮助用户完成几件事情：查看内存（RAM 或 ROM）和文件内容；编写小型汇编语言源程序；汇编和执行汇编语言源程序；一次一条地执行程序，跟踪程序运行的踪迹，了解程序中每条指令的执行结果；对接口和磁盘进行读写操作。

该程序是以 DOS 外部命令程序的形式提供的，它的文件名为 DEBUG.COM。在进入 DEBUG 的提示符“-”后，用户可以通过 DEBUG 的命令输入汇编源程序，并用相应命令将其汇编成机器语言程序，然后调试并运行程序。

使用DEBUG运行汇编语言程序较之使用ASM或MASM运行汇编语言程序有以下优点：

（1）可以在微机的最底层环境下运行。

（2）免去使用ASM和MASM必须熟悉文本编辑程序，ASM和MASM本身程序以及LINK程序的麻烦，因而调试周期短。

（3）程序员可在不熟悉ASM和MASM所涉及的伪指令的情况下运行汇编语言程序，为今后学习程序设计打下坚实的使用指令编程的基础。

（4）熟悉DEBUG的命令，可为以后的软件开发掌握调试工具。这是因为DEBUG除了可运行汇编语言程序外，还可直接用来检查和修改内存单元、装入、存储及启动运行程序、检查及修改寄存器，也就是说DEBUG可深入到计算机的最底层，可使用户更接近计算机真正进行工作的层次。

但在DEBUG下运行的汇编语言程序不宜汇编较长的程序，不便于分块程序设计，不便于形成以DOS外部命令形式构成的可执行文件，不能使用浮动地址，也不使用ASM和MASM提供的伪指令。

2. DEBUG常用命令

DEBUG的常用命令在命令提示符“-”下由键盘键入的。每条命令以单个字母的命令符开头，然后是命令的操作参数，操作数与操作数之间用空格或逗号隔开，操作数与命令符之间用空格隔开，命令的结束符是回车键。命令及参数的输入可以是大小写的结合，输入的数字默认为十六进制数，不必加H。Ctrl+Break键可中止命令的执行；Ctrl+Numlock键可暂停屏幕卷动，按任意键继续。

（1）汇编命令A。

命令格式：A <段寄存器名>:<偏移地址>

A <段地址>:<偏移地址>

A <偏移地址>

A

命令功能：在DEBUG提示符下输入汇编语言指令并汇编为可执行的机器指令。在汇编命令A的四种格式中，以不同形式形成逻辑地址。A <段寄存器名>:<偏移地址>是用指定的段寄存器内容作段地址；A <段地址>:<偏移地址>使用的默认段寄存器CS的内容为段地址；A <偏移地址>和A 均是以CS：100作逻辑地址。

键入该命令后显示逻辑地址并等待用户从键盘逐条键入汇编语言指令。每当输入一行语句后按Enter键，输入的语句有效。若输入的语句有错，DEBUG会显示“^Error”，要求用户重新输入。若要结束指令输入，只需要在显示的逻辑地址后直接键入回车键，则返回提示符“-”。

【例题3.14】用A命令在偏移地址为2000H处输入下列汇编指令并完成汇编。

137E：2000 MOV DL，33

137E：2002 MOV AH，2

137E：2004 INT 21

137E：2006 INT 20

137E：2008

实现过程如下：

① 启动DEBUG并在其提示符下输入 A 137E:2000 回车。

② 在给出的段地址及偏移地址下逐条输入汇编指令。

③ 输入完后用 G 命令运行可看到在屏幕上显示结果 3。

④ 整个过程如图 3-13 所示。

```
命令提示符 - DEBUG
-A 2000
137E:2000 MOV DL,33
137E:2002 MOV AH,2
137E:2004 INT 21
137E:2006 INT 20
137E:2008
-G=2000
3
Program terminated normally
-_
```

图 3-13　完成指令的输入及运行显示结果

说明：在此环境下图中输入的数是十六进制数，运行时应在 DEBUG 的提示符“-”下输入 G=2000 用来指明从偏移地址为 2000H 的位置开始执行，执行的结果是 3。最后一条英文提示表明程序正常结束。

（2）显示内存单元内容命令 D。

命令格式：D <地址>

D <地址范围>

D

命令功能：该命令将显示一片内存单元的内容，左边显示行首字节的段地址：偏移地址，中间是以十六进制形式显示的指定范围的内存单元内容，右边是与十六进制数相对应字节的 ASCII 码字符，对不可见字符以‘·’代替。D <地址>表示以 CS 为段寄存器；D 表示以 CS：100 为起始地址的一片内存单元内容。

（3）修改内存单元命令 E。

命令格式：E <地址> <单元内容>

E <地址> <单元内容表>

命令功能：E <地址> <单元内容> 是将指定内容写入指定单元后显示下一地址，以代替原来内容。可连续键入修改内容，直至新地址出现后键入回车键。E <地址> <单元内容表>是将<单元内容表>逐一写入由<地址>开始的一片单元中，该功能可以将由指定地址开始的连续内存单元中的内容修改为单元内容表中的内容。

说明：<单元内容>是一个十六进制数或是用引号括起来的字符串；<单元内容表>是以逗号分隔的十六进制数或是用引号括起来的字符中。

例如：_ E DS:30 F8，AB，“AB”

该命令执行后，从 DS：30 到 DS：33 的连续 4 个存储单元的内容将被修改为 F8H、ABH、41H、42H。

（4）填充内存单元命令 F。

命令格式：F <范围> <单元内容表>

命令格式：将单元内容的值逐个填入指定范围，单元内容表中内容用完重复使用。

例如：F 05BC：200 L 10 B2，‘XYZ’，3C

该命令将由地址 05BC：200 开始的 10H（16）个存储单元顺序填充 B2 58 59 5A 3C B2 58

59 5A 3C B2 58 59 5A 3C B2。命令中的L表示装入的含义。

（5）连续执行命令G。

命令格式：G

G=<地址>

G=<地址>，<断点>

命令功能：G 默认程序从 CS：IP 开始执行；G=<地址> 表明程序从当前的指定偏移地址开始执行；若=号缺省，则<地址>被看做断点地址，即程序执行到该处暂停；G=<地址>，<断点> 表明从指定地址开始执行，到断点自动停止并显示当前所有寄存器、状态标志位的内容和下一条要执行的指令。DEBUG 调试程序最多允许设置 10 个断点。

（6）跟踪命令T。

命令格式：T [=<地址>][<条数>]

命令功能：如果键入 T 命令后直接回车，则默认从 CS：IP 开始执行程序，且每执行一条指令后要停下来，显示所有寄存器、状态标志位的内容和下一条要执行的指令。用户也可指定程序开始执行的起始地址。<条数>的默认值是一条，也可以由<条数>指定执行若干条命令后停止下来。

（7）反汇编命令U。

命令格式：U <地址>

U <地址范围>

命令功能：反汇编命令是将机器指令翻译成符号形式的汇编语言指令。该命令将指定范围内的代码以汇编语句形式显示，同时显示其对应的逻辑地址及代码。注意：反汇编时一定要确认指令的起始地址后再进行，否则将得不到正确结果。地址及范围的默认值是上次 U 指令后下一地址值，每次反汇编 32 个字节，可以实现连续反汇编。

（8）执行过程命令P。

命令格式：P

命令功能：执行一条指令或一个过程（子程序），然后显示各寄存器的状态。

说明：该命令主要用于调试程序。它与跟踪命令 T 的作用相似。T 命令是跟踪一条或多条指令，而 P 命令是执行一条指令（包括带重复前缀的数据串操作指令）或一个完整的过程（子程序）。

（9）命名待装入文件命令N。

命令格式：N [d:][path]filename[.EXE]

命令功能：一般与 L 命令联合使用，为 L 命令定义指定路径的等装入文件的文件名。

（10）装入文件命令L。

命令格式：L <地址> <盘号> <起始逻辑地址> <所读扇区个数 n>

命令功能：将<盘号>指定的盘上，从<起始逻辑扇区>起，共 n 个逻辑扇区上的所有字节顺序读入指定内存地址的一片连续单元。当 L 后的参数缺省时，必须在 L 之前由 N 命令指定所读盘文件名。此时 L 执行后将该文件装入内存。

例如：_ N FILE1

_ L

将当前盘上的 FILE1 文件装入 CS：100 起始的一片内存单元中。

（11）写盘命令W。

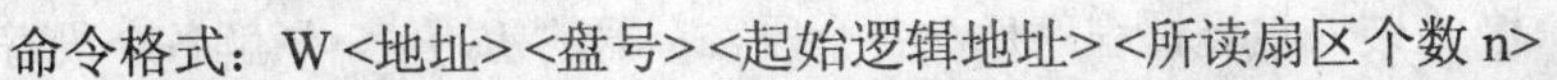

命令格式：W <地址> <盘号> <起始逻辑地址> <所读扇区个数 n>

命令功能：该命令将内存<地址>起始的一片单元内容写入指定扇区。只有 W 而没有参数时，与 N 命令配合使用使用户完成写盘操作。用户可用 N 命令先定义被调试的文件，再将被调试文件的字节长度值送 BX、CX（BX 寄存器存放字节长度值的高位，CX 寄存器存放字节长度值的低位），最后用写盘命令 W 将调试文件存入磁盘。

（12）显示命令 R。

命令格式：R

R <寄存器名>

命令功能：显示当前所有寄存器内容、状态标志及将要执行的下一指令的地址（即 CS:IP）、机器指令代码及汇编语句形式。其中状态标志寄存器 FLAG 以状态标志位的形式显示如表 3-3 所示。

表 3-3 状态标志显示形式

状态标志位	状态	显示形式
溢出标志位 OF	有/无	OV/NV
方向标志位 DF	减/增	DN/UP
中断标志位 IF	开/关	EI/DI
符号标志位 SF	负/正	NG/PL
零标志位 ZF	零/非零	ZR/NZ
奇偶标志位 PF	偶/奇	PE/PO
进位标志位 CF	有/无	CY/NC
辅助进位标志位 AF	有/无	AC/NA

（13）端口输出命令 O。

命令格式：O <端口地址> <字节>

命令功能：将该<字节>由指定<端口地址>输出。

（14）端口输入命令 I。

命令格式：I <端口地址>

命令功能：将从指定的端口输入的内容显示出来。

（15）搜索指定内存命令 S。

命令格式：S <地址范围> <表>

命令功能：在指定范围搜索表中内容，找到后显示表中元素所在地址。

（16）结束 DEBUG 返回 DOS 命令 Q。

命令格式：Q

命令功能：返回 DOS 提示符下。

3. DEBUG 调试和运行汇编程序的步骤

（1）装入被调试文件。

调用 DEBUG 调试程序，装入被调试文件。

（2）查看程序运行前各寄存器的初始值。

用 R 命令查看 DOS 在装入被调试程序后，各个段寄存器的初始值，了解各个段寄存器所在逻辑段的段地址和标志寄存器各标志位的状态。

（3）查看用户程序的原始数据。

用 D 命令查看数据段和附加数据段中内存的原始数据。

（4）查看程序的各功能段的执行过程。

用断点运行方式逐段执行各程序段，了解各段程序的执行情况：所执行段的功能是什么，执行结果存放在哪里，执行程序段的结果是否正确，查看寄存器和内存单元的内容如何变化，以便确定出错的范围。

（5）查看出错程序段的执行过程。

用单步运行方式逐条查看出错程序段每条指令的执行过程：每条指令的功能是什么，查看每条指令的执行结果是否正确，以便确定出错的位置和原因。

（6）程序的调试。

使用不同组合的数据测试程序的执行结果，从而确认用户程序的正确性，有效地防止设计性错误。测试操作通常用 E 命令修改程序数据区的数据，用 G 命令运行程序，用 R 命令和 D 命令显示各组数据的运行结果。

（7）修改程序和数据。

在反复查看程序运行情况时，如发现有错需要进行修改时，若错误较少，仅需个别地方进行修改，可在 DEBUG 环境下利用 A 命令进行修改；若错误较多，需要作较大的修改，应返回编辑程序，修改源程序，然后再汇编、连接生成可执行文件。

（8）连续运行用户程序。

用连续运行方式运行用户程序，查看程序的执行结果是否正确。当确认程序正确后，就可用 N 命令和 W 命令将已调试正确的程序存盘，退出 DEBUG，完成程序的调试。

3.5 本章小结

1. 基本概念

（1）汇编语言。汇编语言是一种面向 CPU 指令系统和程序设计语言，它采用指令系统助记符来表示操作码和操作数，用符号地址表示操作数地址，因此相对机器语言来说易记、易读、易修改，给编程者带来很大方便。

（2）汇编程序。汇编语言源程序在输入计算机后，需要将其翻译成目标程序，计算机才能执行相应指令，这个翻译过程称为汇编，完成汇编任务的程序为汇编程序。

（3）汇编语言语句类型。8086/8088 宏汇编 MASM 使用的语句可以分成 3 种类型：指令语句、伪指令语句和宏指令语句。

2. 汇编语言语句格式

一般情况下，汇编语言的语句可以由下列几个部分组成，方括号为可选项：

[名字] 操作码 [操作数] [；注释]

（1）名字：可以是语句标号或变量。标号是可执行指令语句的符号地址，在代码段中定义，用作转移指令或调用指令的操作数，表示转移地址；变量通常是指存放数据的存储器单元符号地址，它在除代码段以外的其他段中定义，可以用作指令的操作数。

标号和变量均具有三种属性：段属性、偏移地址属性和类型属性。

（2）操作码：可以是指令、伪指令和宏指令。

（3）操作数：是操作的对象。按操作码的性质区分：无操作、单操作数、双操作数。当操作数是两个或两个以上时，各个操作数之间用逗号隔开。操作数的表现形式有：常数、寄存器、标号、变量和表达式等。

（4）注释：是对汇编语句所作的说明或解释。主要是帮助用户很好阅读程序。

3. 表达式和运算符

由运算对象和运算符组成的合法式子称为表达式，分数值表达式和地址表达两种。数值表达式的运算结果是一个数；地址表达式的运算结果是一个存储单元的地址。表达式的运算结果在汇编过程中计算出来。

运算符主要有：算术运算符、逻辑运算符、关系运算符和分析运算符等。

算术运算符主要用于完成算术运算，有+（加法）、-（减法）、*（乘法）、/（除法）、MOD（求余）、SHL（左移）、SHR（右移），共7种运算。其中加、减、乘、除运算都是整数运算，结果也是整数；除法运算所得到的是商的整数部分；求余运算是两数整除后所得到的余数。

逻辑运算符主要完成对操作数进行的按位操作。逻辑运算符有：AND（与）、OR（或）、XOR（异或）和NOT（非）。其中NOT是单操作数运算，其余的是双操作数运算。

关系运算符有：EQ（相等）、NE（不相等）、LT（小于）、GT（大于）、LE（小于或等于）、GE（大于或等于）。用于比较两数的关系，关系成立，运算结果为0FFH或0FFFFH（即全1状态）；关系不成立，则运算结果为0。

分析运算符是对存储器地址进行运算的。分析运算符有：SEG（求段基值）、OFFSET（求偏移地址）、TYPE（求变量类型）、LENGTH（求变量长度）和SIZE（求字节数）。

4. 伪指令

伪指令是给汇编程序的命令，在汇编过程中由汇编程序进行处理。例如定义数据、分配存储区、定义段及定义过程等。汇编以后，每条CPU指令产生一一对应的目标代码，而伪指令则不产生与之相应的目标代码。

（1）数据定义伪指令。

常用的数据定义伪指令有：DB、DW、DD、DQ和DT等。

数据定义伪指令的一般格式如下：

[变量名] 伪指令 操作数[，操作数…] [；注释]

DB：定义字节数据伪指令

DW：定义字数据伪指令

DD：定义双字数据伪指令

DQ：定义4字数据伪指令

DT：定义10个字节数据伪指令

问号“？”也可作为数据定义伪指令的操作数，此时仅给变量保留相应的存储单元，而不赋予变量某个确定的初值。

操作数字段也可以采用重复操作符DUP不复制某个（或某些）操作数。

（2）符号定义伪指令。

符号定义伪指令的用途是给一个符号重新命名，或定义新的类型属性等。这些符号可以包括汇编语言的变量名、标号名、过程名、寄存器名及指令助记符等。

常用的符号定义伪指令有EQU、=、LABLE

EQU 的格式：名字 EQU 表达式

=的格式： 名字 = 表达式

LABLE 的格式：变量名或标号名 LABLE 类型符

（3）段定义伪指令。

段定义伪指令格式：段名 SEGMENT [定位类型] [组合类型] [‘类别’]

… 段内语句序列

段名 ENDS

（4）假定伪指令。

假定伪指令格式：ASSUME 段寄存器名：段名[，段寄存器名：段名[，…]]

（5）程序计数器$和 ORG 伪指令。

在程序中，“$”出现在表达中，它的值为程序下一个所能分配的存储单元的偏移地址；ORG 是起始位置设置伪指令，用来指出源程序或数据块的起点。

5. DOS 系统功能调用

DOS 所有的系统功能调用都是利用 INT 21H 中断指令实现的，每个功能调用对应一个子程序，并有一个编号，其编号就是功能号。掌握系统功能调用指令的方法：

（1）将入口参数送到指定寄存器中。

（2）子程序功能号送入 AH 寄存器中。

（3）使用 INT 21H。

（4）分析出口参数。

6. 运行汇编语言程序的步骤

一般情况下，在计算机上运行汇编语言程序的步骤如下：

（1）用编辑程序（例如 EDIT.COM 或 Windows 自带的记事本）建立扩展名为.ASM 的汇编语言源程序文件。

（2）将汇编程序（例如 MASM.ASM）将汇编语言源程序文件汇编成用机器码表示的目标程序文件，其扩展名为.OBJ。

（3）如果在汇编过程中出现语法错误，根据错误的信息提示（如错误位置、错误类型、错误说明），用编辑软件重新调入源程序进行修改。没有错误时采用连接程序（例如：LINK.EXE）把目标文件连接生成可执行文件，其扩展名为.EXE。

（4）生成可执行文件后，在 DOS 命令状态下运行可执行该文件。主要运行 DEBUG 的常用命令（如 D 命令、T 命令、G 命令、U 命令、R 命令及 Q 命令等）查看运行结果。

3.6 本章习题

1．请解释变量和标号的含义，二者有什么区别？

2．开发汇编语言源程序的主要步骤有哪些？

3．什么是伪指令，它和机器指令有什么区别？

4．在 BUF1 变量中依次存储了 5 个数据，接着定义了一个名为 BUF2 的字单元，表示如下：

```
BUF1    DW    8765H , 6CH , 0 , 1AB5H , 47EAH
BUF2    DW    ?
```

（1）设 BX 中是 BUF1 的首地址，请编写指令将数据 50H 传送给 BUF2 单元。

（2）请编写指令将数据 FFH 传送给数据为 0 的单元。

5．下面是一个数据段的定义，请用图表示它们在内存中存放的形式。

```
DATA    SEGMENT
A1      DB    25H , 35H , 45H
A2      DB    3  DUP  (5)
A3      DW    200 , 3AB6H
A4      DB    '012345'
A5      DD    A3
DATA    ENDS
```

6．在下列程序段中有些使用不当的语句，请改正。

```
    A   DB  10H , 20H , 'ABC' , 4FH
    B   DB  N  DUP  (?)
        MOV  DI , A
        MOV  SI , B
        MOV  CX , LENGTH  A
    CC: MOV  AX , [DI]
        MOV  [SI] , AX
        INC  SI
        INC  DI
        DEC  CX
        LOOP  CC
```

7．请设置一个数据段，依次定义以下变量：

STR 为一字符串变量，初值为“PERSONAL COMPUTER!”；

A 为十六进制的字节变量，初值为 40H；

B 为十进制的字节变量，初值为 40；

C 为二进制的字节变量，初值为 01101010；

D 为包含 10 个字节的变量，初值均为 5；

E 为包含 3 个字的变量，初值分别为十进制的-5，10，-80。

8．下列程序段中每一条指令执行完后，AX 中的十六进制内容是什么？

```
    ⋮
MOV    AX , 0
DEC    AX
ADD    AX , 07FFFH
ADD    AX , 2
NOT    SX
SUB    AX , 0FFFFH
ADD    AX , 800H
OR     AX , 0BFDFH
AND    AX , 0EBEDH
```

```
XGHG    AH,AL
SAL     AX,1
RCL     AX,1
        ⋮
```

9．什么叫DOS系统功能调用？举一个例子说明实现DOS系统功能调用的一般步骤。

10．用系统功能调用实现：把从键盘输入的带符号的十进制数转换为二进制数，并将结果存放到内存单元。

11．分别用字符显示功能和字符串显示功能来完成在屏幕上显示一个字符串"STUDENT"。

3.7 本章实验

实验3.1 汇编语言上机环境及基本操作

1. 实验目的

(1) 学习及掌握汇编语言源程序的书写格式和要求，明确程序中各段的功能和相互之间的关系。

(2) 学会EDIT、MASM、LINK和DEBUG等软件工具的使用方法。

(3) 学会在计算机上建立、汇编、连接、调试及运行汇编源程序的方法。

(4) 熟练掌握DEBUG程序下常用命令的使用方法及技巧。

2. 实验准备

(1) 将EDIT、MASM、LINK和DEBUG程序文件复制到本计算机的F盘的MASM目录下。并由Windows系统进入DOS系统。预习DOS系统下改变盘符命令及改变当前目录命令的基本用法。

(2) 预习DEBUG程序常用命令的基本格式和基本功能及基本用法；预习汇编语言源程序的输入、汇编、连接运行的基本方法；预习如何用DEBUG程序调试并查看汇编源程序运行结果的基本方法。

(3) 调试程序1：进入DEBUG，使用A命令将源程序写入地址为0100H内存并汇编，然后使用G命令执行程序，接着用D命令观察运算结果，再用U命令反汇编，最后用Q命令退出DEBUG返回到DOS提示符。程序功能：对两个压缩BCD码，分别存放在0120H和0122H单元，其中[0120H]=01H；[0121]=02H；[0122H]=03H；[0123]=04H，进行求和运算，结果存放到1124H单元，即结果[1124H]=04H，[1125H]=06H。

(4) 调试程序2：进入DEBUG，先显示200H处开始的一单元，接着用E命令将一段机器代码指令写入200H-208H，然后用G命令执行，再用U命令反汇编。机器指令码为：B2 33 B4 02 CD 21 CD 20；并说明该机器码完成何种功能。

(5) 调试程序3：进入DEBUG环境，用A命令写入程序，程序功能是：求3+2的和保存在AL中。并用T命令单条执行，在执行命令的同时观察相应寄存器的状态变化。

3. 实验提示

(1) 调试程序1：

进入DEBUG，并用A命令直接写入并汇编实现功能要求的程序。如图3-14所示。

```
C:\WINDOWS\system32\cmd.exe - DEBUG
-A 0AFC:0100
0AFC:0100 MOV WORD PTR[0120],0201
0AFC:0106 MOV WORD PTR[0122],0403
0AFC:010C MOV AL,[0120]
0AFC:010F ADD AL,[0122]
0AFC:0113 DAA
0AFC:0114 MOV BYTE PTR[0124],AL
0AFC:0117 MOV AL,[0121]
0AFC:011A ADC AL,[0123]
0AFC:011E DAA
0AFC:011F MOV BYTE PTR[0125],AL
0AFC:0122 INT 20
0AFC:0124
-
```

图 3-14　用 A 命令编辑程序

用单步执行命令 T 或 P 执行程序的结果如图 3-15 所示。第一条命令 T=0AFC：0100，第二条至后面若干条直接用 T。

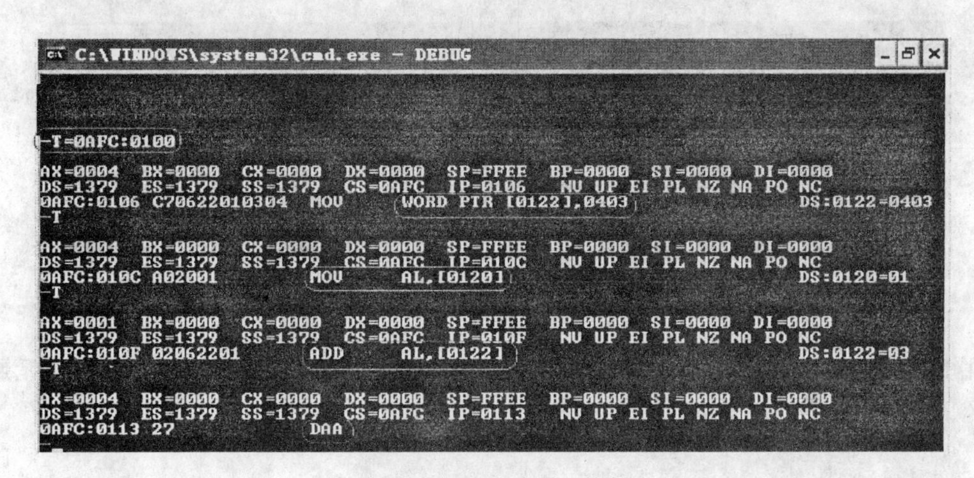

```
C:\WINDOWS\system32\cmd.exe - DEBUG
-T=0AFC:0100
AX=0004  BX=0000  CX=0000  DX=0000  SP=FFEE  BP=0000  SI=0000  DI=0000
DS=1379  ES=1379  SS=1379  CS=0AFC  IP=0106   NV UP EI PL NZ NA PO NC
0AFC:0106 C70622010304   MOV     WORD PTR [0122],0403             DS:0122=0403
-T
AX=0004  BX=0000  CX=0000  DX=0000  SP=FFEE  BP=0000  SI=0000  DI=0000
DS=1379  ES=1379  SS=1379  CS=0AFC  IP=010C   NV UP EI PL NZ NA PO NC
0AFC:010C A02001         MOV     AL,[0120]                        DS:0120=01
-T
AX=0001  BX=0000  CX=0000  DX=0000  SP=FFEE  BP=0000  SI=0000  DI=0000
DS=1379  ES=1379  SS=1379  CS=0AFC  IP=010F   NV UP EI PL NZ NA PO NC
0AFC:010F 02062201       ADD     AL,[0122]                        DS:0122=03
-T
AX=0004  BX=0000  CX=0000  DX=0000  SP=FFEE  BP=0000  SI=0000  DI=0000
DS=1379  ES=1379  SS=1379  CS=0AFC  IP=0113   NV UP EI PL NZ NA PO NC
0AFC:0113 27             DAA
-
```

图 3-15　执行 T 命令结果

用 D 命令显示运算结果如图 3-16 所示。

```
-T
AX=0006  BX=0000  CX=0000  DX=0000  SP=FFEE  BP=0000  SI=0000  DI=0000
DS=1379  ES=1379  SS=1379  CS=0AFC  IP=011F   NV UP EI PL NZ NA PE NC
0AFC:011F A22501         MOV     [0125],AL                        DS:0125=00
-T
AX=0006  BX=0000  CX=0000  DX=0000  SP=FFEE  BP=0000  SI=0000  DI=0000
DS=1379  ES=1379  SS=1379  CS=0AFC  IP=0122   NV UP EI PL NZ NA PE NC
0AFC:0122 CD20           INT     20
-D 120 125
1379:0120  01 02 03 04 04 06                                   ......
-
```

图 3-16　执行 D 命令观察的结果

用 U 命令反汇编程序如图 3-17 所示。最后用 Q 命令退出 DEBUG 返回 DOS 提示符。

```
-U 100 122
0AFC:0100 C70620010102   MOV     WORD PTR [0120],0201
0AFC:0106 C70622010304   MOV     WORD PTR [0122],0403
0AFC:010C A02001         MOV     AL,[0120]
0AFC:010F 02062201       ADD     AL,[0122]
0AFC:0113 27             DAA
0AFC:0114 A22401         MOV     [0124],AL
0AFC:0117 A02101         MOV     AL,[0121]
0AFC:011A 12062301       ADC     AL,[0123]
0AFC:011E 27             DAA
0AFC:011F A22501         MOV     [0125],AL
0AFC:0122 CD20           INT     20
-
```

图 3-17　执行 U 命令观察的结果

（2）调试程序 2：

进入 DEBUG 环境，接着显示 200H 处开始的一片单元（同学们观察应显示多少个存储单元数），若要显示指定的单元数应如何设置命令。

-D 200 命令执行结果如图 3-18 所示。

```
C:\WINDOWS\system32\cmd.exe - DEBUG
-D 200
1379:0200  00 00 00 00 00 00 00 00-00 00 00 00 00 00 00 00   ................
1379:0210  00 00 00 00 00 00 00 00-00 00 00 00 00 00 00 00   ................
1379:0220  00 00 00 00 00 00 00 00-00 00 00 00 00 00 00 00   ................
1379:0230  00 00 00 00 00 00 00 00-00 00 00 00 00 00 00 00   ................
1379:0240  00 00 00 00 00 00 00 00-00 00 00 00 00 00 00 00   ................
1379:0250  00 00 00 00 00 00 00 00-00 00 00 00 00 00 00 00   ................
1379:0260  00 00 00 00 00 00 00 00-00 00 00 00 00 00 00 00   ................
1379:0270  00 00 00 00 00 00 00 00-00 00 00 00 00 00 00 00   ................
-
```

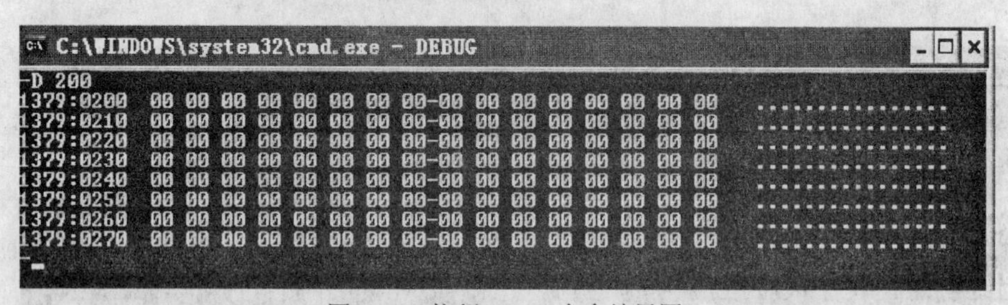

图 3-18　执行 D 200 命令结果图

用 E 命令将机器码指令写入 200H 开始的内存单元。接着用 D 命令查看该存储单元是否是写入的机器指令码。命令执行结果如图 3-19 所示。

```
-E 200 B2 33 B4 02 CD 21 CD 20
-D 200
1379:0200  B2 33 B4 02 CD 21 CD 20-00 00 00 00 00 00 00 00   .3...!. ........
1379:0210  00 00 00 00 00 00 00 00-00 00 00 00 00 00 00 00   ................
1379:0220  00 00 00 00 00 00 00 00-00 00 00 00 00 00 00 00   ................
1379:0230  00 00 00 00 00 00 00 00-00 00 00 00 00 00 00 00   ................
1379:0240  00 00 00 00 00 00 00 00-00 00 00 00 00 00 00 00   ................
1379:0250  00 00 00 00 00 00 00 00-00 00 00 00 00 00 00 00   ................
1379:0260  00 00 00 00 00 00 00 00-00 00 00 00 00 00 00 00   ................
1379:0270  00 00 00 00 00 00 00 00-00 00 00 00 00 00 00 00   ................
```

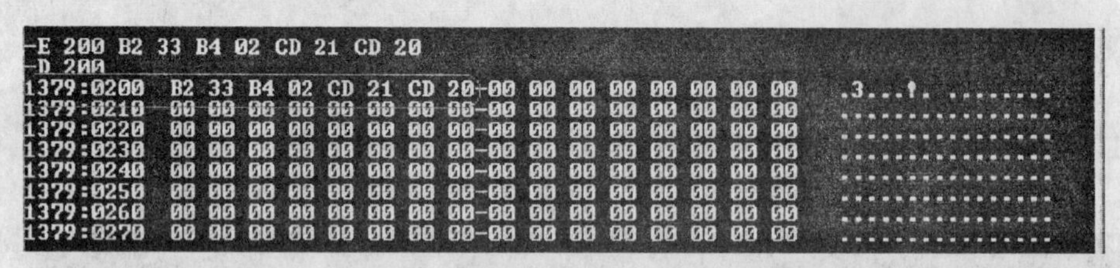

图 3-19　执行 E 和 D 200 命令结果图

用 G 命令从 200 处开始执行程序，执行结果显示在屏幕上，显示字符“3”，命令执行结果如图 3-20 所示。

```
-G=200
3
Program terminated normally
-
```

图 3-20　执行 G 命令结果图

用 U 命令反汇编，显示 200H 处存放的程序。如图 3-21 所示。

```
-U 200 206
1379:0200 B233          MOV     DL,33
1379:0202 B402          MOV     AH,02
1379:0204 CD21          INT     21
1379:0206 CD20          INT     20
-
```

图 3-21　执行 U 命令结果图

（3）调试程序 3：

进入 DEBUG，用 A 命令在内存单元地址为 100 处写入源程序，如图 3-22 所示。

```
C:\WINDOWS\system32\cmd.exe - DEBUG
-A 100
1379:0100
-
-A 0AFC:100
0AFC:0100 MOV AH,3
0AFC:0102 MOV AL,2
0AFC:0104 ADD AL,AH
0AFC:0106 INT 20
0AFC:0108
-
-
```

图 3-22　显示用 A 命令编辑程序

用 R 命令显示寄存器状态，可以只显示 AH、AL 寄存器状态，也可以显示所有寄存器状态。见图 3-23 显示程序没有执行前 AX 寄存器的状态和图 3-24 显示程序执行后 AX 寄存器的状态。

```
-
-R AX
AX 0000
:
```

图 3-23　程序未执行时 AX 寄存器的值

```
-T=0AFC:100

AX=0300  BX=0000  CX=0000  DX=0000  SP=FFEE  BP=0000  SI=0000  DI=0000
DS=1379  ES=1379  SS=1379  CS=0AFC  IP=0102   NV UP EI NG NZ NA PO NC
0AFC:0102 B002          MOV     AL,02
-T

AX=0302  BX=0000  CX=0000  DX=0000  SP=FFEE  BP=0000  SI=0000  DI=0000
DS=1379  ES=1379  SS=1379  CS=0AFC  IP=0104   NV UP EI NG NZ NA PO NC
0AFC:0104 00E0          ADD     AL,AH
-T

AX=0305  BX=0000  CX=0000  DX=0000  SP=FFEE  BP=0000  SI=0000  DI=0000
DS=1379  ES=1379  SS=1379  CS=0AFC  IP=0106   NV UP EI PL NZ NA PE NC
0AFC:0106 CD20          INT     20
-T

AX=0305  BX=0000  CX=0000  DX=0000  SP=FFE8  BP=0000  SI=0000  DI=0000
```

图 3-24　显示用 T 命令执行指令 AH、AL 寄存器变化值

4. 实验内容

实验程序 1：用 A 命令在内存 0BEC:0100H 处键入下列内容：

MOV AH，34

MOV AL，22

ADD AL，AH

```
SUB AL，78
MOV CX，1234
MOV DX，5678
ADD CX，DX
SUB CX，AX
SUB CX，CX
```

（1）用 U 命令检查键入的程序及对应的机器码如何？

（2）用 T 命令或 P 命令逐条运行这些指令，检查并记录有关寄存器及 ZF 情况。

实验程序 2：内存操作数及寻址方式使用并用 A 命令在 200H 处键入下列内容：

```
MOV AX,1234
MOV [1000],AX
MOV BX,1002
MOV BYTE PTR [BX],20
MOV DL,39
INC BX
MOV [BX],DL
DEC DL
MOV SI,3
MOV [BX+SI],DL
MOV [BX+SI+1],DL
MOV WORD PTR[BX+SI+2],2846
```

（1）用 T 命令或 P 命令逐条运行，每运行一条有关内存操作数的指令，要用 D 命令检查并记录有关单元的内容并注明是什么寻址方式。

（2）有关指令中的 BYTE PTR 及 WORD PTR 伪操作不加行不行？试一试。

5. 实验报告要求

（1）对实验程序 1 和实验程序 2 的 4 个要求设计成一个表格的形式进行反映相关的信息或结论。

（2）在实验过程中存在哪些问题及这些问题是如何解决的。

（3）将实验程序 2 中的 BYTE PTR[BX]指令换成 BY[BX]指令后再调试，观察有何变化，并分析其变化的原因。BYTE PTR 是不是等价 BY？若是，则参考它将调试程序 1 中的语句 WORD PTR 修改是为什么（提示取前两个字符）。修改后再进行调试并观察结果是不是一致的。

实验 3.2 汇编语言表达式的计算

1. 实验目的

（1）掌握算术运算指令及传送指令的应用方法。

（2）理解计算机中除法溢出的含义。

2. 实验内容

（1）设 W、X、Y、Z 均为 16 位带符号数。

（2）要求计算表达式：（W-（X*Y+Z-220））/X。

（3）将表达式的商和余数存入数据区 RESULT 单元开始的区域中。

3. 编程提示

该题目要求掌握乘法除法运算中带符号数和无符号数运算的区别，为了实现指定的功能，应从以下几个方面考虑：

（1）带符号数的乘法运算应选用的指令。

（2）乘法运算中操作数的长度问题。

（3）带符号数的扩展问题。

（4）本题的设计思路如图 3-25 所示。

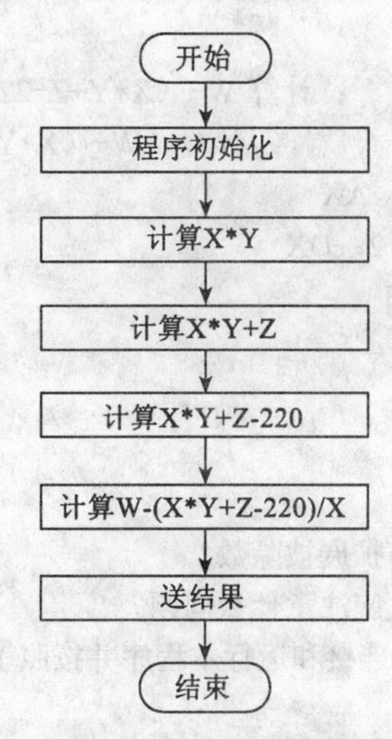

图 3-25　程序设计流程图

4. 参考程序清单

```
DATA SEGMENT
    W         DW -304
    X         DW 1000
    Y         DW -12
    Z         DW 20
    RESULT DW 2 DUP（0）
DATA ENDS
CODE SEGMENT
  ASSUME CS：CODE，DS：DATA
START：MOV AX，DATA
       MOV DS，AX
       MOV AX，X        ；被乘数送 AX
       IMUL Y           ；计算 X*Y
       MOV CX，AX
```

```
        MOV BX，DX     ；X*Y 的积高位送 BX，低位送 CX
        MOV AX，Z      ；Z 取到 AX
        CWD            ；Z 扩展到 DX、AX 中
        ADD CX，AX     ；计算 X*Y+Z
        ADC BX，DX
        SUB CX，220    ；计算 X*Y+Z-220
        SBB CX，0
        MOV AX，W      ；W 取到 AX 中
        CWD            ；扩展到 DX、AX 中
        SUB AX，CX
        SBB DX，BX     ；计算 W-（X*Y+Z-220）
        DIV X                ；计算（W-（X*Y+Z-220））/X
        MOV RESULT，AX
        MOV RESULT+2，DX
        MOV AH，4CH
        INT 21H
CODE ENDS
        END START
```

5. 实验报告要求

（1）在进行除法运算时，如何扩展被除数？

（2）本程序运算时，数据定义应注意什么问题？

（3）在 MASM 环境下编译、连接和运行本程序并按照 DEBUG 调试程序的步骤是如何完成的。

（4）参考上述程序，试设计程序，其功能是：内存中连续存放着两个无符号字节数序列 VAL1 和 VAL2，求 VAL3=（VAL1+VAL2）/2。

第 4 章　汇编语言程序设计基本方法

【学习目标】

（1）汇编语言程序设计的一般步骤和方法及程序流程图的绘制。

（2）顺序结构程序的设计思想和设计方法。

（3）控制转移类指令的基本格式、基本功能的基本用法。

（4）分支程序的两种结构形式及其设计方法。

（5）循环指令、循环程序结构及循环控制方法。

（6）单重循环结构程序设计和多重循环结构程序设计的基本思想和设计方法。

（7）串处理指令和代码转换程序设计的基本方法。

Boehm 和 Jacobi 在 20 世纪 70 年代初首先用数学方法证明了在程序设计语言中，只要有三种形式的控制结构，就足以表示出各式各样的其他形式的结构。这三种结构分别为顺序结构、分支结构和循环结构，被称为程序设计的三种基本结构。前三章讲述了 8086/8088 指令系统及汇编语言程序的格式，在此基础之上，本章将针对这三种程序结构，通过大量的编程实例，来讲述汇编语言程序设计的方法。在分析程序结构的过程中，请读者进一步体会 8080/8088 指令以及伪指令的使用。

4.1　程序设计方法概述

一般来说，编制一个汇编程序的步骤如下：

（1）分清题意。这一步是写出正确程序的前提，因此不应该一拿到题目就急于写程序，而是应该仔细地分析和理解题意，特别要注意为所有参与运算的数据安排恰当的数据结构。

（2）确定算法。算法即解决一个具体问题的完整步骤或方法。算法的好坏是决定能否编制出高质量程序的关键，是程序的灵魂。通常用流程图的形式来描绘人们头脑中的算法，当算法比较复杂的时候，画流程图可以减少出错的可能性。因此，画出程序的流程图，对初学者特别重要。

（3）根据流程图编写程序。算法用流程图描述出来并不等于是程序，只有将算法用计算机指令描述出来，才能变为程序，才能输入给计算机执行。只要读者掌握了汇编语言的语法规则及指令系统的格式，这一步可以很容易地实现。

（4）上机调试程序。在上一步程序编写完成后，不一定就是正确无误的，还要通过上机调试。编译系统可以帮助我们检查有无语法或逻辑错误，没有错误程序才能运行。

在上述 4 个步骤中，初学者要特别注意画流程图。下面是顺序、分支、循环这三种基本结构对应的流程图，如图 4-1 所示。

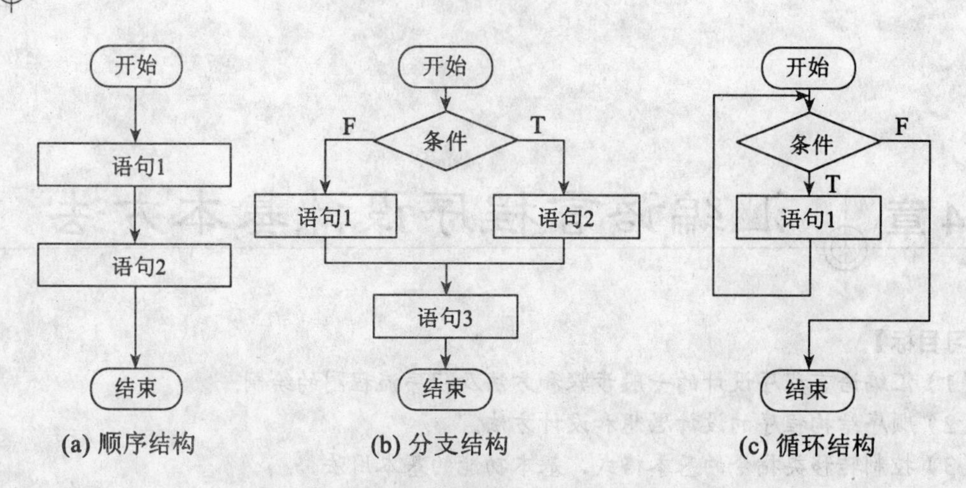

图 4-1　顺序、分支和循环三种基本结构流程图

从流程图来看，以上三种结构均有一个起始框，一个终止框，流程走向用箭头表示。对于顺序结构的程序，除了开始框和终止框之外，只有一个至几个处理框，程序没有任何的分支、循环，以直线方式一条指令接一条指令顺序执行，所以顺序程序是最简单的一种结构。对于分支结构的程序，多了一个条件框，用菱形表示，菱形框里面是判断的条件，程序走向为：首先会判断菱形框里面的条件是否满足，只有两种情况，对应两种走向，要么满足，用T(True)表示，要么不满足，用F(False)表示，满足哪种情况，对应走哪一边。对于循环结构的程序，程序顺序往下走，走到某一条语句，需要返回去，执行曾经执行过的语句，然后再顺序往下，然后再返回去，就这样形成回路，形成一个循环。在循环结构中，往往包含分支结构，作为判断是否进行循环的条件，满足条件就继续循环下去，直到不满足为止，终止循环。以上三种结构中，顺序结构和分支结构都符合人们的顺向思维，比较好理解，但对于循环结构，由于程序往下执行之后需要返回去执行曾经执行过的操作，存在一个思维的转换，不太好理解，因此读者在学习循环结构的时候，一定要特别用心。

4.2　顺序程序设计

顺序程序是三种结构中最简单的一种，依照顺序逐条执行指令序列，由程序开头逐条顺序地执行直至程序结束为止，期间无转移、无分支、无循环、无子程序调用。顺序程序通常作为程序的一部分，用以构造程序中的一些基本功能。下面通过几个例题来说明顺序程序。

【例题 4.1】将 FIRST 字变量与 SECOND 字变量相加，结果存至 THIRD1 字变量中，然后再将 FIRST 和 SECOND 两个字变量相乘，结果存至 THIRD2 双字变量中。

```
DATA   SEGMENT
  FIRST       DW   D56CH
  SECOND  DW   1F08H
  THIRD1      DW   ?
  THIRD2      DW   2  DUP (?)
DATA   ENDS
CODE   SEGMENT
```

```
        ASSUME    CS : CODE , DS : DATA
START: MOV    AX , DATA
       MOV    DS , AX
       MOV    AX , FIRST
       ADD    AX , SECOND
       MOV    THIRD1 , AX
       MOV    AX , FIRST
       MUL    SECOND
       MOV    THIRD2 , AX
       MOV    THIRD2+2 , DX
       MOV    AH , 4CH
       INT    21H
CODE   ENDS
       END    START
```

【例题 4.2】将 BUF 中 1 个压缩的 BCD 数拆成 2 个非压缩的 BCD 码，低位 BCD 数存入 BUF1 中，高位 BCD 数存入 BUF2 中，并将对应的 ASCII 码存入 BUF3 和 BUF4 中。

算法分析：

（1）将 1 个字节的低位 BCD 码分离，可以采用"与"上 OFH 来屏蔽高 4 位，保留低 4 位，得到低位 BCD 码。

（2）将高位 BCD 码分离，可以采用逻辑右移的方法，左边移入 4 个 0 ，即可达到目的。

（3）将未组合的 BCD 码转为 ASCII 码，只要将高 4 位"加"或者"或"30H 即可。

```
DATA   SEGMENT
  BUF     DB 36H                           ；定义原始数据
  BUF1   DB   ?                            ；存放低位 BCD 数
  BUF2   DB   ?                            ；存放高位 BCD 数
  BUF3   DB   ?                            ；存放低位 ASCII 码
  BUF4   DB   ?                            ；存放高位 ASCII 码
DATA   ENDS
CODE   SEGMENT
         ASSUME    CS : CODE , DS : DATA
START: MOV    AX , DATA
       MOV    DS , AX
       MOV    AL , BUF
       MOV    CL , 4
       SHR    AL , CL                      ；分离出高 4 位
       MOV    BUF2 , AL
       OR     AL , 30H                     ；形成对应的 ASCII 码
       MOV    BUF4 , AL ;
       MOV    AL , BUF
```

```
        AND   AL, 0FH                          ;分离出低 4 位
        MOV   BUF1, AL
        OR  AL, 30H                            ;形成对应的 ASCII 码
        MOV   BUF3, AL
        MOV   AH, 4CH
        INT   21H
CODE  ENDS
        END   START
```

【例题 4.3】将字节型变量 X1、X2 和 X3 存放在数据段开始的连续 3 个单元中，编程求以下运算：Y=X1-(X2+X3)，Y 单元定义为存放运算结果的单元。

```
DATA   SEGMENT
    X1 DB   36H
    X2 DB   49H
    X3 DB   78H
    Y   DB   ?
DATA   ENDS
CODE   SEGMENT
        ASSUME   CS : CODE , DS : DATA
START: MOV   AX , DATA
        MOV   DS , AX
        XOR  AH，  AH
        MOV   AL，X2
        ADD   AL，X3
        ADC   AH，0
        SUB  X1，AL
        SBB  X1，AH
        MOV   Y，X1
        MOV   AH , 4CH
        INT   21H
CODE   ENDS
        END   START
```

【例题 4.4】对两个无符号数求其平均值。它们分别存放在 X 和 Y 存储字节单元中，而平均值存放在 Z 存储字节单元中，试编写完整的汇编源程序。

```
DATA SEGMENT
    X DB 88H
    Y DB 8CH
    Z DB ?
STACK SEGMENT STACK
```

```
    DB 10 DUP(?)
STACK ENDS
DATA ENDS
CODE SEGMENT
    ASSUME CS:CODE,SS:STACK,DS:DATA
START:MOV AX,DATA
      MOV DS,AX            ;设置数据段的段基值
      MOV AL,X
      ADD AL,Y
      MOV AH,0
      ADC AH,0
      MOV BL,2
      DIV BL               ;AX/BL 所得商→AL，余数→AH
      MOV Z,AL
      MOV AH,4CH
      INT 21H
 CODE ENDS
      END START
```

本题还可采用算术右移1位实现除2运算，请读者自行编写程序。

【例题 4.5】以字节变量TABLE为首址的16个单元中，连续存放0-15的平方值（即建立一平方表），现任意给一存放在 XX 字节单元中的数 X（0≤X≤15），查表求X的平方值，并把结果存放Y字节单元。

算法分析：

根据给定平方表的存放规律，可知表的起始地址与数X之和，正是X的平方值所在单元的偏移地址，将该地址值取出送到Y单元即可。画出数据在内存中的存放结构如图4-2所示。编写源程序如下：

```
DATA SEGMENT
    TABLE  DB 0,1,4,9,16,25,36,49,64,81
           DB 100,121,144,169,196,225
    XX     DB 12
    Y      DB ?
DATA ENDS
STACK SEGMENT
    DB 200 DUP(0)
STACK ENDS
CODE SEGMENT
   ASSUME CS:CODE,SS:STACK,DS:DATA
```

图 4-2　数据存储结构图

```
START:MOV AX,DATA
      MOV DS,AX
      LEA BX,TABLE
      MOV AL,XX
      MOV AH,0
      ADD BX,AX          ;形成单元地址的偏移量
      MOV AL,[BX]        ;采用寄存器间接寻址取地址内容
      MOV Y,AL
      MOV AH,4CH
      INT 21H
 CODE ENDS
      END START
```

本题还可采用查表指令 XLAT 来编写程序，请读者自行编写。

【例题 4.6】输入 0～9 之间任意两个数值，分别完成加法与乘法的运算并输出结果。

算法分析：

采用非压缩的 BCD 码来处理较为方便，程序中的数据并不多，直接选择寄存器来存放数据。参考源程序：

```
DATA SEGMENT
    BUF DB  'Please input (0-9):$ '
DATA ENDS
STACK SEGMENT
    DB 200 DUP(0)
STACK ENDS
CODE SEGMENT
    ASSUME CS:CODE,SS:STACK,DS:DATA
START:MOV AX,DATA
      MOV DS,AX
      LEA DX,BUF
      MOV AH,9
      INT 21H
      MOV AH,1           ;1 号功能，输入 1 个数字
      INT 21H
      MOV CH,AL          ;第 1 个数的 ASCII 码值存入 CH 中
      INT 21H            ;输入另 1 个数字
      MOV CL,AL          ;第 2 个数的 ASCII 码值存入 CL 中
      MOV AH,0
      ADD AL,CH          ;求和
      AAA                ;调整后的十位数在 AH，个位数在 AL 中
      OR   AX,3030H      ;将数值转换成 ASCII
      MOV DH,AL          ;保存和的个位数
```

```
        MOV DL,AH          ;十位数送显示
        MOV AH,2
        INT 21H
        MOV DL,DH
        INT 21H            ;显示个位
        MOV DL,20H         ;20H 为空格的 ASCII
        INT 21H
        INT 21H            ;连续输出两个空格
        SUB CX,3030H       ;把原存的 ASCII 码转成非压缩 BCD 码
        MOV AL,CL
        MUL CH             ;求乘积
        AAM                ;乘积调整
        OR AX,3030H
        MOV DH,AL
        MOV DL,AH
        MOV AH,2
        INT 21H
        MOV DL,DH
        INT 21H
        MOV AH,4CH
        INT 21H
CODE ENDS
        END START
```

4.3 分支程序设计

在解决实际问题时，经常遇到需要针对不同情况作出不同处理的状况，解决这类问题就需要采用分支结构来进行程序设计。分支程序在执行时，首先需要对给定的条件进行判断，以决定程序的走向。图 4-3 就是一个简单的分支结构，首先判断条件是否满足，图中 T 表示条件为真，执行条件满足的处理，F 表示条件为假，执行条件不满足的处理。

对给定的条件进行判断决定程序走向的这一功能通常由条件转移指令来实现。转移指令分为条件转移指令和无条件转移指令。熟练掌握这两类转移指令是成功地编写分支程序的基础。这一章节首先详细介绍这两类转移指令，然后介绍分支程序设计的基本方法，最后通过实例加以阐述。

4.3.1 转移指令

转移指令分为条件转移指令和无条件转移指令两大类，其特点是改变程序的执行顺序(即改变指令指针 IP 的值)，但不改变状态标志位的状态。条件转移指令根据条件标志的状态判断是否转移。无条件转移指令则不做任何判断，无条件地转移到指令中指明的目的地址处执行，类似于 C 语言中的 goto 语句。下面将分别介绍这两类指令。

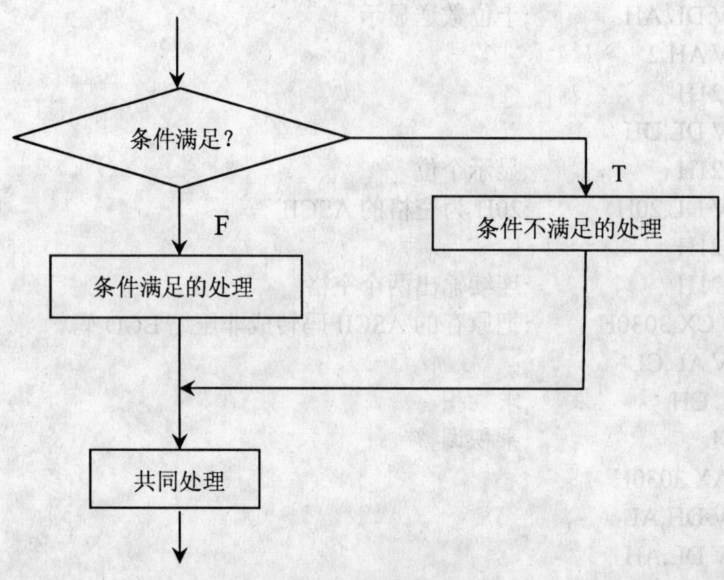

图 4-3　简单分支结构流程图

1. 条件转移指令

条件转移指令首先判断是否满足转移的条件，通常根据标志位的状态判断，满足条件就移到目的地址处执行，即（IP）+位移量→IP。

注意，位移量必须在-128～+127之间，否则就会产生错误。当位移量为正时，表示往前转；为负时，往回转。

这类转移共有18条，分为以下三类：

（1）简单条件转移指令。简单条件转移指令根据单个标志位的状态决定是否转移。根据5个标志位CF、ZF、SF、OF、PF的状态为1或者0，可表示10种状态，因而设置了10条简单的条件转移指令。具体情况见表4-1。

表 4-1　**简单条件转移指令**

指令名称	助记符	转移条件	功能说明
相等/等于0转	JE/JZ	ZF=1	测试前次操作结果是否等于0
不相等/不等于0转	JNE/JNZ	ZF=0	测试前次操作结果是否不等于0
为负转	JS	SF=1	测试前次操作结果是否为负
为正转	JNS	SF=0	测试前次操作结果是否为正
溢出转	JO	OF=1	测试前次操作结果是否溢出
未溢出转	JNO	OF=0	测试前次操作结果是否没有溢出
进位位为1转	JC	CF=1	测试前次操作结果是否有进位或借位
进位位为0转	JNC	CF=0	测试前次操作结果是否无进位或借位
偶转移	JP/JPE	PF=1	测试前次操作结果中1的个数是否为偶数
奇转移	JNP/JPO	PF=0	测试前次操作结果中1的个数是否为奇数

简单条件转移指令常用于加减指令、位操作指令之后，用于测试某一标志位是否满足预定的条件，以便确定转移方向。

【例题 4.7】分析下列程序段，指出程序运行后，变量 Y 中的内容是什么。其中 X、Y 均是自变量，X 之中存放着有符号数 x。

```
                ⋮
            MOV Y,-1
            MOV AX,X
            CMP AX,0
            JE EXIT1             ；(AX)=0 转 EXIT1
            ADD AX,1000H         ；若(AX)≠0,则（AX）+1000H→AX
            JO OVERFLOW          ；x+1000H 产生溢出时转 OVERLOW
            JNS EXIT1            ；x+1000H 之和为正数转 EXIT1
            NEG AX               ；x+1000H 之和为负数时求补码（计算绝对值）
   EXIT1：  MOV Y，AX            ；（AX）→Y
   EXIT ：  MOV AH，4CH
            INT 21H
   OVERFLOW：…                   ；溢出处理
                ⋮
            MOV AH，4CH
            INT 21H
```

算法分析：

程序中用到了几条简单条件转移指令，其执行流程图如图 4-4 所示。

流程图可知：当 X=0 时，X→Y；当 X≠0 时，先计算 X 与 1000H 之和并送入 AX 中，然后根据和数是否溢出做相应处理。若溢出，则转到溢出处理分支，此时 Y 中的值是最初送入的-1；若未溢出，则求和数的绝对值并将绝对值送入 Y 中。该程序执行后，Y 的内容如下：

$$Y=\begin{cases}0 & x=0\text{ 时}\\ -1 & x\geqslant 7000H\text{ 时（即 }x+1000H\text{ 产生溢出）}\\ |x+1000H| & x\neq 0\text{ 且 }x<7000H\text{ 时}\end{cases}$$

说明：在什么时候溢出：最大正数：7FFFH，因而当 7FFFH-1000H=6FFFH。所以当 6FFFH 加 1 变成 7000H，7000H 是溢出的分界点。只有当时 x≥7000 时，才产生溢出。

【例题 4.8】编程求 Y=|X|。

算法分析：给任意一个 X 的值，判断 X≥0 成立，则直接送到存储单元 Y 中；若不成立，则求其绝对值后再送到 Y 存储单元中。

```
    DATA   SEGMENT
        X DB ?
        Y DB ?
    DATA   ENDS
    STACK SEGMENT    STACK
```

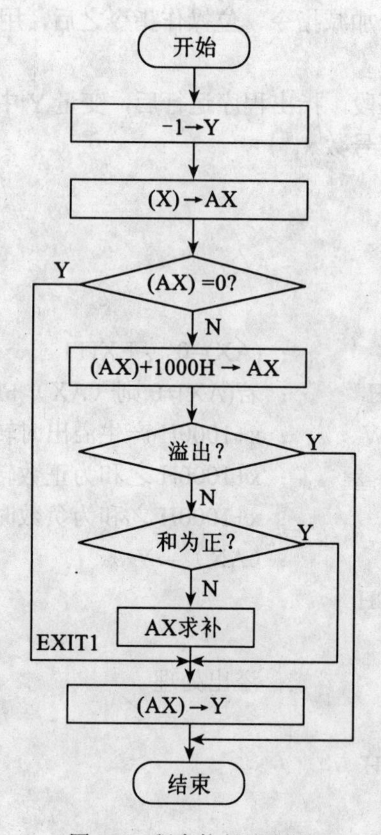

图 4-4　程序执行流程图

```
        DB 100   DUP(?)
STACK ENDS
CODE SEGMENT
        ASSUME CS:CODE,SS:STACK,DS:DATA
START : MOV   AX,DATA
          MOV   DS,AX
          MOV   AL,X
          CMP   AL,0
          JGE   STORE
          NEG   AL
STORE : MOV   Y,AL
          MOV   AH,4CH
          INT   21H
CODE     ENDS
          END   START
```

（2）无符号数条件转移指令。

无符号数条件转移指令往往跟在比较指令之后，根据运算结果设置的条件标志状态确定转移方向。这类指令将比较对象视为无符号数。根据不同状态，设置了高于、高于或等于、

低于、低于或等于4类指令。具体情况见表4-2。

① JA/JNBE。JA即高于转移，JNBE即不低于且不等于转移。JA/JNBE是当CF=0且ZF=0时转移。它用于两个无符号数A、B的比较，若A>B，则满足条件，实现转移。

表4-2　**无符号数条件转移指令**

指令名称	助记符	转移条件	功能说明
高于转移	JA/JNBE	CF=0 且 ZF=0	测试前次操作结果是否无进位或借位并且测试前次操作结果是否不等于0
高于或等于转移	JAE/JNB	CF=0 或 ZF=1	测试前次操作结果是否无进位或借位或测试前次操作结果是否等于0
低于转移	JB/JNAE	CF=1 且 ZF=0	测试前次操作结果是否有进位或借位并且测试前次操作结果是否不等于0
低于或等于转移	JBE/JNA	CF=1 或 ZF=1	测试前次操作结果是否有进位或借位或测试前次操作结果是否等于0

② JAE/JNB。JAE即高于或等于转移，JNB即不低于转移。JAE/JNB是当CF=0或ZF=1时转移。它用于两个无符号数A、B的比较，若A≥B，则满足条件，实现转移。该指令可以等价为JNC指令（因两数相等时，CF=0）。

③ JB/JNAE。JB即低于转移，JNAE即不高于且不等于转移。JB/JNAE是当CF=1且ZF=0时转移。它用于两个无符号数A、B的比较，若A<B，则满足条件，实现转移。该指令可以等价为JC指令。

④ JBE/JNA。JBE即低于或等于转移，JNA即不高于转移。JBE/JNA是当CF=1或ZF=1时转移它。是用于两个无符号数A、B的比较，若A≤B，则满足条件，实现转移。

（3）有符号数条件转移指令。

有符号数条件转移指令一般也跟在比较指令之后，根据运算结果设置的条件标志状态确定转移方向。这类指令将比较对象视为有符号数。根据不同状态，设置了大于、大于或等于、小于、小于或等于4类指令。具体情况见表4-3。

表4-3　**有符号数条件转移指令**

指令名称	助记符	转移条件	功能说明
大于转移	JG/JNLE	SF=OF 且 ZF=0	测试前次操作结果是否无进位或借位并且测试前次操作结果是否不等于0
大于或等于转移	JGE/JNL	SF=OF 且 ZF=1	测试前次操作结果是否无进位或借位或测试前次操作结果是否等于0
小于转移	JL/JNGE	SF≠OF 且 ZF=0	测试前次操作结果是否有进位或借位并且测试前次操作结果是否不等于0
小于或等于转移	JLE/JNG	SF≠OF 且 ZF=1	测试前次操作结果是否有进位或借位或测试前次操作结果是否等于0

关于有符号数和无符号数各自比较大小的标准如下：

以 16 位二进制数为例，有符号数的数值大小次序为

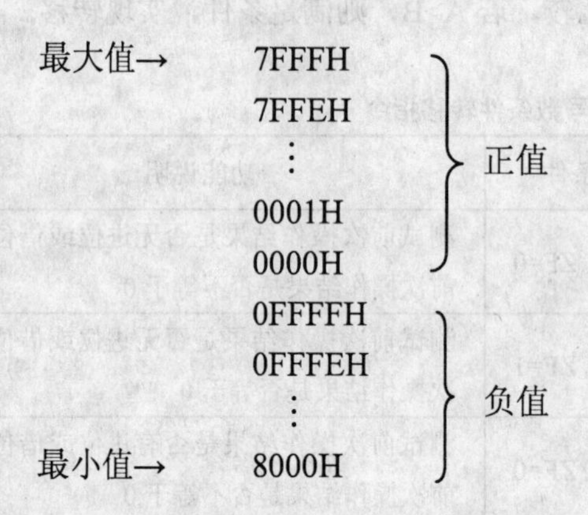

以 16 位二进制数为例，无符号数的数值大小次序为

最大数→　　0FFFFH

　　　　　　0FFFEH

　　　　　　⋮

最小数→　　0000H

因此，有符号数和无符号数各有自己比较大小的标准，必须利用不同的标准信息设计相应的指令。无符号数转移指令是根据条件标志 CF、ZF 的特定组合决定是否转移；有符号数条件转移指令是根据条件标志 ZF、SF、OF 的特定组合决定是否转移。

① JG/JNLE。JG 即大于转移，JNLE 即不小于且不等于转移。JG/JNLE 是当符号标志 SF 与溢出 OF 具有相同状态（即 SF=OF）且 ZF=0 时转移。它用于两个有符号数 A、B 的比较，若 A>B，则条件满足，实现转移。

②JGE/JNL。JGE 即大于或等于转移，JNL 即不小于转移。JGE。JNL 是当符号标志 SF 与溢出 OF 具有相同状态（即 SF=OF）且 ZF=1 时转移。用于两个有符号数 A、B 的比较，若 A≥B，则条件满足，实现转移。（当比较结果相等时，不仅 ZF=1，而且 SF 也会等于 OF；因此 JGE/JNL 可以只判断 SF 是否等于 OF）

③ JL/JNGE。JL 即小于转移，JNGE 即不大于且不等于转移。JL/JNGE 是当 SF≠OF 且 ZF=0 时转移。用于两个有符号数 A、B 的比较，若 A<B，则条件满足，实现转移。实际上只需要判断 SF≠OF 即可。

④ JLE/JNG。JLE 即小于或等于转移，JNG 即不大于转移。JLE/JNG 是当 SF≠OF 或 ZF=1 时转移。用于两个有符号数 A、B 的比较，若 A≤B，则条件满足，实现转移。

例如：分析下列程序段的执行过程，体会条件转移指令的应用。

```
      MOV SI，0
NEXT：MOV WORD PTR [SI]，0
      ADD SI，2
      CMP SI，0F000H
      JBE NEXT
      ⋮
```

该程序段的功能：将当前数据段中偏移地址为0-0F000H的全部字存储单元清0。由于地址是无符号数，所以，在比较判断能力SI是否小于或等于0F000H时，必须选用无符号数条件转移指令“JBE”，才能完成预定功能。若选用有符号数条件转移指令“JLE”，则只能将0送入0号单元之中。其原因在于第一次执行比较命令“CMP SI，0F000H”时，（SI）=2，它与0F000H（即-1000H）比较，显然2>-1000H，不满足“JLE”的转移条件，则顺序执行。

选择转移指令的基本依据是解题的要求和被判断对象的特点（如是有符号数还是无符号数）。转移指令如何利用各个标志状态进行判断的过程是由CPU完成的。

注意：有些运算指令只影响部分标志位或只是对某些标志位设定特定值，当所选择的转移指令用到了运算指令未影响到的标志位或设定的特定值，则结果可能出错。因此，在学习汇编指令时，一定要关心它是如何影响标志位的。

例如：设（AX）=0FFFFH，下面程序段希望在（AX）加1产生进位时，转移到NEXT处执行，但实际上是不能实现的。

```
        INC AX
        JC NEXT
NEXT：  …
        ⋮
```

分析指令不能实现的原因：INC指令只影响AF、OF、PF、SF和ZF，但不影响CF标志位的内容，而JC指令是判断INC AX后，若CF=1则转移，因此，不能实现转移功能。

2. 无条件转移指令

无条件转移指令使CPU无条件地转移到指令中指明的目的地址处执行。包括JMP、CALL、RET、INT和IRET指令。本节仅介绍JMP指令，其他指令在后续章节中介绍。无条件转移指令不构成分支程序，但在分支程序中却往往需要用它将各分支的出口重新汇集在一起。特别是当条件转移指令的转移范围超过-128～+127个字节时，往往要借助无条件转移指令实现预定的转移。对于比较长的转移，这是有效的转移方法。

无条件转移指令和要转移的目的地址可以在同一段，也可以在不同段。前者称为段内转移，后者称为段间转移。段内转移指令只改变指令指针IP的内容，而段间转移则要同时改变指令指针IP和代码段寄存器CS的内容。

无条件转移指令可以通过各种寻址方式得到需要转移的目的地址。常用的有直接寻址、间接寻址两种。表4-4列出了无条件转移指令的格式和功能说明。

表4-4 无条件转移指令的格式和功能说明

名称	格式	功能说明
段内直接转移	JMP 标号	(IP)+位移量→IP
段内间接转移	JMP OPD	(OPD)→IP
段间直接转移	JMP 标号	标号的偏移地址→IP，段首址→CS
段间间接转移	JMP OPD	(OPD)→IP，(OPD+2) →CS

无条件转移指令和条件转移指令有两点重要区别：一是前者的转移是无条件的，故不做任何判断便转向目的单元且转移范围不受限制，而后者只能在-128～+127个字节范围

内转移。

例如：JMP NEXT；是直接方式的无条件转移指令。

JMP WORD PTR [BX]；是 16 位段的一条段内间接转移指令。

JMP DWORD PTR [BX]；是 32 位段的一条段间间接转移指令。其执行过程是：（[BX]）→IP，（[BX]+2）→CS。

4.3.2 分支程序设计基本方法

分支程序分为双分支结构和多分支结构。双分支结构是对于给定的判定条件，只有两种选择：满足与不满足，分别对应程序的两种走向，即可实现两路选择，其结构流程图如图 4-5 所示。多分支结构是对于给定的具体问题，面临多种选择，只有其中的一种情况与所给条件相符，即只能选择其中一条路走下去。多分支结构用来实现多路选择，其结构流程图如图 4-5 所示。

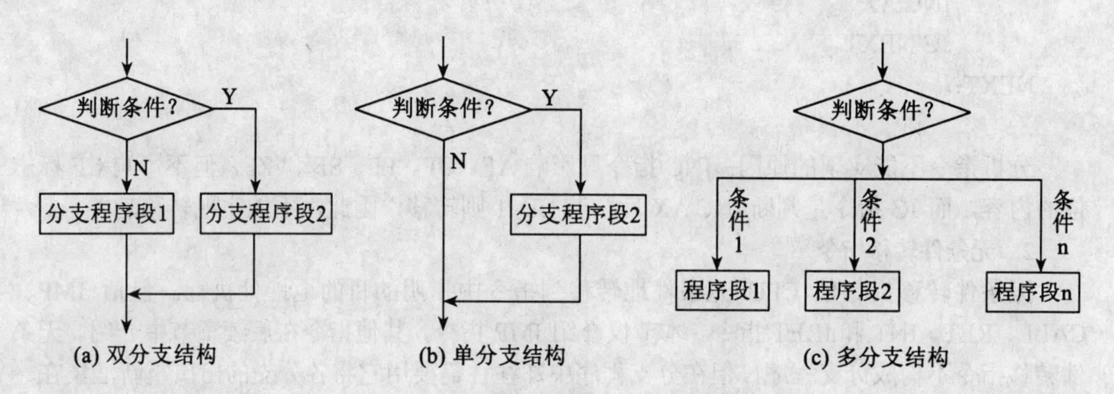

图 4-5 双分支和多分支结构流程图

选用双分支结构还是多分支结构来进行程序设计，必须根据具体问题来判断。如果所面临的问题只有两个选项可供选择，就选用双分支结构。如果所面临的问题有多个选项可供选择，但只有一种情况与具体给定条件相符，就选用多分支结构。无论选择双分支结构还是多分支结构，进行分支程序设计时都应注意以下几个问题：

（1）选择合适的转移指令。这是分支程序设计正确与否的关键。前面我们看到，转移指令分为两大类，共 18 条指令。正确地选择转移指令就能让程序根据需要，正确地转移到预定的程序分支中去执行。

（2）要为每个分支安排出口。每个分支处理完后，要么回到程序的公共部分继续执行，要么结束，所以要为每个分支安排出口。

（3）应把各分支中的公共部分尽量提到分支前或分支后的公共程序段中。这样做，能让程序的逻辑结构更清晰，不易出错。

（4）在分支较多时，为了避免出错，应先画出程序的流程图。流程图中对每个分支判断的先后次序应尽量与问题提出的先后次序一致，而编写程序时也要与流程图中各分支的先后次序一致。

4.3.3　分支程序设计举例

1. 双分支结构程序设计

【例题 4.9】比较两个带符号字节数的大小，找出两个数中大的存入 MAX 字节单元中，编写完整的汇编源程序。

算法分析：

（1）在数据段中定义两带符号数 36H、0F3H。

（2）将 X1 取到 AL 寄存器中，再将（AL）的内容同 X2 比较，若大，则将（AL）→MAX；否则 X2→MAX（但要注意汇编语言的语法要求）。

（3）算法流程图如图 4-6 所示。

（4）参考源程序。

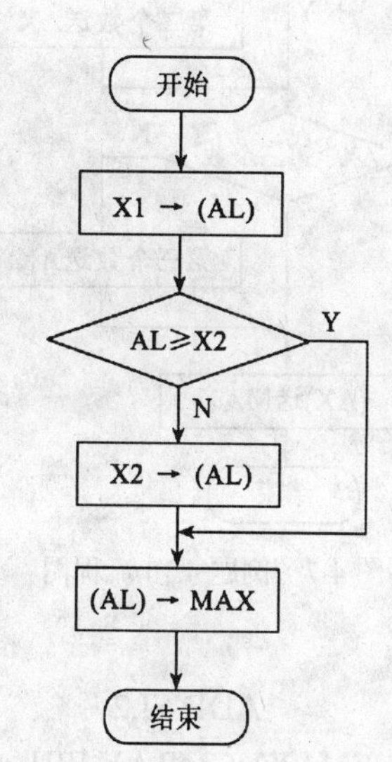

图 4-6　例题 4.9 流程图

```
DATA SEGMENT
    DA    DB 36H,0F3H
    MAX DB ?
DATA ENDS
STACK SEGMENT STACK
    DB 200 DUP(0)
STACK ENDS
CODE SEGMENT
  ASSUME CS:CODE,SS:STACK,DS:DATA
START:MOV AX,DATA
       MOV DS,AX
       MOV AL,DA
       CMP AL,DA+1
       JGE NEXT              ;若 X1≥X2，则转到 NEXT
       MOV AL,DA+1           ;若 X1<X2，则 DA+1 的内容送 AL
NEXT: MOV MAX,AL
       MOV AH,4CH
       INT 21H
 CODE ENDS
       END START
```

【例题 4.10】在内存单元中有三个互不相等的无符号字数据，分别存放在 BUF 开始的字单元中，编写程序将其中最大值存入 MAX 字单元中。

算法分析：

（1）在数据段中定义三个无符号数：7139H，864AH，2936H

（2）求三个无符号数中的最大数，只要先将第一个数放到 AX 中，再依次和第二个、第三个比较，每次比较后，若比 AX 中的数要大，则将大的数置换 AX 中的数，保证 AX 中始终是最大数，最后将 AX 中的数送到 MAX 存储单元中。由于是无符号的比较，则应该选用 JA/JNB/JNA/JB 指令来判断两数的大小并控制转移。

（3）算法的流程图如图 4-7 所示。

（4）参考源程序。

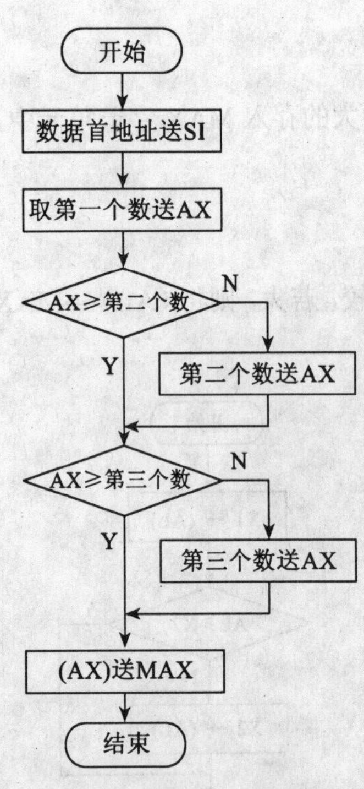

图 4-7 例题 4.10 流程图

```
DATA SEGMENT
     BUF DW 7139H，864AH，2936H
     MAX DW ?
DATA ENDS
STACK SEGMENT STACK
     DB 20 DUP(0)
STACK ENDS
CODE SEGMENT
     ASSUME CS:CODE,DS:DATA,SS:STACK
START:MOV AX,DATA
        MOV DS,AX
        LEA SI,BUF
        MOV AX,[SI]
        ADD SI,2
        CMP AX,[SI]
        JAE FMAX1
        MOV AX,[SI]
        ADD SI,2
FMAX1:CMP AX,[SI]
        JAE FMAX2
        MOV AX,[SI]
FMAX2:MOV MAX,AX
        MOV AH,4CH
        INT 21H
CODES ENDS
     END START
```

【例题 4.11】从键盘输入 0～9 任一自然数，求其立方值。若输入的字符不是 0～9 中的某数字，则显示“INPUT ERROR”表示输入错误。

算法分析：

字节变量 X 中存放键入的自然数，字变量 XXX 中存放键入的自然数的立方值。假定立方表的首地址为 TABLE，其存储形式见表 4-5。表中共 10 项，每项占一个字，用来存放 X 的立方值。从表的结构可知 X 的立方值在表中的存放地址与 X 有如下对应关系：

（TABLE+2*X）=X 的立方值

对于每个键入的 X，从字单元 TABLE+2*X 中取出的数据便是其立方值。

参考源程序：

```
DATA   SEGMENT
  TABLE    DW   0，1，8，27，64，125，216，343，512，729
```

```
  X         DB  ?
  XXX        DW  ?
  PROMPT  DB  ' Please input data.(0～9)$'
  INERR     DB  0DH , 0AH ,  ' INPUT ERROR!$ '
DATA  ENDS
STACK  SEGMENT  STACK
   DB   100  DUP(?)
STACK  ENDS
CODE  SEGMENT
   ASSUME  CS : CODE , DS : DATA , SS : STACK
START: MOV  AX , DATA
     MOV  DS , AX
     LEA   DX , PROMPT
     MOV  AH , 9
     INT   21H
     MOV  AH , 1
     INT  21H
     CMP  AL ,  '0'  ┐
     JB  ERR         │
     CMP  AL ,  '9'  ├ 对输入数据进行合法性
     JA  ERR         ┘
     AND  AL , 0FH
     MOV  X , AL
     ADD  AL , AL
     MOV  BX , 0
     MOV  BL , AL
     MOV  AX , TABLE[BX]
     MOV  XXX , AX
EXIT: MOV  AH , 4CH
    INT  21H
ERR: MOV  DX , OFFSET  INERR
    MOV  AH , 9
    INT  21H
    JMP  EXIT
CODE  ENDS
     END  START
```

表4-5　立方表内存分配

地址	内容
TABLE +0	0
+1	
+2	1
+3	
+4	8
+5	
+6	27
+7	
+8	64
+9	
+10	125
+11	
+12	216
+13	
+14	343
+15	
+16	512
+17	
+18	729
+19	

【例题 4.12】字节变量 BUFX 和 BUFY 存放整数，试编写程序完成下列指定的操作和程序：

（1）若两个数中有一个是奇数则将奇数存入 BUFX 字节单元中，偶数存放到 BUFY 单元中。

（2）若两个数均为奇数，则两数分别加1，并存回原单元中。

（3）若两个数均为偶数，则两变量内容不变。

算法分析：

（1）在数据段中定义BUFX和BUFY两个变量并给定初值。

（2）问题的核心是如何判断BUFX、BUFY是奇数或偶数的方法：即测试该数的最低位是0或1，将该数同01H作逻辑乘运算，若结果为0，则说明是偶数；若结果为1，则说明奇数。如：0111 1111H（即7FH是一偶数）与01H进行逻辑乘后的结果是01H。其过程如下：

```
  0111 1111H
∧0000 0001H
-----------
  0000 0001H
```

本题首先是两数异或的结果再同01H测试，若结果为0，则为同类；若结果为1，则为异类。

（3）算法流程图如图4-8所示。

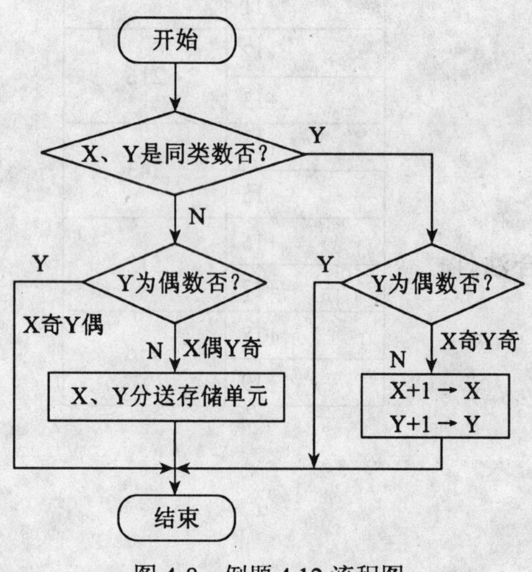

图4-8　例题4.12流程图

（4）参考源程序：

```
DATA SEGMENT
     BUFX DB 23H
     BUFY DB 28H
DATA ENDS
STACK SEGMENT
     DB 200 DUP(0)
STACK ENDS
CODE SEGMENT
ASSUME CS:CODE,SS:STACK,DS:DATA
START:MOV AX,DATA
        MOV DS,AX
        MOV AL,BUFX
        MOV BL,BUFY
        XOR AL,BL
        TEST AL,01H ;测试X和Y是否同类
        JZ L1        ;D0=0，则为同类转L1处理
        TEST BL,01H ;非同类，测试Y是偶数否？
        JZ DONE      ;是偶数满足（1），转DONE
        XCHG BL,BUFX;奇数存放BUFX单元
        MOV BUFY,BL ;偶数存放BUFY单元
        JMP DONE
   L1:  TEST BL,01H ;同类，测试Y是偶数否
        JZ DONE
        INC BUFX     ;是奇数两数同时各加1，存原单元中
        INC BUFY
DONE: MOV AH,4CH
```

```
        INT 21H
CODE ENDS
        END START
```

2. 多分支结构

【例题 4.13】根据键盘输入控制变量（数字 1～4）来决定程序的转向，以控制程序做若干分支选择，形成一个多分支结构。

问题分析：

（1）根据各控制变量（数字 1～4）和各分支之间的关系，把程序分成 4 各分支段，各分支段的起始标号为：A1, A2, A3, A4

（2）每个分支段的功能为显示一个字符串

（3）如果输入的字符不是 1～4，则显示出错提示字符串

（4）程序的流程图如图 4-9 所示。

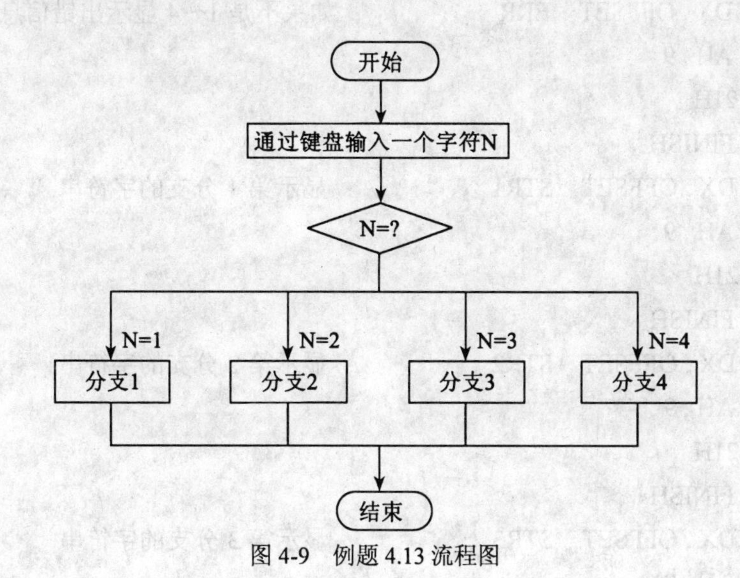

图 4-9　例题 4.13 流程图

```
DATA   SEGMENT
  STR1    DB    'Branch1',    '$'
  STR2    DB    'Branch2',    '$'
  STR3    DB    'Branch3',    '$'
  STR4    DB    'Branch4',    '$'
   ERR    DB    'Error'  ,    '$'
DATA   ENDS
STACK   SEGMENT   STACK
   DB     256   DUP(?)
STACK   ENDS
CODE   SEGMENT
   ASSUME   CS : CODE , DS : DATA , SS : STACK
```

```
START: MOV   AX, DATA
       MOV   DS, AX
       MOV   AH, 01H                          ; 由键盘输入字符
       INT   21H
       CMP   AL, 31H                          ; 判断输入字符是否为 '1'
       JE    A1
       CMP   AL, 32H                          ; 判断输入字符是否为 '2'
       JE    A2
       CMP   AL, 33H                          ; 判断输入字符是否为 '3'
       JE    A3
       CMP   AL, 34H                          ; 判断输入字符是否为 '4'
       JE    A4
       MOV   DX, OFFSET  ERR                  ; 如果不是 1～4 显示出错信息
       MOV   AH, 9
       INT   21H
       JMP   FINISH
A1:    MOV   DX, OFFSET  STR1                 ; 显示第 1 分支的字符串
       MOV   AH, 9
       INT   21H
       JMP   FINISH
A2:    MOV   DX, OFFSET  STR2                 ; 显示第 2 分支的字符串
       MOV   AH, 9
       INT   21H
       JMP   FINISH
A3:    MOV   DX, OFFSET  STR3                 ; 显示第 3 分支的字符串
       MOV   AH, 9
       INT   21H
       JMP   FINISH
A4:    MOV   DX, OFFSET  STR4                 ; 显示第 4 分支的字符串
       MOV   AH, 9
       INT   21H
FINISH: MOV  AH, 4CH
        INT  21H
CODE   ENDS
        END  START
```

请读者分析：当用户输入一个大于 4 的数时，程序的运行结果如何？对出现了这样的情况是什么原因引起的？如何解决？请读者自行完成。

4.4 循环程序设计

前面介绍的顺序结构和分支结构，在程序执行时，每条语句最多执行一次。虽然分支结构的程序中有转移指令，但在两个或多个分支中，每次只能选择一路执行。本节开始介绍第三种控制结构即重复性结构，也叫循环结构。循环结构从本质上讲也是一种分支型结构，它也是具有判定条件转移指令。不过，循环结构中的转移是转移到曾经执行过的程序段（被称为循环体的程序段），这样就有可能重复测试和条件转移，形成“周而复始”的循环。能重复执行一组指令是循环结构的重要特征。在实际问题的处理过程中，常常需要按照一定规律，多次重复执行一组指令。计算机的高速，正是利用这样一个重要特征，使它具有无与伦比的威力。

4.4.1 循环程序的结构及控制方法

1. 循环程序的结构

循环结构有“直到型”和“当型”两种结构。循环程序的两种结构形式如图 4-10 所示。

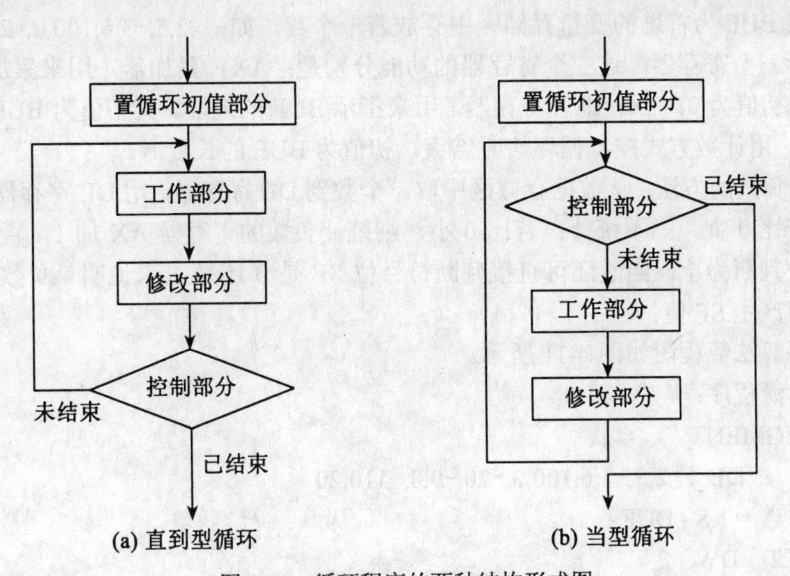

图 4-10 循环程序的两种结构形式图

“直到型”循环和“当型”循环两种模式的共同点是都有初始化部分、工作部分、修改部分和控制部分。这四部分的作用是：

（1）初始化部分：又称循环的预置部分。在循环体工作之前，要把工作变量、控制变量、地址单元、工作寄存器等置初值，为处理循环做好准备。

（2）工作部分：这是整个循环程序的核心部分，它由需要重复执行的指令序列组成。这部分根据所求解的问题而采用不同的算法。

（3）修改部分：为了保证工作部分每次在新的意义下工作，每执行一次工作部分，必须对操作数或操作数地址进行修改，为下一次循环做准备。同时控制变量也应做相应的调整，为控制部分的条件判定做准备。例如利用计数来控制的循环，到一定次数时，控制部分根据计数器的值来决定是否退出循环。通常的循环结构是调整和工作部分同步工作，因此我们将工作部分和调整部分合在一起，统称为循环体。

（4）控制部分：为了能在正确的时机退出循环，要有出口测试。控制部分是用来控制循环程序是继续执行还是终止。控制部分是对修改过的控制变量进行测试或检验，若达到预定要求，则循环结束，否则循环继续执行。控制部分根据实际情况可分为计数控制（又分为正计数和倒计数）和条件控制两种。总之，要想构造一个循环程序，上面四个部分一个也不能少。

“直到型”循环和“当型”循环两种模式的区别是：“直到型”循环是先执行循环体，再判断条件是否成立，因此对于“直到型”模式不管条件是否成立，循环体至少执行了一次。而“当型”循环是先判断条件是否成立再执行循环体，因此对于“当型”模式循环体可能一次也得不到执行。通常，用这两种模式处理同一个问题的结果都是相同的，只有一种情况下结果不同：就是当一开始给定的判断条件就不成立的情况下，两种模式的运行结果不同。

【例题 4.14】已知有 N 个数据存放在以 BUF 为首地址的字节存储区中，编程统计其中负数的个数。并将统计结果保存到 RESULT 单元中。

算法分析：

（1）定义 BUF 为首址的变量存储区中存放若干个数，如：-2,5,-3,6,100,0,-20,…

（2）设计三个寄存器，这三个寄存器的功能分别是：AX：累加器，用来累加 BUF 中负数的个数，其初值为 0；BX：地址寄存器，用来指示 BUF 的地址。其初值为 BUF 的首地址。CX：计数器，用计数方式控制循环何时结束。初值为 BUF 的长度 N。

（3）判断负数的方法：从数据存储区中取一个数到 DL 寄存器，用 DL 寄存器的内容与 0 进行比较，若比 0 大，则不统计；若比 0 小，则统计负数的寄存器 AX 加 1，直到数据存储区中的所有数判断为止。当然还可直接判断符号位 SF 是 0 还是 1 来说明是负数还是正数，但要注意如何产生 SF 值。

（4）程序算法流程图如图 4-11 所示。

（5）参考源程序：

```
DATA SEGMENT
  BUF       DB   -2,5,-3,6,100,0,-20,-9,8,-110,20
    N       =  $ - BUF
  RESULT  DW   ?
DATA   ENDS
STACK SEGMENT   STACK
    DB 100 DUP(?)
STACK   ENDS

CODE SEGMENT
    ASSUME   CS:CODE,DS:DATA,SS:STACK
START: MOV    AX,DATA
       MOV    DS,AX
       LEA    BX,BUF    ;设置 BX 为指向 BUF 首址指针
       MOV    CX,N      ;设置循环初值
```

```
        MOV   AX,0       ;设置统计计数初值
CYCLE: MOV   DL,[BX]
        CMP   DL,0
        JGE   NEXT
        INC   AX
NEXT:   INC   BX
        DEC   CX
        JNZ   CYCLE
        MOV   RESUL,AX
        MOV   AH,4CH
        INT   21H
CODE    ENDS
        END START
```

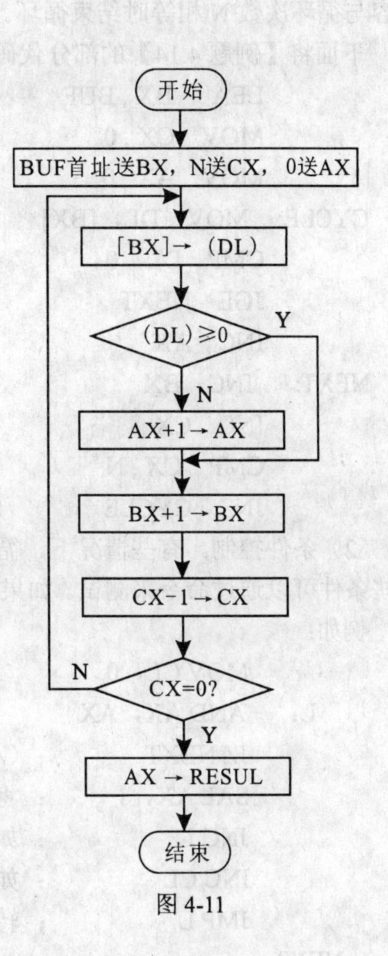

图 4-11

例题中利用 BX 每次从 BUF 中取出一个数和 0 进行比较，如果取出的数为正数或 0 就转去处理下一个数据，AX 不加 1。否则 AX 加 1，再转去处理下一个数据。每处理完一个数据 CX 减 1，当 CX 为 0 时循环结束。AX 中的值就是 BUF 中负数的个数。

2. 循环程序的控制方法

如何控制循环是循环程序设计的一个重要环节。通常，当循环次数已知的情况下，使用计数控制；循环次数未知，但循环条件已知的情况下，使用条件控制。下面分别介绍这两种最常见的循环控制方式。

（1）计数控制。当循环次数已知时，通常使用计数控制。计数控制又有正计数和倒计数两种。

①倒计数。先将循环次数 N 送入循环计数器中，每循环 1 次，计数器减 1，直到循环计数器的内容为 0 时结束循环。

下面以例题 4.14 中的部分代码段为例来说明这个问题。

```
          LEA   BX,BUF
          MOV   CX,N                 ；CX即为倒计数计数器，初值为N
          MOV   AX,0
CYCLE:    MOV   DL,[BX]
          CMP   DL,0
          JGE   NEXT
          INC   AX
NEXT:     INC   BX
          DEC   CX                   ；每循环一次，CX减1
          JNZ   CYCLE
```

②正计数。先将 0 送入循环计数器中，每循环 1 次，计数器加 1，直到循环计数器中的

内容与循环次数 N 相等时结束循环。

下面将【例题 4.14】的部分代码段改写为利用 CX 进行正计数来说明这个问题。

```
        LEA   BX , BUF
        MOV   CX , 0                              ; CX 为正计数计数器，初值为 0
        MOV   AX , 0
CYCLE:  MOV   DL，[BX]
        CMP   DL，0
        JGE   NEXT
        INC   AX
NEXT:   INC   BX
        INC   CX                                  ；每循环 1 次，CX 加 1
        CMP   CX , N                              ；比较 CX 和循环次数 N 是否相等
        JNZ   CYCLE
```

（2）条件控制。有些情况下，循环次数无法事先预知，但它与问题中的某些条件有关。这些条件可以通过命令来测试。如果测试的结果满足循环条件，则循环继续，否则循环结束。

例如：

```
        ⋮
        MOV CL，0
   L：  AND AX，AX
        JZ NEXT         ；（AX）=0 时，结束循环转 NEXT
        SAL AX，1       ；将 AX 中的最高位移入 CF 中
        JNC L           ；如果 CF=0，转 L
        INC CL          ；如果 CF=1，则（CF）+1→CL
        JMP L           ；转 L 处继续循环
  NEXT：…
        ⋮
```

该程序段用来统计 AX 中 1 的个数→CL。由于在运行前并不知道 AX 的内容，也无法判断循环体会执行多少次。例如：若（AX）=0，则不必执行循环体，直接转 NEXT，此时，寄存器 CL 中的 0 即为 AX 中 1 的个数；若（AX）=8000H，则只需执行循环体一次，最高位 1 左移至 CF，顺序执行“INC CL”，此时，（AX）=0，（CL）=1，故再次转 L 处判断时，因（AX）=0，而结束循环转 NEXT；只有当最低位为 1 时，才需要执行循环体 16 次。当然也可采用计数控制方式实现。

【例题 4.15】接收一个字符串，以空格符开始，空格符结束。

问题分析：由于无法预知用户输入的字符串的长度，所以循环次数未知。但循环的条件是已知的：分别以空格符开始和空格符结束。

```
DATA   SEGMENT
  BUF       DB   100   DUP (0)
DATA   ENDS
STACK   SEGMENT   STACK
   DB   100   DUP(?)
```

```
STACK   ENDS
CODE    SEGMENT
   ASSUME   CS : CODE , DS : DATA , SS : STACK
START: MOV   AX , DATA
       MOV   DS , AX
       LEA   BX , BUF
       MOV   AH , 1                    ；利用 1 号功能调用输入一个字符
       INT   21H
       CMP   AL ,  ' '
       JNZ   EXIT                      ；第 1 个字符不是空格退出
NEXT:  MOV   AH , 1
       INT   21H
       CMP   AL ,  ' '                 ；当前字符只要为空格则退出
       JZ    EXIT
       MOV   [BX] , AL
       INC   BX                        ；BX 加 1，指向 BUF 缓冲区中的下一个元素
       JMP   NEXT
EXIT:  MOV   AH , 4CH
       INT   21H
CODE   ENDS
       END   START
```

【例题 4.16】编程实现 9 号中断的功能。

问题分析：

每次利用 2 号功能输出一个字符，当要输出的字符是‘$’(9 号功能要求输出的字符串必须以‘$’结束）时程序结束。因此，可以将字符‘$’作为条件来控制循环。

```
DATA  SEGMENT
  PROMPT     DB    ‘DOS   NO.9   Interrupt$’
DATA  ENDS
STACK   SEGMENT   STACK
   DB    100   DUP(0)
STACK   ENDS
CODE    SEGMENT
   ASSUME   CS : CODE , DS : DATA , SS : STACK
START: MOV   AX , DATA
       MOV   DS , AX
       LEA    SI , PROMPT
CYCLE: CMP    BYTE   PTR [SI] ,   ‘$’
       JZ      FINISH
       MOV   AH , 2
```

```
        MOV   DL, [SI]                    ；利用 2 号功能调用输出一个字符
        INT   21H
        INC   SI
        JNZ   CYCLE
FINISH: MOV   AH, 4CH
        INT   21H
CODE    ENDS
        END   START
```

（3）8086/8088 为循环提供了四种控制循环转移指令。

① 一般循环转移指令。

指令格式：LOOP 标号

指令功能：寄存器 CX 的内容减 1 送 CX 即 CX-1→CX，若 CX≠0，则转标号处执行，若 CX=0，则顺序执行。

该循环转移指令等价于：DEC CX

JNZ 标号

② 等于或为 0 循环转移指令。

指令格式：LOOPE/LOOPZ 标号

指令功能：寄存器 CX 的内容减 1 送 CX 即 CX-1→CX，若 CX≠0，并且 ZF=1，则转移到标号处执行，若 CX=0，并且 ZF=0，则顺序执行。

③ 不等于或不为 0 循环转移指令。

指令格式：LOOPNE/LOOPNZ 标号

指令功能：寄存器 CX 的内容减 1 送 CX 即 CX-1→CX，若 CX≠0，并且 ZF=0，则转移到标号处执行，若 CX=0，并且 ZF=1，则顺序执行。

④ 跳转指令。

指令格式：JCXZ/JECXZ 标号

指令功能：当寄存器 CX 的值为 0 时转移到标号处执行，否则顺序执行。

该指令常放在循环开始前，用于检查循环次数是否为 0，为 0 时跳过循环体；也常与比较指令等组合使用，用于判断是由于计数值的原因还由于满足比较条件而终止循环。

有关 8086/8088 循环转移指令的几点说明：

① 所有的循环指令实施的对 CX 寄存器的减 1 操作，不影响标志位。

② LOOP、LOOPZ、LOOPNZ 三条指令缺省使用 CX 寄存器。

③ 循环指令的位移量只能是 8 位，即转移的范围是-128 至+127 字节之内。

4.4.2 单重循环程序设计

所谓单重循环，就是循环体内不再包含循环结构。前面看到的三道例题都是单重循环的例子。下面再举两个例子加以说明。

【例题 4.17】已知以 BUF 为首地址的字节存储区中存放着 N 个有符号的二进制数，编写程序，将其中大于等于 0 的数依次送入以 BUF1 为首地址的字节存储区中，小于 0 的数依次送入以 BUF2 为首地址的字节存储区中。

问题分析：

设 5 个寄存器，它们的功能分别是：

BX：地址寄存器，用来每次从 BUF 中取出一个数做判断，初值为 BUF 首地址。

SI：地址寄存器，从 BUF 中取出的数为正数或 0 时，存放到从 BUF1 开始的单元。初值为 BUF1 首地址。

DI：地址寄存器，从 BUF 中取出的数为负数时，存放到从 BUF2 开始的单元。初值为 BUF2 首地址。

AX：数据寄存器，存放每次从 BUF 中取出的数，是一个临时存放数据的寄存器。

CX：计数器，用倒计数的方式控制循环何时结束。初值为 BUF 中待处理的数据个数。

每次从 BUF 中取出一个数做判断，如果该数为正数或 0，存放到从 BUF1 开始的单元，SI 自增 2（因为是字存储单元）准备接收下一个正数或 0。如果该数为负数，存放到从 BUF1 开始的单元，DI 自增 2 准备接收下一个负数。每处理一个数，BX 自增 2 准备取出下一个数。CX 减 1 判断循环是否可以结束。流程图如图 4-12 所示。

参考源程序：

```
DATA   SEGMENT
  BUF        DW   -2,5,-3,6,100,0,-20,-9,8,-110,20
  N          = ($ - BUF)/2
  BUF1       DW   N   DUP(0)
  BUF2       DW   N   DUP(0)
DATA   ENDS
STACK   SEGMENT   STACK
   DB    100   DUP(?)
STACK   ENDS
CODE   SEGMENT
   ASSUME   CS : CODE , DS : DATA , SS :
STACK
START: MOV    AX , DATA
       MOV    DS , AX
       LEA    BX , BUF
       LEA    SI , BUF1
       LEA    DI , BUF2
       MOV    CX , N
CYCLE:MOV     AX , [BX]
       CMP    AX , 0
       JL     NEGA
       MOV    [SI] , AX
       ADD    SI , 2
       JMP    NEXT
NEGA: MOV     [DI] , AX
       ADD    DI , 2
NEXT: ADD     BX , 2
```

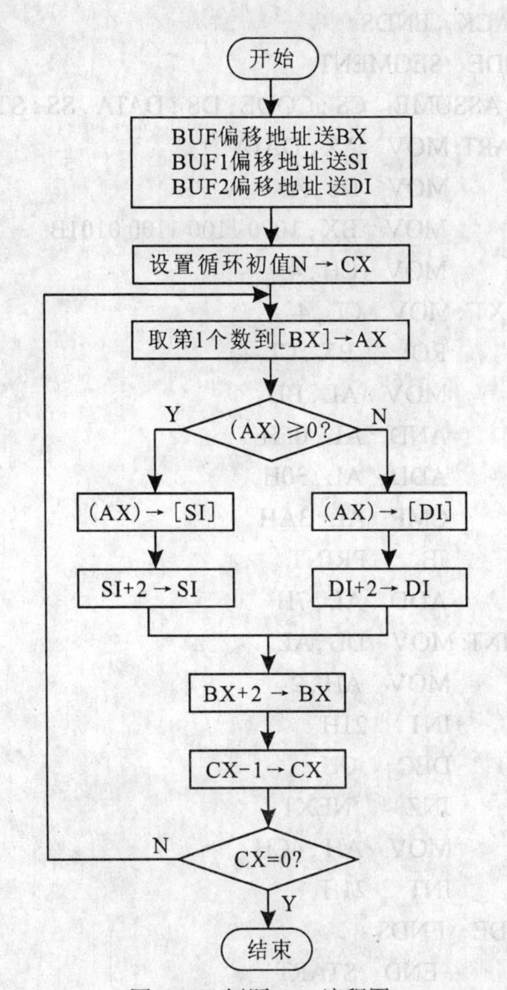

图 4-12 例题 4.17 流程图

```
        LOOP   CYCLE
        MOV    AH , 4CH
        INT    21H
CODE   ENDS
        END   START
```

【例题 4.18】将 BX 寄存器中的内容以十六进制的形式显示出来。

算法分析：

设 2 个寄存器，它们的功能分别是：

CH：存放循环次数 4 次。

CL：存放每次移位的位数 4 位。

这是一个循环次数已知的循环。每次将 BX 中的内容循环左移 4 位，得到一位十六进制数，循环 4 次，即可得到 4 位十六进制数。

```
STACK   SEGMENT   STACK
   DB     100   DUP(0)
STACK   ENDS
CODE   SEGMENT
   ASSUME   CS : CODE , DS : DATA , SS : STACK
START: MOV   AX , DATA
        MOV   DS , AX
        MOV   BX , 1000 1100 1100 0101B
        MOV   CH , 4                              ；循环次数为 4
NEXT : MOV   CL , 4                              ；移位次数为 4
        ROL    BX , CL
        MOV   AL , BL
        AND   AL , 0FH
        ADD   AL , 30H
        CMP   AL , 3AH
        JB     PRINT
        ADD   AL , 7H
PRINT: MOV   DL , AL
        MOV   AH , 2
        INT    21H
        DEC    CH
        JNZ    NEXT
        MOV   AH , 4CH
        INT    21H
CODE   ENDS
        END   START
```

【例题 4.19】已知在以 BUF 为首地址的字节存储区中，存放着一个以‘$’作结束标志的字符串。编写程序，在屏幕上显示该字符串，并要求将其中所有的小写字母以大写字母的形式显示出来。

算法分析：

显示一个字符的工作是重复进行的。每当从存储区取出一个字符后，首先判断是否‘$’，若是‘$’，表明存储区中的字符已处理完毕，则结束循环。否则判断是否小写字母，若是小写字母，将其 ASCII 码减去 20H（大小写字母的 ASCII 码相差 20H）后显示出来，若是大写字母，则直接显示。然后再从存储区中取出一个字符，重复以上的操作。其算法流程图如图 4-13 所示。

```
DATA   SEGMENT
  BUF       DB    'add ax , bx sub cx,20 mov dx , 123v END$'
DATA   ENDS
STACK   SEGMENT   STACK
   DB    100   DUP(?)
STACK   ENDS
CODE   SEGMENT
  ASSUME   CS : CODE , DS : DATA , SS : STACK
START: MOV    AX , DATA
       MOV    DS , AX
       LEA    BX , BUF
LOPA : MOV    DL, [BX]
       CMP    DL,  '$'
       JE     EXIT
       CMP    DL , 'a'
       JB     N
       CMP    DL,  'z'
       JA     N
       SUB    DL , 20H
N :    MOV    AH , 2
       INT    21H
       INC    BX
       JMP    LOPA
EXIT : MOV    AH , 4CH
       INT    21H
CODE   ENDS
       END    START
```

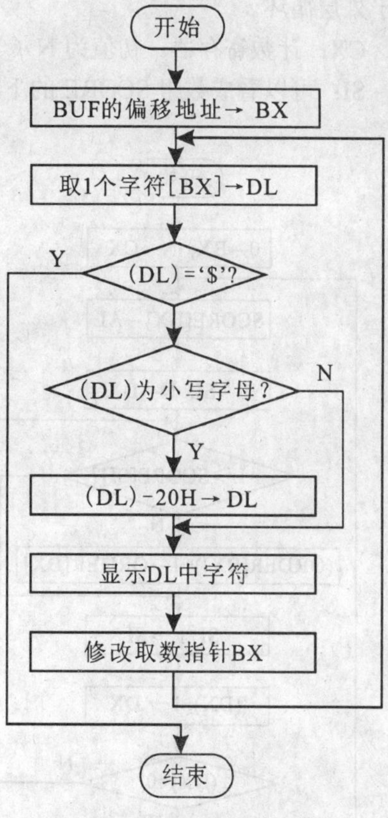

图 4-13　例题 4.19 流程图

4.4.3　多重循环程序设计

多重循环即循环体体内再套有循环。设计多重循环程序时，可以从外层循环到内层循环一层一层地进行。通常在设计外层循环时，仅把内层循环看成一个处理粗框，然后再将该粗框细化，分成初始化、工作、调整和控制四个组成部分。当内层循环设计完之后，用其替换外层循环体中被视为一个处理粗框的对应部分，这样就构成一个多重循环。

下面举例说明多重循环的设计。

【例题 4.20】已知以 SCORE 为首地址的字节存储区中存放着 N 个学生某一门课程的成绩，编写程序，找出每一个学生的名次，将其存放到以 ORDER 为首地址的字节存储区中。

算法分析：

如图 4-14 所示，首先一个学生的名次，需要用到循环，和其他所有学生比较完毕之后才能确定该学生的名字。那么，每一个学生都要重复上述操作，有 N 个学生就要重复 N 次，所以又要用到循环。所以这是一个多重循环，可考虑利用循环的嵌套来解决。外层循环是 N 个学生要循环 N 次，内层循环是每一个学生和其他所有学生比较之后确定他的名次。

设计 4 个寄存器，它们的功能分别是：

BX：可以看成数组 SCORE 的下标，和 SCORE 一起每次从 SCORE 取出一个学生成绩。用于外层循环。

CX：计数寄存器。初值为 N（学生总人数）。用于控制外层循环次数。

SI：可以看成数组 SCORE 的下标，和 SCORE 一起每次从 SCORE 取出一个学生成绩。用于内层循环。

DX：计数寄存器。初值为 N（学生总人数）。用于控制内层循环次数。

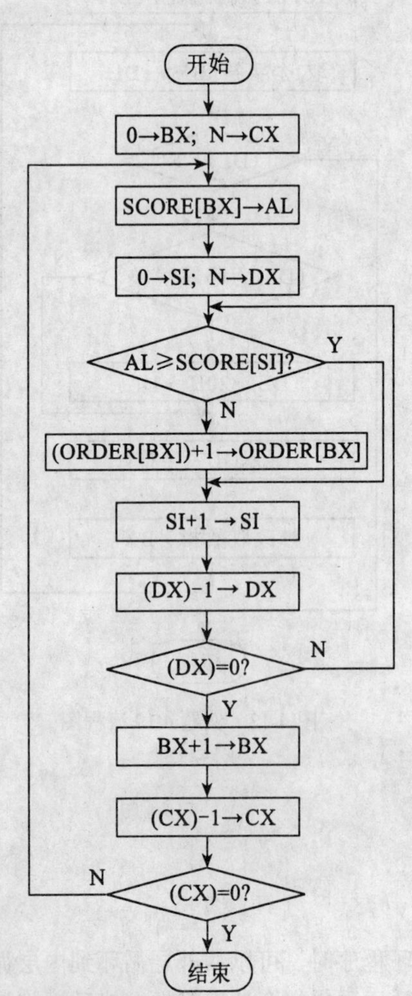

图 4-14　例题 4.20 流程图

```
DATA   SEGMENT
  SCORE       DB   100,98,54,71,53,52,41,82
     N       EQU   $-SCORE
  ORDER       DB    n   DUP (1)
DATA   ENDS
STACK   SEGMENT   STACK
   DB    100   DUP(0)
STACK   ENDS
CODE   SEGMENT
   ASSUME   CS : CODE , DS : DATA , SS :
STACK
START: MOV    AX , DATA
       MOV    DS , AX
       MOV    BX , 0
       MOV    CX , N
CYCLE:MOV     AL , SCORE[BX]
       MOV    SI , 0
       MOV    DX , N
CONTI:CMP    AL , SCORE[SI]
       JGE    NEXT
       INC    BYTE   PTR   ORDER[BX]
NEXT : INC    SI
```

```
        DEC   DX
        JNZ   CONTI
        INC   BX
        LOOP   CYCLE
        MOV   AH , 4CH
        INT    21H
CODE   ENDS
        END   START
```

【例题 4.21】的执行过程：

假定每个学生的初始名次都是 1，语句 ORDER DB N DUP(1)就是起这个作用。每次从 SCORE 取出一个学生成绩依次和其他每一个学生成绩相比较，如果前者小于后者，则将其名次加 1 否则继续比较下一个。内层循环每结束一次就可以确定一个学生的名次。然后外层循环取出下一个待确定名次的学生成绩，重复上述处理过程直到每个学生的名次都确定为止。

【例题 4.22】已知以 SET1 为首地址的字节存储区中存放着 N 个有符号二进制数，以 SET2 为首地址的字节存储区中存放着 M 个有符号的二进制数。编写程序，将 SET1 和 SET2 中共同的数依次送入以 SET3 为首地址的字节存储区中。SET3 中实际元素的个数送入 NUMBER 中。

算法分析：

本例题是用数组来模拟集合的交集。每次从 SET1 中取出一个数，在 SET2 中进行顺序查找，如果这个数据在 SET2 中可以找到，就将该数据送至 SET3。否则驱除 SET1 中的下一个数据继续处理，直到 SET1 中的数据都处理完毕。

用到 7 个寄存器，它们的功能分别是：

BX：地址寄存器，初值为 SET1 的首地址。用于每次从 SET1 中取出一个数据。

SI：地址寄存器，初值为 SET2 的首地址。用于每次从 SET2 中取出一个数据。

DI：地址寄存器，初值为 SET3 的首地址。用于每次从 SET3 中取出一个数据。

CX：计数寄存器，初值为 SET1 的长度 N，用于控制外层循环计数。

DX：计数寄存器，初值为 SET2 的长度 M，用于控制内层循环计数。

AH：累加器，初值为 0。用于统计 SET1 和 SET2 交集的数据个数。

AL：临时寄存器，用于存放每次从 SET1 中取出一个数据。

算法流程图如图 4-15 所示。

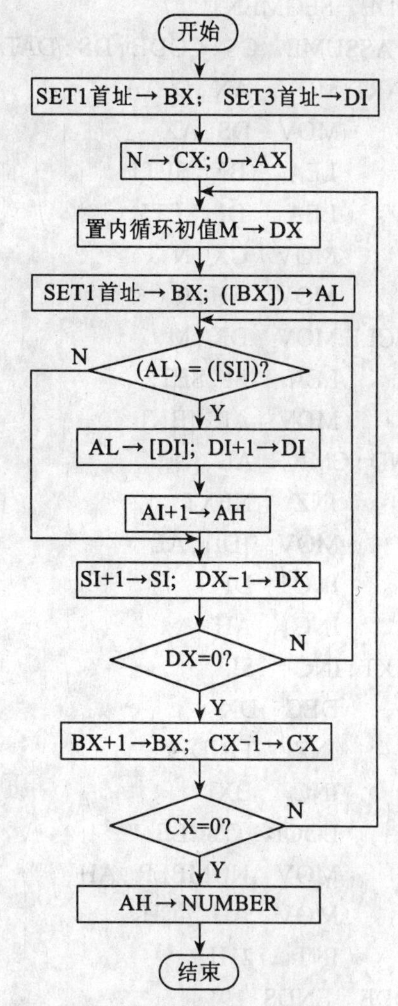

图 4-15　例题 4.21 流程图

参考源程序：

```
DATA   SEGMENT
  SET1     DB    100,98,54,71,53,52,41,82
     N     EQU   $-SET1
  SET2     DB    -100,76,50,53,0,52,41,
     M    EQU   $-SET2
  SET3     DB     n   DUP (0)
  NUMBER   DB   ?
DATA   ENDS
STACK   SEGMENT   STACK
   DB      100    DUP(0)
STACK   ENDS
CODE   SEGMENT
   ASSUME   CS : CODE , DS : DATA , SS : STACK
START: MOV    AX , DATA
       MOV    DS , AX
       LEA     BX , SET1
       LEA     DI , SET3
       MOV    CX , N
       MOV    AH , 0
CYCLE:MOV    DX , M
       LEA     SI , SET2
       MOV    AL , [BX]
FIND : CMP    AL , [SI]
       JNZ    NEXT
       MOV    [DI] , AL
       INC    DI
       INC    AH
NEXT : INC    SI
       DEC   DX
       JNZ    FIND
       INC    BX
       LOOP   CYCLE
       MOV    NUMBER , AH
       MOV    AH , 4CH
       INT    21H
CODE   ENDS
         END    START
```

4.5 串处理类指令

汇编语言的串处理指令相当于高级语言如C语言中的数组，串指令中元素只能是字节或字或双字类型。串处理类指令包括串传送指令MOVS、串比较指令CMPS、串扫描指令SCAS、从源串中取数指令LODS及往目的串中存数指令STOS。

串操作指令的优点体现在：只要按规定设置好初始条件，选用正确的串操作指令，就可以完成规定的操作，而且这些操作的前面均可加重复前缀，在满足条件的情况下就能重复执行，而不考虑指针是如何移动，循环次数如何控制等问题。因此简化了程序设计、节省程序存储空间、加快程序运行速度。

1. 重复前缀

（1）REP：重复。

即无条件重复CX寄存器中指定的次数。当（CX）≠0时，则重复执行；当（CX）=0时，则重复执行终止。

（2）REPE/REPZ：相等或为0时重复。

重复执行一次操作，（CX）-1→CX，并对ZF标志位进行判断，只有当（CX）≠0且ZF=1时重复执行；只要当（CX）=0或ZF=0，重复执行终止。

（3）REPNE/REPNZ：不相等或不为0时重复

重复执行一次操作，（CX）-1→CX，并对ZF标志位进行判断，只有当（CX）≠0且ZF=0时重复执行；只要当（CX）=0或ZF=1，重复执行终止。

2. 串传送指令MOVS

指令格式：MOVS DEST，SRC ；基本格式

MOVXB DEST，SRC ；字节操作

MOVSW DEST，SRC ；字操作

MOVSD DEST，SRC ；双字操作

指令功能：将以SI为指针的源串中的一个字节/或字/双字存储单元中的数据传送至以DI为指针的目的地址中，并自动修改指针，使之指向下一个字节/或字/或双字存储单元。其基本的操作过程：（DS：[SI]）→(ES：[DI])。

当DF=0时，（SI）和（DI）增量1（字节操作）或2（字操作）或4（双字操作）。

当DF=1时，（SI）和（DI）减量1（字节操作）或2（字操作）或4（双字操作）。

DF是方向标志位，可通过指令CLD和STD来进行设置。

【**例题4.23**】将以BUF1为首址的字节存储区中存放的字符串传送到以BUF2为首址的字节存储区中，试编写其程序。

算法分析：

本题要完成的是若干字符串的传送，显然是一个重复的过程，因此可用循环来实现。但现采用串指令来编程。按串操作指令的要求：即要求BUF1必须在数据段中，BUF2必须在附加数据段中，源串指针SI指向BUF1首址；目的串指针DI指向BUF2首址，且重复的次数是BUF1中存放的字符串个数并送到CX寄存器中，传送方向由低地址到高地址即DF=0。

参考程序：

DATA SEGMENT

```
    BUF1    DB  'I am a student.'
    COUNT DB $-BUF1
    BUF2    DB COUNT DUP(0)
DATA ENDS
STACK SEGMENT STACK
    DB 200 DUP(0)
STACK ENDS
CODE SEGMENT
    ASSUME CS:CODE,SS:STACK,DS:DATA
START:MOV AX,DATA
      MOV DS,AX
      MOV ES,AX
      LEA SI,BUF1
      LEA DI,BUF2
      MOV CX,COUNT
      CLD
      REP MOVSB
      MOV AH,4CH
      INT 21H
 CODE ENDS
       END START
```

使用串操作指令时注意几点：

（1）由于目的串一定要在附加数据段中，因此程序中一定要定义附加数据段，而最简单的方法是使当前数据段和当前附加数据段重合。

（2）在使用串操作指令之前一定要先设置方向标志位 DF，一旦设置好 DF，一般就不会再改变，除非使用了改变 DF 的指令或改变标志寄存器的指令。

3. 串比较指令 CMPS

指令格式：CMPS　DEST，SRC　；基本格式
　　　　　CMPSB DEST，SRC　；字节串比较
　　　　　CMPSW DEST，SRC　；字串比较
　　　　　CMPSD DEST，SRC　；双字串比较

指令功能：将 SI 所指的源串中的一个字节/或字/或双字存储单元中的数据与 DI 所指的目的串中的一个字节/或字/或双字存储单元中的数据相减，并根据相减的结果设置标志位，但不保存结果并修改指针，使之指向串中下一个待比较的数据。

最基本操作功能：（DS：[SI]）-（ES：[DI]）。

当 DF=0 时，（SI）和（DI）增量 1（字节操作）或 2（字操作）或 4（双字操作）。

当 DF=1 时，（SI）和（DI）减量 1（字节操作）或 2（字操作）或 4（双字操作）。

DF 是方向标志位，可通过指令 CLD 和 STD 来进行设置。

串操作比较指令与一般比较指令的本质区别：串操作数指令是源操作数减目的操作数，而一般比较指令是目的操作数减源操作数。但其结果均不保存，只是根据相减的结果来设置

标志位，因此它们后面通常跟条件转移指令，用来依据比较结果确定转移方向。且串比较指令前常带重复前缀指令。

【例题 4.24】从键盘输入一字符串存到 BUF1 为首地址的字节缓冲区中，试比较该串与字符串 BUF2 是否相等，若相等，那么设置 BX 寄存器为 0；若不相等，则设置 BX 寄存器为 1。编写程序。

算法分析：

比较两字符串是否相等的首要条件是比较两个字符串的长度是否相等，若不相等，则没有必要比较，将 BX 寄存器置成 1，比较结束。若相等，则用中串比较指令 CMPSB 并带重复前缀 REPZ，使两串所对应的元素逐一比较，若有一个对应元素不等，则中止比较并置 BX 寄存器为 1；若两串一直比较完，没发现不相等的元素，则说明两串相等，将 BX 寄存器置成 0。实现算法的流程图如图 4-16 所示。

参考程序：

```
DATA SEGMENT
    BUF1    DB 100
            DB 0
            DB 100 DUP(0)
    BUF2    DB 'FILE1.ASM'
    COUNT EQU $-BUF2
    STR     DB 'PLAES STING TO BUF1 $'
DATA ENDS
STACK SEGMENT STACK
    DB 200 DUP(0)
STACK ENDS
CODE SEGMENT
    ASSUME CS:CODE,SS:STACK,DS:DATA
START:MOV AX,DATA
        MOV DS,AX
        MOV ES,AX
        LEA DX,STR
        MOV AH,9
        INT 21H
        MOV DX,OFFSET BUF2
        MOV AH,10
        INT 21H
        MOV AL,BUF1+1      ;取输入字符串的长度
        CMP AL,COUNT       ;比较两串是否相等
        JNE NEXT
        MOV SI,OFFSET BUF1+2
        MOV DI,OFFSET BUF2
        MOV CX,COUNT
```

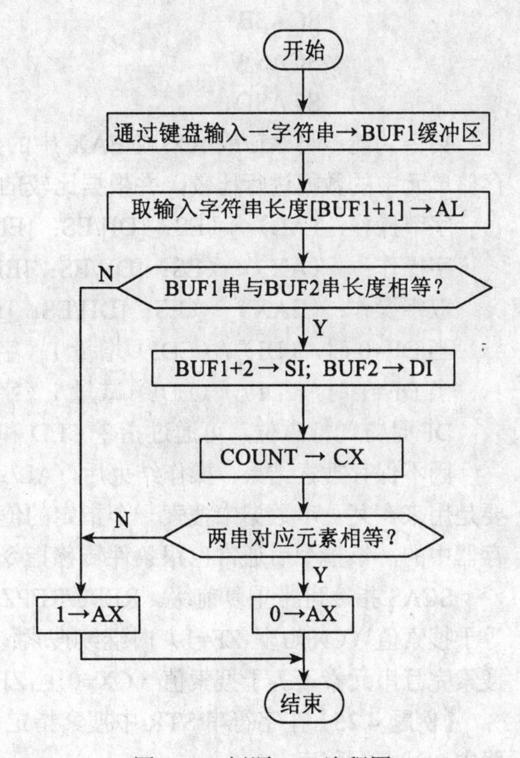

图 4-16 例题 4.23 流程图

```
    REPZ CMPSB
    JNZ NEXT
    MOV AX,0
    JMP REUT
 NEXT:MOV AX,1
 REUT:MOV AH,4CH
    INT 21H
 CODE ENDS
    END START
```

4. 串搜索指令 SCAS

指令格式：SCAS　DEST，SRC

SCASB

SCASW

SCASD

指令功能：将 AL/或 AX/或 EAX 中的数据与 DI 所指的目的串中的一个字节/或字/双字存储单元中的数据进行比较，并根据比较的结果设置标志位，且结果不保存。

字节操作：（AL）-（ES：[DI]/ES：[EDI]）

字操作：　（AX）-（ES：[DI]/ES：[EDI]）

双字操作：（EAX）-（ES：[DI]/ES：[EDI]）

当 DF=0 时，（DI）/（EDI）增量 1（字节操作）或 2（字操作）或 4（双字操作）。

当 DF=1 时，（DI）/（EDI）减量 1（字节操作）或 2（字操作）或 4（双字操作）。

DF 是方向标志位，可通过指令 CLD 和 STD 来进行设置。

因不保存搜索结果，操作结束后，AL/或 AX/或 EAX 和目的操作数的内容都不改变。主要是用来在某一串数据中搜索一个指定的值，且这个指定值是事先放入 AL、AX 或 EAX 寄存器中的，该指令后通常也跟条件转移指令，用来根据搜索的结果确定转移方向。

SCAS 指令可带重复前缀。REPE/REPZ SCAS 则搜索实现：当目的串未搜索完且串元素等于搜索值（CX≠0 且 ZF=1）时继续搜索；REPNE/REPNZ SCAS 则搜索实现：当目的串未搜索完且串元素不等于搜索值（CX≠0 且 ZF=0）时继续搜索。

【例题 4.25】在字符串 STR 中搜索指定串“AM”出现的次数，并将结果存放在 BX 寄存器中，试编写程序。

算法分析：

搜索子串“AM”的方法是：在 STR 串中搜索字符“A”，找到后，再搜索下一个字符是否“M”，如果是则统计次数寄存器 BX 加 1，若 CX≠0，表明 STR 串还未搜索完，再继续搜索“A”，找到后，再搜索下一个字符是否“M”，若不是，在未搜索完时还要继续搜索“A”。实现算法的程序流程图如图 4-17 所示。

参考程序：

```
DATA SEGMENT
     STR    DB 'KFAMAMNAAMAMAMAFKAM'
     COUNT DB $-STR
```

```
    NUM    DW ?
DATA ENDS
STACK SEGMENT
    DB 100 DUP (0)
STACK ENDS
CODE SEGMENT
    ASSUME CS:CODE,SS:STACK,DS:DATA
START:MOV AX,DATA
      MOV DS,AX
      MOV ES,AX
      MOV DI,OFFSET STR
      MOV CX,WORD PTR COUNT
      MOV BX,0
      MOV AL,'A'
 P:   REPNE SCASB
      JE A
      JMP NEXT
 A:   CMP BYTE PTR[DI],'M'
      JNE B
      INC BX
 B:   CMP CX,0
      JNE P
      MOV NUM,BX
NEXT: MOV AH,4CH
      INT 21H
 CODE ENDS
      END START
```

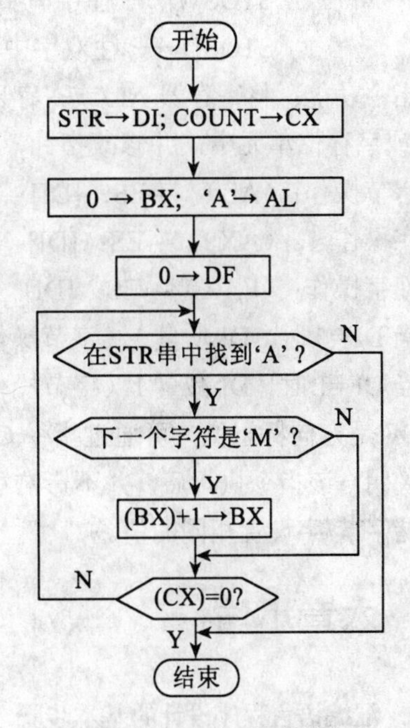

图 4-17　例题 4.24 流程图

5. 从源串中取数指令 LODS

指令格式：LODS SRC

LODSB——从字节串中取数

LODSW——从字串中取数

LODSD——从双字中取数

指令功能：将 SI 所指的源串中的一个字节/或字/或双字存储单元中的数据取出送入 AL 寄存器/或 AX 寄存器/或 EAX 寄存器。

字节操作：（DS：[SI]）→AL

字操作　：（DS：[SI]）→AX

双字操作：（DS：[SI]）→EAX

当 DF=0 时，SI 增量 1（字节操作）或 2（字操作）或 4（双字操作）。

当 DF=1 时，SI 减量 1（字节操作）或 2（字操作）或 4（双字操作）。

DF 是方向标志位，可通过指令 CLD 和 STD 来进行设置。

注意：该指令一般不带重复前缀。其原因是该指令执行后的目的地址是固定的寄存器，若带上重复前缀，则将源串内容连续送入 AL/AX/EXA 中，操作结束后，AL/AX/EAX 中只保存最后一个元素的值，则没有实际意义。

6. 往目的串中存数指令 STOS

指令格式：STOS DEST

STOSB——往字节串中存数

STOSW——往字串中存数

STOSD——往双字中存数

指令功能：将寄存器 AL/或寄存器 AX/或 EXA 寄存器中的数送入 DI 所指的目的串中的字节/或字存储单元中，并修改指针，使之指向串的下一个地址单元。

字节操作：(AL) →ES：[DI]

字操作 ：(AX) →ES：[DI]

双字操作：(EAX)→ES：[DI]

当 DF=0 时，DI 增量 1（字节操作）或 2（字操作）或 4（双字操作）。

当 DF=1 时，DI 减量 1（字节操作）或 2（字操作）或 4（双字操作）。

DF 是方向标志位，可通过指令 CLD 和 STD 来进行设置。

说明：该指令执行后，并不影响标志位，而它一般只带 REP 重复前缀，用来将一片连续的存储字节/字设置相同的值。

4.6 本章小结

1. 汇编语言程序设计的基本步骤

（1）分析问题，抽象出描述问题的数学模型。

（2）确定解决问题的算法或解题思想。

（3）绘制流程图和结构图。

（4）分配存储空间和工作单元。

（5）编制程序。

（6）程序静态检查。

（7）上机调试。

2. 结构化程序设计的概念

在 20 世纪 70 年代初，由 Boehm 和 Jacobi 提出并证明的结构定理：任何程序都可以由三种基本结构程序构成结构化程序，这三种结构是顺序结构、分支结构和循环结构。三种结构的逻辑结构图如图 4-18 所示。

3. 顺序结构程序设计

顺序结构程序设计从执行开始到最后一条指令为止，指令指针 IP 中的内容呈线性增加，从流程图上看，顺序结构的程序只有一个起始框，一个至几个执行框和一个终止框。顺序程序是一种十分简单的程序，设计这种程序的方法：只要遵照算法步骤依次写出指令即可。

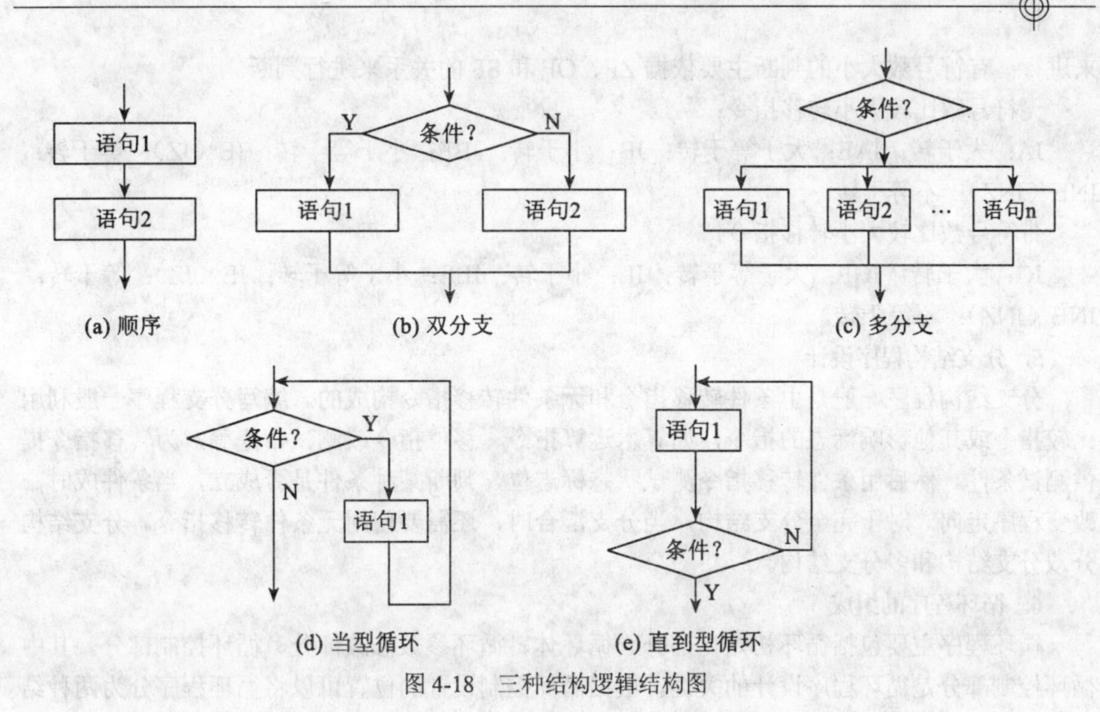

图 4-18 三种结构逻辑结构图

4. 转移指令

控制类控制指令是用来改变程序执行方向即修改指令寄存器 IP 和段地址寄存器 CS 的值。按转移指令的功能分：无条件转移指令、条件转移指令、循环控制指令、子程序调用指令和返回指令。

（1）无条件转移指令。

JMP SHORT DEST ：段内直接短转移，操作数量 8 位补码，作为偏移量。

JMP NEAR PTR DEST：段内直接近转移，操作数为 16 位补码，作为偏移量。

JMP WORD PTR DEST：段内间接转移，执行操作为：IP←（DEST）。

JMP FAR PTR DEST：段间直接转移，执行的操作为：IP←DEST 的偏移地址；CS←DEST 所在段的段底下。

JMP DWORD PTR DEST：段间间接转移，执行的操作为：IP←DEST 的偏移地址；CS←（DEST+2）的偏移地址。

（2）条件转移指令。

条件转移指令是根据上述指令所设置的条件码来测试条件，每一种条件转移指令有它的测试条件，被测试的内容是状态标志位。满足测试条件则转移到指令中指定的位置去执行，如果不满足条件则顺序执行下一条指令。所有的条件转移指令的寻址方式为段内直接短转移，汇编时计算出 8 位偏移范围放到指针操作码之后，因此目标地址和转移指令的下一条指令的地址偏移范围是：-128 至+127。

测试单个状态标志位的条件转移指令用来对五个状态标志位 ZF、SF、OF、PF 和 CF 进行测试，每个状态标志位有两种状态，因此产生十种测试指令：JC/JNC、JZ/JNZ、JS/JNS、JP/JNP、JO/JNO。

CMP 比较指令对各状态标志的影响给 8086/8088 指令系统分别提供了判断无符号数和有符号数大小的条件转移指令。这两组指令的区别是：无符号数大小的判断主要依据 CF 和 ZF

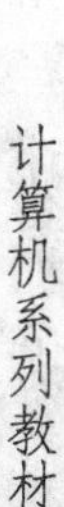

来进行；有符号数大小的判断主要依据 ZF、OF 和 SF 的关系来进行判断。

无符号数比较大小转移指令：

JA：大于转；JAE：大于等于转；JB：小于转；JBE：小于等于转；JE（JZ）：等于转；JNE（JNZ）：不等于转。

带符号数比较大小转移指令：

JG：大于转；JGE：大于等于转；JL：小于转；JLE：小于等于转；JE（JZ）：等于转；JNE（JNZ）：不等于转。

5. 分支结构程序设计

分支结构程序一般是由条件转移指令和无条件转移指令构成的。编写分支程序一般利用比较指令或其他影响标志的指令，如算术运算指令、移位指令或测试指令等，为转移指令提供测试条件。然后用条件转移指令测试状态标志位，判断某种条件是否成立，当条件成时，改变程序走向。对于完全分支结构，当分支汇合时，还需要使用无条件转移指令。分支结构分双分支结构和多分支结构。

6. 循环程序的组成

循环程序主要包括循环初始化部分、循环体、循环参数修改部分、循环控制部分。其中循环控制部分是循环程序设计的关键。根据循环控制设置的位置可以将循环程序分为两种结构：先判断条件再执行循环体，称为当型循环；先执行循环体，再判断循环是否继续执行，称为直到型循环。循环控制的主要方法有：计数法（分正计数和倒计数两种）、条件法和混合法。依据循环体中所包含的内容可以将循环分成单循环和多重循环。

7. 循环控制指令及串指令

（1）LOOP 指令。

指令格式：LOOP DEST

执行操作：CX ←（CX）-1，若（CX）≠0，则转到指定的位置去执行，否则顺序执行。

（2）LOOPZ 指令。

指令格式：LOOPZ DEST

执行操作：CX ←（CX）-1，若（CX）≠0 且 ZF=1，则转到指定的位置去执行，否则顺序执行。

（3）LOOPNZ 指令。

指令格式：LOOPNZ DEST

执行操作：CX ←（CX）-1，若（CX）≠0 且 ZF=0，则转到指定的位置去执行，否则顺序执行。

串操作指令在循环设计中应用较多，正确使用串操作指令不仅使程序结构清晰，更能使程序的执行效率大大提高，在学习时应重点掌握指令的功能及应用。

8. 循环结构程序设计方法

（1）循环的控制方法：计数控制法、条件控制法、混合控制法和逻辑尺控制法。

（2）循环程序的控制结构。

控制循环体是否再次被执行的控制语句若处于循环体之前，这种结构称为“当型循环”，先判断条件，再决定是否执行循环体；如果条件判断语句在循环体的后面，即先执行一次循环体，再进行条件判断以决定是否进行下一轮循环，这种结构称为“直到型循环”。

按循环体中是否包括另一个循环可将循环结构程序分为单重循环和多重循环。多层循环

又称为循环的嵌套。在使用多重循环时要特别注意以下几点：

① 内循环必须完整地包括在外循环内，内外循环不能相互交叉。

② 内循环在外循环中的位置可根据需要任意设置，在分析流程图时要避免出现混乱。

③ 内循环既可以嵌套在外循环中，也可以几个循环并列存在。可以从内循环直接跳到外循环，但不能从外循环直接跳到内循环。

④ 防止出现死循环，无论是内循环，还是外循环，千万不要使循环回到初始部分，否则出现死循环。

⑤ 每次完成外循环再次进入内循环时，初始条件必须重新设置。

4.7　本章习题

1．试编写程序实现从键盘输入的小写字母用大写字母显示来。

2．将 DAT 字存储单元中的 16 位二进制数分成 4 组，每组 4 位，然后分别将 4 组数存放到 DAT1、DAT2、DAT3 和 DAT4 这 4 个字节单元中。

3．若在数组字变量 SQRTAB 平方表中，有十进制数 0～100 的平方值。用查表法找出 86 这个数的平方值放入字变量 NUM 存储单元中，试编写程序。

4．试编写程序：对 BUF 字节存储区中的 3 个数进行比较，并按比较结果显示如下信息：

（1）如果 3 个数都不相等，则显示 0。

（2）如果 3 个数中有 2 个数相等，则显示 1。

（3）如果 3 个数都相等，则显示 2。

5．从键盘上输入两个字符存入 A、B 单元中，比较它们的大小，并在屏幕上显示两个数的大小关系。

6．统计字变量 DATBUF 中的值有多少位 0，多少位 1，并分别记入 COUNT0 和 COUNT1 单元中。

7．将下列程序段简化：

```
        MOV   AX , X
        CMP   AX , Y
        JC    L1
        CMP   AX , Y
        JO    L2
        CMP   AX , Y
        JE    L3
        CMP   AX , Y
        JNS   L4
L3:     ADD   AX , Y
        JC    L5
```

8．假定 AX、BX 的内容为双精度数 p，CX、DX 的内容为双精度数 q（BX 和 DX 中的内容均为低位），试说明下列程序段做什么工作？

```
        CMP   AX , CX
```

```
        JL      L2
        JG      L1
        CMP     BX, DX
        JBE     L2
L1:     MOV     SI, 1
        JMP     EXIT
L2:     MOV     SI, 2
EXIT: ……
        ⋮
```

9．设在变量单元 A1、A2、A3、A4 中存放 4 个数，试编程实现将最大数保留，其余 3 个数清零的功能。

10．从键盘接收一个小写字母，然后找出它的前驱字符和后继字符，再按顺序显示这三个字符。

11．编写一个程序，要求比较两个字符串 STRING1 和 STRING2 所含字符是否相等，若相同则显示‘MATCH’，若不相同则显示‘NO MATCH’。

12．编写一个在某项比赛中计算每一位选手最终得分的程序。计分方法如下：

（1）10 名评委，在 0～10 的整数范围内给选手打分。

（2）10 个得分中，去掉一个最高分（如果同样有两个以上最高分也只去掉一个），去掉一个最低分（如果同样有两个以上最高分也只去掉一个），剩下的 8 个得分取平均值为该选手的最终得分。

13．已知有两个有序数组（从小到大已排序）。将这两个有序数组合并，生成一个新的有序数组（从小到大排序。）

14．设有一个数组存放学生的成绩（0～100），编程统计 0～59、60～69、70～79、80～89、90～100 分的人数，并将结果分别存放到 SCOREE、SCORED、SCOREC、SCOREB、SCOREA 单元中。

15．已知数组 A 包含 15 个互不相等的整数，数组 B 包含 20 个互不相等的整数，编程将既在 A 中出现又在 B 中出现的整数存放到数组 C 中。

16．从键盘输入一系列字符（以回车符结束），并按字母、数字及其他字符分类计数，最后显示出这三类的计数结果。

17．假设已经编制好 5 个歌曲程序，它们的段地址和偏移地址存放在数据段的跳跃表 SINGLIST 中。试编写一程序，根据从键盘上输入的歌曲编号 1～5，转去执行五个歌曲程序中的某一个。

18．已知在以 BUF1 为首址的数据存储区中存放了 N 个字节数据，编写程序完成将数据块搬至 BUF2 为首地址的存储区中，要求：

（1）用一般数据传送指令 MOV 实现。

（2）用数据串传送指令 MOVSB 实现。

（3）用数据串指令 LODSB/STOSB 实现。

4.6　本章实验

实验 4.1　顺序程序设计实验

1. 实验目的

（1）掌握顺序程序设计的基本方法

（2）熟悉数据传送指令、算术运算指令和逻辑运算指令的基本用法。

（3）学会用 DEBUG 输入、运行小程序，并检查运行情况的方法。

（4）学会在 PC 机上建立、汇编、连接、调试和运行 8086 汇编程序的基本过程。

2. 实验准备

（1）预习教材中顺序程序设计的相关内容。

（2）预习第 3 章汇编语言程序上机过程中有关汇编语言输入、汇编、连接、调试和运行的基本过程与方法。

（3）调试程序 1：下面程序完成将 HEX 为起始地址的 2 位十六进制（ASCII 码）转换成 8 位二进制数存入 BIN 单元，请阅读程序，找出其中的错误之处。

```
DATA SEGMENT
        ORG 1000H
        BIN DB ?            ;存放转换后的二进制数
        HEX DB '6B'         ;待转换的十六进制数 6BH
        ORG 1030H
        DB 00H,01H,02H,03H,04H,05H,06H,07H,08H,09H ;0-9 对应的二进制数转换表
        ORG 1041H
        DB 0AH,0BH,0CH,0DH,0EH,0F ;A-F 对应的二进制数转换表
DATA ENDS
CODE SEGMENT
 START: MOV AX,DATA
        MOV DS,AX
        MOV AL,HEX              ;十六进制高位 36H 送 AL
        MOV BX,OFFSET BIN       ;BIN 偏移地址送 BX
        SUB AH,AH               ;AH 清 0
        ADD BX,AX               ;1036H 送 BX 形成转换表地址
        MOV DL,[BX]             ;(DL)=（1036H）=06H
        SHL DL,4                ;将 DL 左移至高 4 位，DL=60H
        MOV AL,HEX+1            ;十六进制低位 42H 送 AL
        MOV BX,OFFSET BIN       ;BIN 偏移地址 1000H 送 BX
        XOR AH,AH               ;AH 清 0
        ADD BX,AX               ;1042H 送 BX 形成转换表地址
        MOV AL,BX               ;AL=（1042H）=0BH
        OR   AL,DL              ;AL=0BH∨60H=6BH
        MOV BIN,AL              ;6BH 送 BIN 单元
```

```
        MOV AH,4CH
        INT 21H
    CODE ENDS
```

（4）编写程序 2：画流程图并编程实现：W=X+Y+Z（其中 X=5，Y=6，Z=18）。

3. 实验内容

（1）利用 DEBUG 程序，直接输入和运行一些小程序，这种操作称为小汇编。例如利用加法、逻辑左移指令实现 2×10。其步骤如下：

①启动 DEBUG，进入 DEBUG 程序环境。

②用 A 命令输入下面程序。

```
-  A
XXXX：0100 MOV AX，2
XXXX：0103 MOV BX，AX
XXXX：0105 MOV CL，2
XXXX：0107 SHL AX，CL
XXXX：0109 ADD AX，BX
XXXX：010B SHL AX，1
XXXX：010D HLT
XXXX：010E
```

③利用 T 命令单步逐条执行，采用 R 命令检查每一条语句执行后的结果。

④参照上述步骤汇编一个求 26÷2+18×2 的小程序，并用 T 命令检查运行结果是否正确。

（2）将修改好的程序 1 输入、汇编、连接并运行。分析题目上，确定好程序中的原始数据和最终结果的存取和查看方法，并利用 DEBUG 命令修改程序中的错误。

（3）将编写好的程序 2 输入、汇编、连接并通过 DEBUG 调试和检查运行结果。

4. 实验报告要求

（1）列出源程序并加以注释，说明程序的基本结构，并给出程序流程图。

（2）说明程序中各部分所用的算法。

（3）上机过程中遇到什么时候问题及是如何解决的。

（4）程序 1 是采用查表法进行数据转换的，请用查表命令 XLAT 改写源程序，并上机输入、汇编、连接和运行及检验结果是否正确。

实验 4.2　分支程序设计实验

1. 实验目的

（1）掌握分支结构程序设计的基本方法和技巧。

（2）熟悉汇编语言程序的汇编、连接及调试技术。

（3）掌握无符号数和带符号数比较大小转移指令的区别及用法。

2. 实验准备

（1）预习分支结构程序设计的相关内容，进一步复习有关汇编语言程序输入、连接、调试和运行等有关实用程序的应用。

（2）编写程序 1：画出流程图，并编写实现从键盘输入一位数，判断其奇遇性。并在屏幕上输出一个标志，若为奇数，则输出 1；否则输出 0。

（3）编写程序 2：画出流程图，编程实现任意给定 X 值（−128≤X≤127），求符号函数 Y 的值，存放于内存单元中。

$$Y=\begin{cases}1 & X>0\\0 & X=0\\-1 & X<0\end{cases}$$

（4）编写程序 3：在数据存储区 BUF 中存放有三个带符号数，要求将其中的最大数找出来存放到 MAX 单元中。

3. 编程提示

为了实现以上三个程序的设计功能：首先要确定编程的算法思想，其次是要弄清楚带符号数比较大小转移指令的选择。最后是要将编写好的源程序进行汇编、连接、调试及运行并分析结果是否正确。

（1）程序 1 提示。利用 2 号 DOS 功能调用显示输出，只能显示存放在寄存器 DL 中的数据，且数据必须是 ASCII 码字符，则要显示的标志 0 或 1 转换成 ASCII 字符。其算法框图如图 4-19 所示。

（2）程序 2 提示。−1 的码是 0FFH，其算法框图如图 4-19 所示。

（3）程序 2 提示。实现要求功能的算法框图如图 4-19 所示。

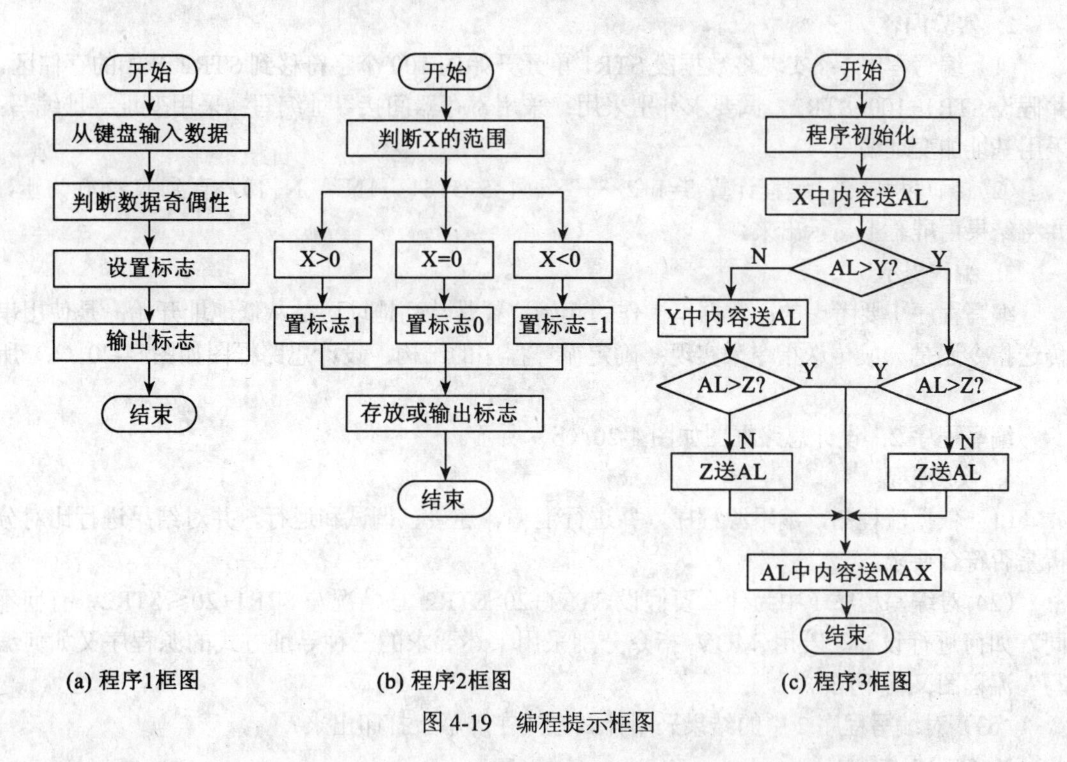

图 4-19　编程提示框图

4. 实验内容

（1）将编写好程序 1 输入、汇编、连接并通过 DEBUG 调试运行结果。

（2）将编写好程序 2 输入、汇编、连接并通过 DEBUG 调试运行结果。

（3）将编写好程序 3 输入、汇编、连接并通过 DEBUG 调试运行结果。

5. 实验报告要求

（1）列出源程序并加以注释，说明程序的基本结构，并依据给出的框图画出程序的流程图。

（2）将实验测得的数据与理论分析比较。

（3）总结为什么在设计分支程序时必须解决好三个问题：判断、转向和定标号。

（4）说明标志位 CF、SF 和 OF 的意义。

（5）分析实验中遇到的问题及解决办法。

（6）对调试源程序结果进行分析。

（7）分析程序 1 中如何利用进行标志位来判断数的奇遇性。如何在程序 2 中实现-1、1 和 0 的显示。如果要将程序 3 中最大数 MAX 在屏幕上显示出来，怎样修改编写好的源程序。

实验 4.3　循环程序设计

1. 实验目的

（1）掌握循环结构程序设计的基本方法，加深对循环结构的理解。

（2）掌握数据块传送程序设计方法和串传送指令的应用。

（3）进一步熟悉汇编语言程序的汇编、连接及调试技术。

2. 实验内容

（1）编写程序 1：实现将数据段 STR1 单元开始的 100 个字符移到 STR2 开始的存储区。并假设 STR1+100>STR2。试要求分别采用：采用寄存器间接寻址编写；采用变址寻址编写；采用基址加变址编写。

（2）编写程序 2：编程计算 S=1+2×3+3×4+4×5+5×6+…+N×（N+1），直到 N>200 为止，并将结果由屏幕上显示出来。

3. 编程提示

编写程序 1 要考虑的：数据串操作的起始位置是从高地址还是从低地址开始；是使用串传送指令还是一般传送指令来实现；确定循环程序的结构；设计思路框图如图 4-20（a）所示。

编写程序 2：设计思路框图如图 4-20（b）所示。

4. 实验步骤

（1）依据流程图，编辑源程序，并进行汇编、连接、调试和运行，并对结果进行比对分析是否符合要求。

（2）对编写程序 1 中为什么要假设 STR1+20>STR2 该情况与 STR1+20≤STR2，有何不同？如何进行设计？若用 MOV 指令分别采用上述要求的三种寻址方式的源程序又如何编写？流程图又何不同？

（3）对编写程序 2 中的结果采用什么方式在屏幕上打印出来？

5. 实验报告要求

（1）列出源程序并加以注释，说明程序的基本结构。

（2）对程序中用到寄存器说明其功能。

（3）总结计数控制循环程序和条件控制循环程序在设计方法上的区别。

（4）说明怎样使用 DEBUG 进行程序调试的。调试过程中所遇到的问题是如何解决的。

（5）对编写程序 1 所采用的三种寻址方式进行比较，哪种寻址方式编写的程序在空间和时间上是最优的，其原因如何？

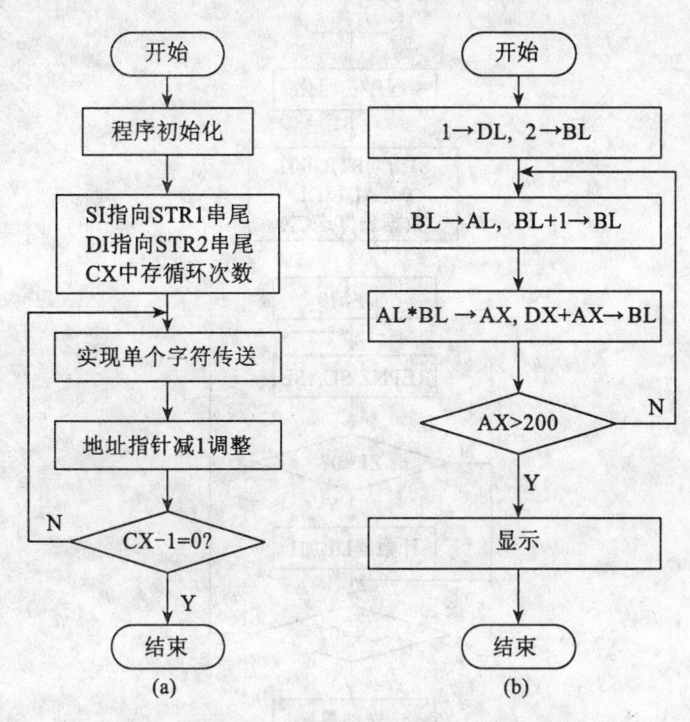

图 4-20　编写程序 1 和编写程序 2 流程图

实验 4.4　统计字符出现次数程序设计

1. 实验目的

（1）掌握汇编语言中数组的操作及串操作指令的应用。

（2）掌握汇编语言中双重循环的编程技巧。

（3）进一步熟悉汇编语言程序的汇编、连接及调试技术。

2. 实验内容

（1）在数据段中有一个数据存储区，该存储区中存有若干个字节数据。

（2）要求编写程序统计数据串中 0 出现的次数并送到另一个存储单元中。

3. 编程提示

本实验要求采用双重循环程序设计方法。为了实现数据搜索并统计“0”出现的次数，应该从以下几个方面考虑：

（1）选择一种合适的算法，搜索字符串，并能统计字符出现的次数。

（2）确定寻找字符中使用的命令。

（3）确定操作过程中使用的数据指针。

（4）确定双重循环程序的结构。

（5）根据算法完成的流程图如图 4-21 所示。

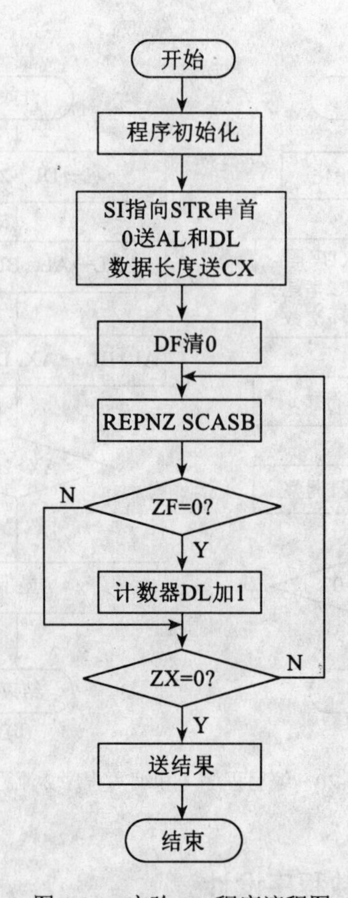

图 4-21　实验 4-4 程序流程图

4. 实验步骤

（1）按题目要求设置好数据段中存放的数据。确定好数据的长度。

（2）依据流程图，编辑源程序，并进行汇编、连接、调试和运行，并对结果进行比对分析是否符合要求。

5. 实验报告要求

（1）列出源程序并加以注释，说明程序的基本结构。

（2）对程序中用到寄存器说明其功能。

（3）总结串搜索指令 SCASB 和重复前缀在程序设计方法上的应用。

（4）说明怎样使用 DEBUG 进行程序调试，调试过程中所遇到的问题是如何解决的。

（5）双重循环的结构是如何安排的？不使用串搜索指令而采用一般的查找比较指令来完成，将如何编写程序？

第5章　结构化程序设计

【学习目标】

(1) 结构化程序设计的基本步骤和方法。
(2) 子程序的定义、调用和返回及主程序与子程序参数的传递方式。
(3) 子程序设计的基本方法及程序设计应用。
(4) 宏的概念、宏的定义、使用和宏调用中的参数应用。
(5) 宏库及宏程序设计的应用。
(6) 模块化程序设计的基本思想和基本方法及其应用。

结构化程序设计指将一个大的程序分解为若干模块分别设计，各模块间相互独立并实现一定的功能。各个模块分别编制和调试，模块间按约定进行连接形成一个相对完整的大程序，结构化程序设计是一种非常重要的程序设计技术，子程序设计和宏汇编程序设计是模块化程序设计的基础。

5.1　结构化程序设计的步骤和方法

结构化程序设计是1969年由荷兰学者E.W.Dijkstra等人提出的。程序设计由三个方面的内容组成。一是程序由一些基本结构组成即顺序结构、分支结构和循环结构；二是大型复杂程序按功能划分成若干个功能模块；三是程序设计时采用“自顶而下、逐步求精”的实施方法。因此结构程序设计可从以下几个步骤来进行。

(1) 分析问题、明确要求、确定算法、划分模块。

分析问题是按给定的课题进行认真而深入的研究，给出的条件如何，要解决的问题是什么，在解决过程中可能产生或需要那些数据，最后确定解决问题的具体方法即算法。

明确要求是明确用户的需求，依据给出条件和数据，进行那些处理，输出用户需要的结果并针对实际进行可行性分析。

划分模块一般是采用自顶向下、逐步细化的设计方法。将一个复杂问题在某一抽象层上分解为若干子问题来实现。自顶向下的具体过程是：首先从整体上给出基于算法的总框图，其中某些独立的功能可以用一个处理框来表示，框中只需要写清楚输入数据、处理功能和输出结果。当总框图用这些处理框替代且确信系统总目标未受影响之后，再逐一考虑每一个框，看是否可以进一步细化，进一步划分成一些更小的框，如此进行下去，直到每一个框都不可再分，或这些框已经足够小而无需再分止。

在划分模块时，要力求提高模块的独立性，也就是使各个模块尽可能地截然分开，两个模块间尽量减少数据传送，一般不要有功能调用。

(2) 建立模型、确定处理方案、编制流程图。

在模块划分后，对每一个模块要实现的功能和问题分析建立解决的处理方案，对较复杂的问题依据给出的条件运用数学理论建立解决问题的数学模型。将处理方案或建立的模型抽象为问题解决的一步步的过程，这一过程用一图形来表示即流程图。流程图使得解决问题的思路更加清晰，更加便于理解、阅读和程序的编写，更加有利于源程序的调试、修改和错误的减少。

（3）分模块调试和运行。

程序编写后经过编译、连接生成可执行文件就可独立在计算机上运行。在分模块进行调试时有可能需要临时提加数据、有可能临时增加输出或显示代码。单模块调试完后再连接起来调试。

这样一种方法能明显提高程序员的工作效率，比较适合团队开发，也能提高程序的设计质量。

在模块化程序设计中，要解决好两个关键问题：一是如何正确地划分模块；二是如何将各模块装配在一起。模块的装配是利用8086所提供的重定位技术和连接程序LINK来实现的。连接程序将多个目标模块连接在一起时需要做好各模块间是如何通信的及各段之间的组合方式两方面的工作。

在模块化程序中，一个源程序由多个模块组成，每个模块可单独编辑、单独编译，生成各自的.ASM文件和.OBJ文件，然后用LINK程序连接.OBJ文件组装成一个EXE文件。

假设某源程序文件组成如下：

MAIN.ASM
ADD1.ASM
ADD2.ASM

则汇编、连接过程如下：

C：> MASM MAIN.ASM <回车>
C：> MASM ADD1.ASM <回车>
C：> MASM ADD2.ASM <回车>
C：> LINK MAIN+ADD1+ ADD2 <回车>

5.2 子程序设计

在同一程序或不同程序中，经常会遇到功能完全相同的程序段，这些程序段不在同一程序中或者虽在同一程序中但并非连续重复执行。对于这种连续执行的程序段，为避免编制程序的重复，节省存储空间，往往把这样的程序段独立出来，并附加少量的语句，将其编制成共用的独立程序段，通过适当的方法把它与其他程序连接起来。这种程序设计方法称为子程序设计。被独立出来的程序构成一个新的独立程序称之为子程序。

子程序是把一个程序划分成若干个模块所用的主要手段，虽然模块不一定是子程序、但因为子程序易于独立设计、测试和编制程序文件，所以大部分模块都以子程序的形式来设计。

5.2.1 子程序基本概念

子程序又称为过程，相当于高级语言中的过程和函数。一个程序中的多个地方或多个程序中的多个地方用到了同一段程序，那么可将这段程序抽取出来以子程序的形式存放在某一存储区域中，每当要执行这段程序是，就用调用指令 CALL 转到这段程序，执行完毕再返回到原来的程序。调用子程序的程序称为主程序，被调用的程序称为子程序。

5.2.2　子程序的定义、调用和返回

1. 子程序定义格式

子程序又称为过程，子程序常以过程形式出现，根据过程的定义，子程序的一般结构如下：

```
<subprogram_name> PROC [FAR/NEAR]
      …                              ；保护现场
      …                              ；读取数据
      …                              ；子程序体
      …                              ；输出结果或保存结果
      …                              ；恢复现场
      RET                            ；返回调用程序
<subprogram_name > ENDP
```

说明：

subprogram_name 是子程序名表明调用该子程序的标识符。不能省

PROC 和 ENDP 是子程序结构定义伪操作。必须成对出现，否则出现汇编语言的语法错误。不能省。

FAR 或 NEAR 为调用返回时决定 RET 的类型。NEAR 为近过程则 RET 指令从堆栈中只将一个字弹出至 IP 寄存器；FAR 为远过程则除了弹出一个字给 IP 外，还弹出一个字给 CS 寄存器。可以省，若省了则默认是 NEAR 类型。

例如：

```
subprogram_name PROC
     MOV DL，char
     MOV AH，2
     INT 21H
   RET
subprogram_name ENDP
```

该程序定义了一个名为 subprogram_name 的子程序，功能是将 char 字节变量的一个字符送显示器显示。

2. 子程序的调用

汇编语言中子程序的调用采用 CALL 指令，该指令的基本格式如下：

CALL < 子程序名>

调用过程分两种情况：

（1）当调用指令和子程序处在同一代码段时。该调用指令的执行过程是：首先将 CALL 指令的下一条指令地址（16 位的 EA）压入堆栈。

SP-2 → SP　　IP→ （(SP+1)，(SP)）

再将子程序所在的地址（EA）送到 IP，程序将转入子程序执行。这种调用称为段内调用。

（2）当调用指令和子程序不在同一代码段，即子程序为 FAR 属性时，该调用指令的执行

过程为：首先将 CALL 指令的下一条指令地址的 16 位的段地址和 16 位的 EA 先后压入堆栈。

SP−2 → SP ； CS→（(SP+1)，(SP)）

SP−2 → SP ； IP→（(SP+1)，(SP)）

再将子程序所在的段地址与偏移地址分别送到代码段寄存器 CS 和程序指针指示寄存器 IP 中。即：

子程序的偏移地址→（IP）；子程序的段地址→（CS）。程序将转入子程序执行。这种调用称为段间调用。

子程序的入口地址可存放于寄存器或存储器中，采用间接调用方式来实现。CALL 指令不影响标志位。

3. 子程序返回

子程序或过程执行到最后一条指令必须是 RET 指令，其功能是使程序的执行控制从子程序返回到调用指令 CALL 后的指令处即断点继续执行。RET 指令的基本格式如下：

RET [<数字>]

子程序返回主程序也分两种情况：

（1）如果 RET 所在的子程序属性为 NEAR，该指令执行时，会从堆栈中弹出一个字的内容给指令指针寄存器 IP。

（(SP+1)，(SP)）→ （IP） ；（SP）+2 → （SP）

（2）如果 RET 所在的子程序属性为 FAR，该指令执行时，会从堆栈中弹出两个相邻字的内容分别送到 IP、CS。

（(SP+1)，(SP)）→ （IP） ；（SP）+2 → （SP）

（(SP+1)，(SP)）→ （CS） ；（SP）+2 → （SP）

RET 指令从堆栈中弹回的内容应为 CALL 指令压入堆栈的内容，这样才能保证调用时与返回后的一致性。这要求在子程序中 PUSH 指令与 POP 指令应当成对使用，否则可以在 RET 指令后面跟一个数字。

例如：RET 4

相当于执行完一条不跟数值的 RET 指令之后，SP 再加 4。

在子程序前面常可以加注释语句构成子程序的文档说明。文档说明应包括：子程序名称、功能描述、子程序的入口、出口参数、所用的寄存器和存储单元等内容。以便于读者阅读。

例如：有一个子程序的文档说明为：

；子程序名：DCB。

；功能：完成将一个字节的压缩 BCD 码转换成二进制数。

；输入参数：AL 寄存器中存放要转换的压缩 BCD 码。

；输出参数：CL 寄存器中存放转换后的二进制数。

；使用寄存器：AX、BX、CX。

【例题 5.1】用子程序设计方法求字变量 X 与 Y 的乘积。

分析：在主程序中的数据段中定义两个字变量 X、Y，而完成这两个数的乘法运算过程在子程序中实现，乘积通过寄存器 DX、AX 返回。且将乘积的高 16 位存放到 MH 单元中、乘积的低 16 位存放到 ML 单元中。

```
DATA SEGMENT
```

```
    X   DW 100
    Y   DW 56
    MH DW  ?
    ML DW  ?
DATA ENDS
CODE SEGMENT
 ASSUME CS：CODE，DS：DATA
START：MOV AX，DATA
       MOV DS，AX
       PUSH BX
       CALL MULXY
       MOV MH，DX
       MOV ML，AX
      POP BX
      MOV AH，4CH
      INT 21H
   ；子程序名：MULXY
   ；功能：将两个 16 位数相乘
   ；入口参数：存储单元 X、Y 中分别存放的两个 16 位数
   ；出口参数：DX、AX 寄存器中存放 32 位数的积
   ；所用寄存器：BX
   MULXY   PROC NEAR
          MOV AX，X
          MOV BX，Y
          MUL BX
          RET
   MULXY ENDP
   CODE ENDS
      END START
```

5.2.3 主程序与子程序的参数传递

在调用子程序时，主程序需要向子程序传送参数。反之，子程序运行完毕，也要向主程序回送结果。这种主程序与子程序之间的信息传递称为参数传递。在汇编语言中，子程序名后不能跟参数，参数只能在调用子程序前，利用指令将其存放在寄存器、堆栈或存储单元中。按参数的存放方式，传递参数的方式有：寄存器传递参数、堆栈传递参数和存储单元传递参数三种形式。

1. 利用寄存器传递参数

寄存器传递参数是指主程序将子程序所需要的数据存入指定的寄存器中，进入子程序后，直接从指定的寄存器中取出数据进行加工处理，处理完后，子程序再将结果存入指定的寄存中；返回主程序后，又可直接从指定的寄存器中取回结果。寄存器传递参数速度快但只

适应参数较少的场合。

【例题 5.2】用寄存器传递参数法求数组的和。

分析：要求编写一个求数组 ARRAY 中存放的数的和子程序 SUM 并将和存放在一寄存器如 AX 中。对于求和的实现可采用循环程序设计来实现。

参考程序如下：

```
DATA SEGMENT
 ARRAY DB 10，20，30，5，60
  COUNT EQU $-ARRAY
DATA ENDS
STACK SEGMENT STACK
   DB 100 DUP（0）
STACK ENDS
CODE SEGMENT
  ASSUME CS：CODE,DS：DATA，SS：STACK
START：MOV AX，DATA
       MOV DS，AX
       LEA SI，ARRAY
       MOV CX，COUNT
       CALL SUM
       MOV AH，4CH
       INT 21H
；子程序名：SUM。
；程序功能：求字节数组的和。
；入口参数：SI 为数组首地址，CX 为数组长度。
；出口参数：AX 存放数组的和。
；使用寄存器：AX，CX，SI
SUM     PROC NEAR
        CMP CX，0
        JZ EXIT
        MOV AX，0
 AGAIN：ADD AL，[SI]
        ADC AH，0
        INC SI
        LOOP AGAIN
 EXIT：  RET
SUM     ENDP
CODE ENDS
    END START
```

2. 利用存储单元传递参数

主程序在调用子程序前将所有输入参数存入在存储区中，以命名为变量，进入子程序后从存储区中取出这些参数进行处理，处理后的结果同样按约定存入存储区，返回主程序后再从指定的存储区获得结果。实质上主程序和子程序是通过约定的存储区来传递数据。

【例题 5.3】用存储单元传递参数法求数组的和。

分析：主程序提供子程序要处理的数据如 ARRAY 变量中存放的数据，子程序完成数据的求和过程（即循环结构程序设计）并将结果存放到双方约定的存放单元 SMU 中。参考程序如下：

```
DATA SEGMENT
  ARRAY DB 10,20,30,40
  COUNT EQU $-ARRAY
  SUM     DW ?
DATA ENDS
STACK SEGMENT STACK
     DB 200 DUP(?)
STACK ENDS
CODE SEGMENT
   ASSUME DS:DATA,SS:STACK,CS:CODE
  START：MOV AX,DATA
          MOV DS,AX
          CALL PRO_SUM
          MOV AH,4CH
          INT 21H
  ;子程序名：PRO_SUM
  ;功能：求字节的和
  ;入口参数：ARRAY的首地址
  ;出口参数:SUM
  pRO_SUM PROC NEAR
          LEA SI,ARRAY
          MOV CX,COUNT
          XOR AX,AX
   LPA: ADD AL,[SI]
          ADC AX,0
          INC SI
          LOOP LPA
          MOV SUM,AX
          RET
   PRO_SUM ENDP
  CODE ENDS
        END START
```

存储单元传递参数和高级语言通过变量传递参数很相似，不占用寄存器，使用很方便。

3. 用堆栈传递参数

主程序在调用子程序前，可以用 PUSH 指令将输入参数压入堆栈，进入子程序后，再从堆栈中取出这些参数并进行处理，处理完后再将输出参数压入堆栈，返回主程序后通过出栈获得结果。简单说，就是主、子程序的参数是通过堆栈区来进行。

【例题 5.4】 利用堆栈传递参数法求数组的和。

分析： 依据堆栈传递参数的原理，分别将数组 ARRAY 的个数 COUNT 压入堆栈，将数组 ARRAY 的首地址压入堆栈。进入子程序 PRO_SUM 后，依据堆栈指针 SP 当前值再分别取出数组长度送 CX，数组首地址送 BX，进行求和处理，和存到寄存器 SI 中。子程序返回主程序后将和存到内存单元 SUM 中。参考程序如下：

```
DATA SEGMENT
    ARRAY DB 10,20,30,40
    COUNT EQU $-ARRAY
    SUM    DW ?
DATA ENDS
STACK SEGMENT STACK
    DB 200 DUP(0)
STACK ENDS
CODE SEGMENT
    ASSUME DS:DATA,SS:STACK,CS:CODE
    EXTRN PRO_SUM:FAR      ；申明PRO_SUM是外部且为段间类型
START:MOV AX,DATA
      MOV DS,AX
      MOV AX,COUNT
      PUSH AX                ; ARRAY数组元素个数进栈，参数1
      LEA BX,ARRAY
      PUSH BX                ; ARRAY数组元素首地址进栈，参数2
      CALL PRO_SUM           ; 调用子程序PRO_SUM
      MOV SUM,SI
      MOV AH,4CH
      INT 21H
 CODE ENDS
      END START
;子程序名：PRO_SUM
;功能：求字节变量的和。
;入口参数：SP
;出口参数：
;使用寄存器：AX、BX、CX、BP
CODE1 SEGMENT
   ASSUME CS:CDOE1
   PUBLIC AUM
```

```
PRO_SUM PROC
    PUSH AX
    PUSH BX
    PUSH CX
    PUSH BP
    MOV BP,SP
    PUSHF
    MOV CX,[BP+12]    ;取参数1，数组长度
    MOV BX,[BP+10]    ;取参数2，数组首址
    XOR AX,AX
LPA:ADD AL,[BX]
    ADC AH,0
    INC BX
    LOOP LPA
    MOV SI,AX
    POPF
    POP BP
    POP CX
    POP BX
    POP AX
  RET 4
PRO_SUM ENDP
CODE1 END
```

利用寄存器、存储单元传递参数时，取输入参数相对简单，可直接从约定的寄存器、存储单元中获得。而利用堆栈传递参数时，相对较复杂些。处理时一般先定位，再计算参数相对于定位的间隔，确定其值，才能正确取得所传递的参数。

5.2.4 嵌套子程序

1. 子程序的嵌套

在一个子程序中又调用另一个程序，称为子程序的嵌套。嵌套层次不限，其嵌套的层数称为嵌套的深度。嵌套调用的关系如图5-1所示。

子程序嵌套调用时，只要注意正确使用CALL和RET指令。注意保护和恢复寄存器，正确使用堆栈，保证子程序正常返回，就可以正常地实现子程序的嵌套调用。

2. 递归子程序

当子程序嵌套调用时，如果一个子程序调用的另一个子程序就是它本身，称为递归调用。这样的子程序称为递归子程序。子程序直接调用本身，称为直接递归，间接调用自身，称为间接递归。子程序的直接递归调用与间接递归调用关系如图5-2所示。

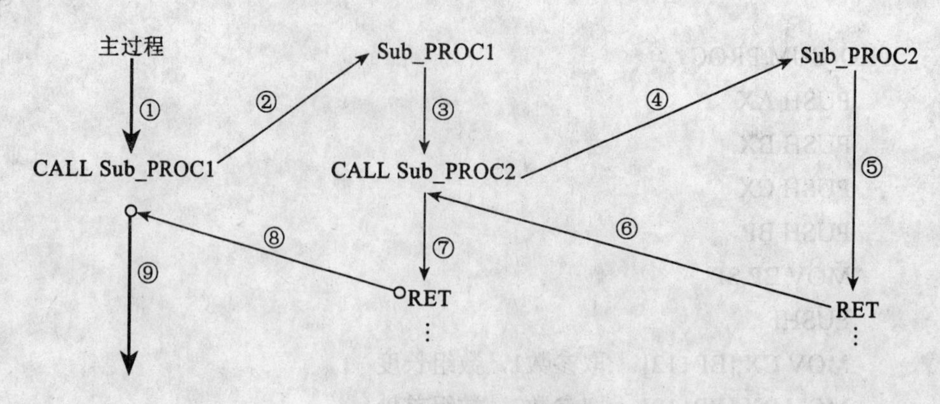

图 5-1　子程序嵌套调用

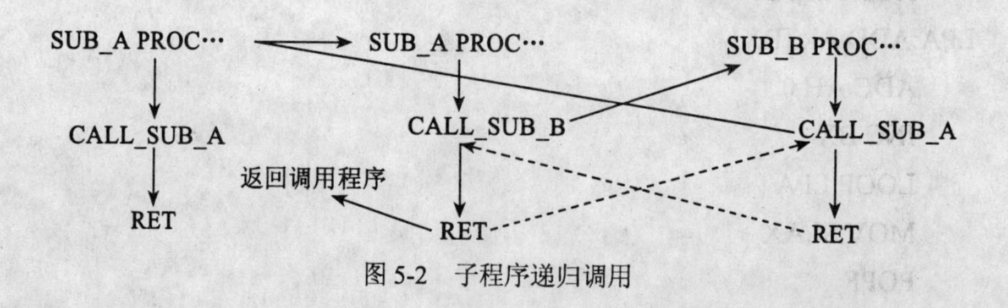

图 5-2　子程序递归调用

递归调用子程序的设计关键是，每次递归调用时将入口/出口参数、寄存器内容及所有的中间结果保存在堆栈中，并且必须保证每次调用都不破坏以前调用时存放在堆栈中的所有数据。当递归条件结束时，再一层层从堆栈中弹出递归调用时保存以参数与中间结果，完成递归计算与操作。

5.2.5　子程序设计举例

【例题 5.5】从键盘上键入 0～9 中任一自然数 X（不考虑输入错误），用查表法求其立方值。

分析：首先建一个立方表，每一个自然数的立方数用三个ASCII码表示。其表示方法是将每一个自然数的立方数按百位、十位、个位分开，顺序放在三个存储区中即每一列代表一个自然数的立方。这样在程序实现上更为简单些。当通过键盘输入一个自然数后，减1就得到该自然数的立方数每一位在表中的起始地址，用变量名加BX相对寻址依次取出该自然数的百位、十位和个位数显示即可。

```
DATA SEGMENT
    BUF1 DB '0000012357'
    BUF2 DB '0002621412'
    BUF3 DB '0187456329'
DATA ENDS
STACK SEGMENT STACK
    DB 200 DUP(0)
STACK ENDS
CODE SEGMENT
```

```
    ASSUME DS:DATA,SS:STACK,CS:CODE
START:MOV AX,DATA
        MOV DS,AX
        MOV AH,8    ;DOS8号功能调用即不带回显的键盘输入
        INT 21H
        SUB AL,30H
        CALL CUBE ;调用一个数的ASCII码并变成二进制数
        MOV AH,4CH
        INT 21H
;子程序名：CUBE
;程序功能：查表法求立方值
;入口参数：自然数X，AL
;出口参数：
;使用寄存器：BX，DX
CUBE PROC
        PUSH BX
        PUSH DX
        MOV AH,0    ;清除AX高8位
        MOV BX,AX ;将主程序中传来的值放到BX中准备相对寻址
        MOV DL,BUF1[BX] ;取立方的百位数显示
        MOV AH,2
        INT 21H
        MOV DL,BUF2[BX];取立方的十位数显示
        MOV AH,2
        INT 21H
        MOV DL,BUF3[BX];取立方的个位数显示
        MOV AH,2
        INT 21H
        POP DX
        POP BX
        RET
CUBE ENDP
    CODE ENDS
        END START
```

【例题 5.6】求将一个 16 位二进制数转换为任意 P（0～19）进制数，P 从键盘输入并显示（超过 9 的数字按以下方式显示：10 用 A，11 用 B，…，19 用 I）。

分析：二进制数转换为十进制数、十六进制数即“除 P 取余”法。其过程是将待转换的二进制数除以 P，得到第一个商数和第一个余数，这第一个余数就是所求 P 进制的个位数；将第一个商数除以 P 得到第二个商数和第二个余数，这第二个余数就是所求 P 进制数的十位数……这一循环过程到商数为 0 时，所得到的余数就是所求 P 进制数的最高位。可将这一转

换程序改写为子程序。参考程序如下：

```
DATA SEGMENT
  BUFA   DB 15 DUP(0)
  BUFB   DW 4000,96,18,0F345H
  COUNT EQU ($-BUFB)/2
DATA ENDS
STACK SEGMENT STACK
    DB 200 DUP(0)
STACK ENDS
CODE SEGMENT
  ASSUME CS:CODE,DS:DATA,SS:STACK
START:MOV AX,DATA
      MOV DS,AX
      MOV CX,COUNT       ;待转换的二进制数个数COUNT送CX
      LEA SI,BUFB        ;待转换的COUNT个二进制数的存储区首地址送DI
LOPA: MOV AX,[DI]
      MOV BX,10          ;将二进制数转换为十进制数的P值送BX
      LEA SI,BUFA
      CALL RADIX
      MOV BYTE PTR [SI],0DH
      MOV BYTE PTR [SI+1],0AH
      MOV BYTE PTR [SI+2], '$'
      LEA DX,BUFA
      MOV AH,9
      INT 21H
      MOV AX,[DI]
      MOV BX,16          ;将二进制数转换为十六进制数的P值送BX
      LEA SI,BUFA
      CALL RADIX
      MOV BYTE PTR [SI], 'H'
      MOV BYTE PTR [SI+1],0DH
      MOV BYTE PTR [SI+2],0AH
      MOV BYTE PTR [SI+3], '$'
      LEA DX,BUFA
      MOV AH,9
      INT 21H
      ADD DI,2           ;指针加2指向下一个待处理的二进制数
      LOOP LOPA
      MOV AH,4CH
      INT 21H
```

```
;子程序名：RADIX
;功能：将AX寄存器中的16位二进制数转换为P进制数
;入口参数：AX-存放持转换的16位二进制数，BX—存放要转换数制的基数
;              SI—存放转换后的P进制数字串的字节缓冲区首地址
;出口参数：BUFA为所求P进制ASCII码数字串按高位在前、低位在后顺序存在以SI
  为指针的字节缓冲区中
; SI—指向字节缓冲区中最后一个ASCII码的下个字节处
;使用寄存器：CX—P进制数字入栈、出栈的计数器，DX—做除法时存放被除数或
  余数
RADIX    PROC
        PUSH CX
        PUSH DX
        XOR CX,CX
LOP1: XOR DX,DX
        DIV BX
        PUSH DX       ;余数入栈
        INC CX
        OR AX,AX
        JNZ LOP1
LOP2: POP AX
        CMP AL,10
        JB   L1
        ADD AL,7
L1:     ADD AL,30H
        MOV [SI],AL
        INC SI
        LOOP LOP2
        POP DX
        POP CX
        RET
RADIX ENDP
CODE ENDS
      END START
```

【例题 5.7】 编制一个简单的加密和解密程序。要求实现的功能是 1.从键盘输入数字 0～9 后经加密存入内存单元中。从键盘输入数字由程序 KEYIN 完成；2.经加密过的数据进行解密，并将解密后的数字在屏幕上显示出来，其显示可由子程序 OUTDISP 完成。3.对数字 0～9 加密和解密的数据的约定关系是：

原数字：　0 1 2 3 4 5 6 7 8 9

密码数字：6 2 9 1 3 7 8 0 5 4

解密数字：7 3 1 4 9 8 0 5 6 2

分析：从键盘上输入的数字 0-9 是 ASCII 码，进行加密时要转换为机器真值即屏蔽掉高 4 位；解密后送显示则要求将 BCD 码转换成 ASCII 码。实现 0～9 数字输入采用 1 号功能调用，显示输出的 BCD 码采用 2 号功能调用。本题仅实现一位数字的加密。参考程序如下：

```
DATA SEGMENT
    MIMA   DB '6291378054'
    JMIMA  DB '7314980562'
    MIM    DB  ?
DATA ENDS
STACK SEGMENT STACK
    DB 200 DUP(?)
STACK ENDS
CODE SEGMENT
    ASSUME DS:DATA,SS:STACK,CS:CODE
MAIN  PROC FAR      ;按主过程定义
START:PUSH DS
        SUB AX,AX
        PUSH AX
        MOV AX,DATA
        MOV DS,AX
        CALL KEYIN
        MOV BX,OFFSET MIMA
        XLAT
        AND AL,0FH
        MOV MIM,AL
        MOV BX,OFFSET JMIMA
        XLAT
        CALL OUTDISP
        RET
;子程序名：KEYIN
;功能：从键盘输入一个0～9的数字，并转换为BCD
;入口参数：无
;出口参数：AL
;使用寄存器：AX
KEYIN  PROC NEAR
    MOV AH,1
    INT 21H
    AND AL,0FH
    RET
KEYIN ENDP
;子程序名：OUTDISP
```

```
;功能：将加密后的数据在屏幕上显示出来
;入口参数：AL
;出口参数：无
;使用寄存器：AX，DX
OUTDISP PROC NEAR
      OR AL,30H
      MOV DL,AL
      MOV AH,2
      INT 21H
      RET
OUTDISP ENDP
MAIN ENDP
CODE ENDS
      END START
```

5.3 宏汇编

对于程序中经常使用的具有独立功能的程序段，常常将它设计成子程序供需要时反复调用。但使用子程序需要付出额外的时间和空间上的开销。如调用子程序需要传递参数、保存链接信息、保护和恢复寄存器的内容，还要执行 CALL 和 RET 指令等。当程序中的重复部分只是一组较简单的语句序列时，如果设计成子程序，则光是为了调用子程序的开销就可能要超过这个语句序列，从程序的执行情况看显然是不划算的。为此 8086 宏汇编语言提供了宏功能，它主要内容是宏指令的定义与调用、重复汇编和条件汇编等。特别是宏指令和宏库能简化源程序的结构，使源程序写得像高级语言一样清晰、简洁，有利于阅读修改与调试，从而简化程序设计的工作，提高工作效率。

5.3.1 宏的概念

宏（macro）是具有宏名的由一段有独立功能的语句序列构成的模块，在程序中可以用一条宏指令语句调用，它可以在程序中定义、也可保存在宏为文件中。只要写出宏名，就可在汇编语言源程序中调用它。由于形式上和其他指令相似，因此称其为宏指令。但与伪指令不同，宏指令实际上是一段代码序列的缩写，在汇编时用对应的代码序列代替宏指令。

宏指令可带参数，其参数调用，要比一般汇编指令复杂。在汇编过程中，汇编程序首先扫描程序中所有宏指令语句，用宏体语句取代这些语句，称为宏展开；其次再对全部程序汇编。在展开过程中将完成参数的变换。因宏的参数传递方式很丰富，使宏更能适应不同条件与环境，极大增强其软件复用功能。

5.3.2 宏的定义与使用

1. 宏定义

宏定义是由一对宏汇编伪指令 MACRO/ENDM 来完成，其基本格式如下：

```
宏名      MACRO     [形式参数表]
```

宏定义体

ENDM

其中，MACRO 和 ENDM 是一对汇编伪指令。这对伪指令间是宏定义体是一组具有独立功能的程序代码。宏名给出了该宏定义的名称，其作用是使用宏指令名来调用该宏定义。宏名必须符合汇编标识符的定义规则。形参给出了宏定义中所用到的形式参数，多个形参时每个形参间用逗号隔开。

【例题 5.8】将汇编源程序初始化数据段 DS，定义成一个宏。宏名为 MainBegin。

分析：按宏定义的基本格式要求，定义宏名为 MainBegin，宏体是要实现将数据段的段基值装入数据段寄存器 DS 中。其实现的汇编指令如下：

```
MOV AX， DATA    ；DATA 是数据段的段名
MOV DS，AX
```

定义的宏如下：

```
MainBegin  MACRO
           MOV AX,DATA
           MOV DS,AX
ENDM
```

【例题 5.9】将汇编源程序中返回 DOS，定义成一个宏。宏名为 MainEnd。

分析：按宏定义的基本格式要求，定义宏名为 MainEnd，宏体是要实现将中断矢量地址 4CH 送到 8 位寄存器 AH 中，然后中断。其实现的汇编指令如下：

```
MOV AH，4CH
INT 21H
```

定义的宏如下：

```
MainEnd  MACRO RETURN   ；RETURN 是形参
    MOV AL,RETURN
    MOV AH，4CH
    INT 21H
ENDM
```

【例题 5.10】将汇编源程序中经常要输出的信息，定义成一个宏。宏名为 DispMeg。

分析：按宏定义的基本格式要求，定义宏名为 DispMeg，宏体是要实现输出某一缓冲区的内容。其实现的汇编指令如下：

```
MOV DX，OFFSET Message
MOV AH,9H
INT 21H
```

定义的宏如下：

```
DispMeg MACRO Message
    MOV DX;OFFSET Message
    MOV AH,9H
    INT 21H
ENDM
```

2. 宏调用

经过定义的宏指令就可在源程序中进行调用，这种对宏指令的调用称为宏调用。宏调用的格式是：

宏名 [实际参数表]

宏调用时，可以有实际参数，可以无实际参数。若有实际参数且是若干，各个实际参数间用逗号隔开。实参和形参一般要求位置对应，但个数可以不等，多余的实参不予考虑，缺少的实参对相应的形参做“空”处理即以空格取代。汇编程序不对实参和形参进行类型检查，取代时完全是简单的字符串替换，至于宏展开后是否有效则由汇编程序翻译时进行语法检查。因此宏调用不需要控制的转移与返回，而是将相应的程序段复制到宏指令的位置，嵌入源程序即宏调用的程序体实际上并未减少，宏指令的执行速度比子程序快。

宏调用要遵循先定义宏，后调用的原则。

3. 宏展开

在汇编时，宏指令被汇编程序用对应的代码序列替代，称为宏展开。汇编后的列表文件中带“+”或“1”等数字的语句为相应的宏定义体。宏展开的过程是：当汇编程序扫描源程序遇到已有定义的宏调用时，即用相应的宏定义体取代源程序的宏指令，同时用位置匹配的实参替换形参。

【例题 5.11】用宏汇编实现信息的显示。要求实现数据段初始化、显示 STRING 变量中存放的字符串内容和返回 DOS 定义为宏，在汇编源程序中调用宏指令来实现。

```
MainBegin MACRO
    MOV AX,DATA
    MOV DS,AX
ENDM
MainEnd MACRO RETURN
    MOV AL,RETURN
    MOV AH,4CH
    INT 21H
ENDM
DispMsg MACRO Message
    LEA DX,Message
    MOV AH,9
    INT 21H
ENDM
DATA SEGMENT
   STRING DB  'Hello,Everboofy!',0DH,0AH,'$'
DATA ENDS
CODE SEGMENT
ASSUME CS:CODE,DS:DATA
START:MainBegin          ;宏调用，建立DS内容
        DispMsg STRING   ;宏调用，显示STRING字符串
        MainEnd 0        ;宏调用，返回DOS
```

```
    CODE ENDS
        END START
```

只需将上述源程序编译、连接后，运行列表命令。若例5.11的源程序名为5_11使用MASM对5_11进行汇编的操作如下：

```
MASM 5_11.ASM                       回车
Object Filename    [5_11.OBJ]:      回车
Source Listing     [NUL.LST]:       5_11
Cross – Reference [NUL.CRF]:        回车
```

将生成的列表文件5_11.LST，打开可见其执行的代码部分如下（注释是另外加上去的）：

```
0000                START:MainBegin                 ；宏指令
0000   B8 ---- R        1       MOV AX,DATA         ；宏展开
0003   8E D8            1       MOV DS,AX
                    DispMsg STRING                  ；宏指令
0005   8D 16 0000 R     1       LEA DX,STRING       ；宏展开
0009   B4 09            1       MOV AH,9
000B   CD 21            1       INT 21H
                      MainEnd 0                     ；宏指令
000D   B0 00            1       MOV AL,0            ；宏展开
000F   B4 4C            1       MOV AH,4CH
0011   CD 21            1       INT 21H
0013                CODE ENDS
                          END START
```

说明：最左边一列为各条指令语句存放地址，第二列为各语句的机器码，右边为源程序代码。因此MainBegin、DispMsg、MainEnd 定义的宏的全部语句在0000H开始的地址中被嵌入展开。在每一语句的左边有一个“1”，表示这是宏展开部分。

宏定义中可以有宏调用，只要遵循先定义后调用的原则。例如：

```
DOSINT    MACRO Function                    ；宏定义
          MOV AH,Function
          INT 21H
        ENDM
DispMsg   MACRO   Message                   ；含有宏调用的宏定义
        MOV DX,OFFSET Message
        DOSINT 9                            ；宏调用
        ENDM
```

列表文件的源程序如下：

```
          DispMsg        Msg                ；宏调用
      +    MOV DX，OFFSET Msg               ；宏展开（第一层）
      +    DOSINT 9
       ++ MOV AH，9                         ；宏展开（第二层）
      ++ INT 21H
```

宏定义允许嵌套，即宏定义体内可以有宏定义，对这样的宏进行调用时需要多次分层展开。宏定义内也允许递归调用，这需要用到条件汇编指令给出递归出口条件。

5.3.3 宏调用中的参数

宏调用中的参数功能强大，既可以无参数，也可以带有一个参数或多个参数，且参数的形式非常用灵活，可以是常数、变量、存储单元、指令或它们的一部分，还可以是表达式。

1. 带间隔符的实参

在宏调用中，有时实参是一串带间隔符如空格、逗号等的字符串，为了不致混淆，可以用尖括号将它们括起来，这时，尖括号中的内容为一个实参。

例如，每个程序都需要定义堆栈段山脚下定义的语句基本相同，只是各个程序对堆栈段的大小及初值的要求不一样，则可定义一个堆栈段的宏指令。

```
STACK0   MACRO   A
  STACK SEGMENT STACK
        DB A
  STACK ENDS
        ENDM
```

当需要建立300个字节，初值为0的堆栈段时，就可以使用以下宏调用。

```
    STACK0 < 300 DUP (0) >
```

实参为一个重复子名，它中间带有空格，因此要用尖括号括起来，说明该语句为一个实参。相应的宏扩展如下：

```
    1    STACK SEGMENT STACK
    1        DB 300 DUP  （0）
    1    STACK ENDS
```

2. 数字参数

有时候需要以实参符号的值而不是符号本身来替换形参，这种参数的替换称为数字参数的替换。特殊宏操作符号“%”用来将其后的表达式转换成它所代表的数值，并将此数值的ASCII码字符嵌入到宏扩展中。

例如：有下面的一个宏定义

```
        DATA1 MACRO A，B，C，D
              DW A，B，C
              DB   D DUP（0）
              ENDM
```

若有宏调用为：

```
    X         EQU        10
    Y         EQU        20
           DATA1         %X+2，5，%X+Y，%Y-5
           DATA1         X+2，5，X+Y，Y-5
```

则相应的宏扩展为：

```
    1   DW 12，5，30
    1   DB 15 DUP（0）
```

```
1    DW X+2，5，X+Y
1    Y-5 DUP（0）
```

比较这两个宏调用语句的扩展结果，可以明显看出数字参数与一般参数的区别。%后的符号一定是直接用汇编伪指令“EQU”或“=”赋值的符号常量，或者汇编时计算出值的表达式，决不能是变量名或寄存器名。

3. 宏参数的连接

在宏定义中，有些形参需要夹在字符串中。为了将这种形参标识出来，需要在这样的形参前面加符号“&”，如果形参后还跟有字符串，则还应在形参后面加符号“&”。这时宏汇编程序即可识别出夹在“&”之间的形参，在用相应的实参代替形参后，仍与原来前、后符号连在一起形成一个完整的符号或字符串。

例如：宏指令SHIFT定义如下：

```
SHIFT   MACRO A，B，C，D
        S&B    C,A
        MOV &D&X,C
        ENDM
```

在宏体中，形参B 与字符“S”相连，在宏扩展时，形参B将被对应的实参所代替并仍与字符“S”相连形成一个整体。若“S”与B之间没有符号“&”，宏汇编程序就不能将B作为形参，而是将“SB”作为一个符号。形参D与字符“X”相连，只是D在“X”的前面，因而前后都要用“&”。若上述宏定义有以下宏调用：

```
SHIFT 4，AL，AX，B
SHIFT 5，AR，AX，C
SHIFT 4，HL，AX，D
```

则在汇编这些宏指令语句时，所得到的宏扩展为：

```
1    SAL   AX，4
1    MOV   BX，AX
1    SAR   AX，5
1    MOV   CX，AX
1    SHL   AX，4
1    MOV   DX，AX
```

4. 宏体中的变量与标号

在某些宏定义的宏体中，常常需要定义一些变量或标号。当这些宏定义在同一程序中被多次调用并宏扩展后，就会出现变量或标号重复定义的错误。例如有以下宏定义：

```
ABS   MACRO VAR
      CMP VAR，0
      JGE   P
      NEG   VAR
  P:  …
    ENDM
```

该宏定义的功能是用来求形参VAR的绝对值。若某程序对此宏定义作两次调用：

```
ABS AX        ；求AX的绝对值
```

ABS BL　　；求BL的绝对值

宏汇编程序在汇编这两个宏指令语句时，所得到的宏扩展如下：

```
1        CMP AX，0
1        JGE   P
1        NEG   AX
1     P：…
1        CMP   BL ，0
1        JGE   P
1        NEG BL
1     P：…
```

在宏展开中，标号P出现了两次，引起重复定义的错误。为了避免这种错误，可将标号P定义成形参，在每次调用时，均用不同的实参去代替。但由于P的定义和引用都局限在宏体内，是宏体内的局部符号，若将其定义成形参既无必要，同时也给宏调用带来了不便。为了解决这个问题，8086宏汇编语言提供了伪指令LOCAL。

格　式：　LOCAL　形参[，形参]

功　能：　在宏扩展时，宏汇编程序自动为其后的形参顺序生成特殊符号（范围为？？0000H-？？FFFFH），并用这些特殊的符号取代宏体中的形参，从而避免了符号重复定义的错误。

注意：LOCAL语句只能作为宏体中的第一条语句，它后面的形参即为本宏定义中所定义的变量和标号。

将上例中求对值的宏定义，可改写成以下的宏定义：

```
ABS   MACRO VAR
      LOCAL P
      CMP VAR，0
      JGE   P
      NEG   VAR
   P：  …
      ENDM
```

这样一来，两次宏调用后的展开形式如下：

```
1            CMP AX，0
1            JGE   P
1            NEG   AX
1 ？？0000：…
1            CMP   BL ，0
1            JGE   P
1            NEG BL
2   ？？0001：…
```

5.3.4 宏库的使用

1. 宏库的建立

对于经常使用的宏定义，用户可将它们集中存放在一个文件中，该文件称为宏库。建成宏库可供自己或他人、其他程序调用，实现复用。宏库是文本文件，可用一般编辑程序建立或修改，文件名由用户指定。

【例题5.12】建立宏库MACRO1.LIB，该文件内容如下：

采用编辑器编写MACRO1.LIB文件。

```
READ     MACRO     A
    LEA DX,A
    MOV AH 10
    INT 21H
    ENDM
WRITE MACRO A
    LEA DX,A
    MOV AH,9
    INT 21H
    ENDM
CRLF MACRO
    MOV   AH,2
    MOV DL,0AH
    INT 21H
    MOV DL.0DH
    INT 21H
    ENDM
OUT1 MACRO A
    MOV DL ,A
    MOV AH,2
    INT 21H
    ENDM
```

2. 宏库的使用

程序要调用宏库中的宏，只要先使用伪指令INCLUDE将宏库加入到源程序文件中，然后就可按其中的宏定义的要求调用。

将宏库加入源程序一起进行汇编可用伪指令INCLUDE来实现。

语句格式： INCLUDE < 文件名 >

功　　能： 将指定的文件从本行起加入汇编，直到该文件的最后一行汇编完后，再继续汇编INCLUDE后的语句。

【例题5.13】从键盘输入一串字符到BUF缓冲区，现需要将其中的小写字母转换成大写字母后仍在显示器上输出。

分析：在该程序中，需要进行10号功能调用从键盘输入一串字符到BUF缓冲区，需要进行2号调用将转换后字符逐个输出，为了使格式清晰，需要输出回车换行，这几种操作可调用MACRO.LIB中的宏定义READ、OUT1、CRLF来实现。参考程序如下：

```
INCLUDE MACRO.LIB
DATA SEGMENT
  BUF DB 80
        DB 0
        DB 80 DUP(0)
DATA ENDS
STACK SEGMENT STACK
  DB 200 DUP(0)
STACK ENDS
CODE SEGMENT
   ASSUME CS:CODE,SS:STACK,DS:DATA
START:MOV AX,DATA
        MOV DS,AX
        READ BUF
        CRLF
        LEA SI,BUF+2
        MOV CL,BUF+1
        MOV CH,0
  LOOP1:LODSB
          CMP AL,'a'
          JB    LOOP2
          CMP AL,'z'
          JA LOOP2
          SUB AL,20H
  LOOP2: OUT1 AL
          LOOP LOOP1
          CRLF
          MOV AH,4CH
          INT 21H
   CODE ENDS
          END START
```

5.3.5　宏指令与子程序的比较

子程序的目的重在处理一个程序在运行中重复使用的程序段，缩短程序的长度，提高程序设计效率，减少占用内存；宏重在处理一个或多个程序中重复使用的程序段，提高程序设计效率，不减少占用内存。

宏指令与子程序存在的区别如下：

（1）处理的时间不同。宏指令是在汇编期间，由宏汇编程序处理的；而子程序调用是在目标程序运行期间，由CPU直接执行的。

（2）处理的方式不同。宏指令必须先定义，后调用。宏调用用宏体置换宏指令名，实参置换形参；而子程序的调用不发生这种代码和参数的置换，而是CPU将控制方向由主程序转向子程序。

（3）目标程序的长度不同。由于对每一次宏调用都要进行宏扩展，因而使用宏指令不会缩短目标程序；而子程序是通过CALL指令调用的，无论调用多少次，子程序的目标代码只会出现一次，因此，目标程序短，占用存储空间少。

（4）执行速度不同。调用子程序需要使用堆栈保护现场和恢复现场，需要专用指令传递参数，因而执行速度比较慢；宏指令的调用不存在这些问题，执行速度快。

（5）参数传递方式不同。宏调用可实现参数代换，参数的形式不受限制，可以是语句、寄存器、标号、变量，参数代换简单、方便、灵活，不容易出错，用户很好掌握；而子程序的参数一般为地址或操作数，传递方式是由用户编程时具体确定，特别是参数较多时，比较麻烦，容易出错。

5.4 模块化程序设计

5.4.1 汇编程序概述

汇编程序的任务是把汇编语言源程序模块转化为二进制的目标模块。其输入是源文件.ASM，而输出的主要是.OBJ文件和.LST文件。汇编程序把源文件转换为目标文件的过程需要经源文件经过两遍扫视。第一遍扫视要确定源程序每一行的偏移地址，第一遍扫视后应提供一张符号表（或称标识符表），它把源程序所有定义符号的偏移地址记录下来；第二遍扫视则产生所要求的OBJ、LST和CREF文件。

汇编程序两次扫视的过程如图5-3和图5-4所示。在图中只是列出汇编程序工作的最主要部分，大部分伪指令操作和宏指令的处理过程以及大部分查错信息均未表示出来。

1. 向后引用和向前引用

在汇编语句的操作数字段中出现变量或标号时，如果出现在操作数字段的变量或标号是已经定义过的，则称为向后引用；如果出现在操作数字段的变量或标号是没有定义过的，则称为向前引用。

汇编程序在处理向前引用情况时，有可能会发生困难，因为指令的长度与操作数类型有关，而操作数类型与有关变量或标号的类型有关。在向后引用时这些都是确定值，在向前引用时这些是未知值。

例如：指令JMP NEXT

若NEXT是向前引用的，则汇编程序就不清楚它的类型属性应该是SHORT、NEAR还FAR，这样一来，指令的长度就难以确定，因此，类似这样的情况应该在程序有明确的说明，上例应修改为：

```
        JMP SHORT NEXT
或      JMP NEAR NEXT
或      JMP FAR NEXT
```

以免发生错误。此外，数据段定义应该先于代码段的定义，以保证当指令引用到一些变量时该变量已有明确的定义。

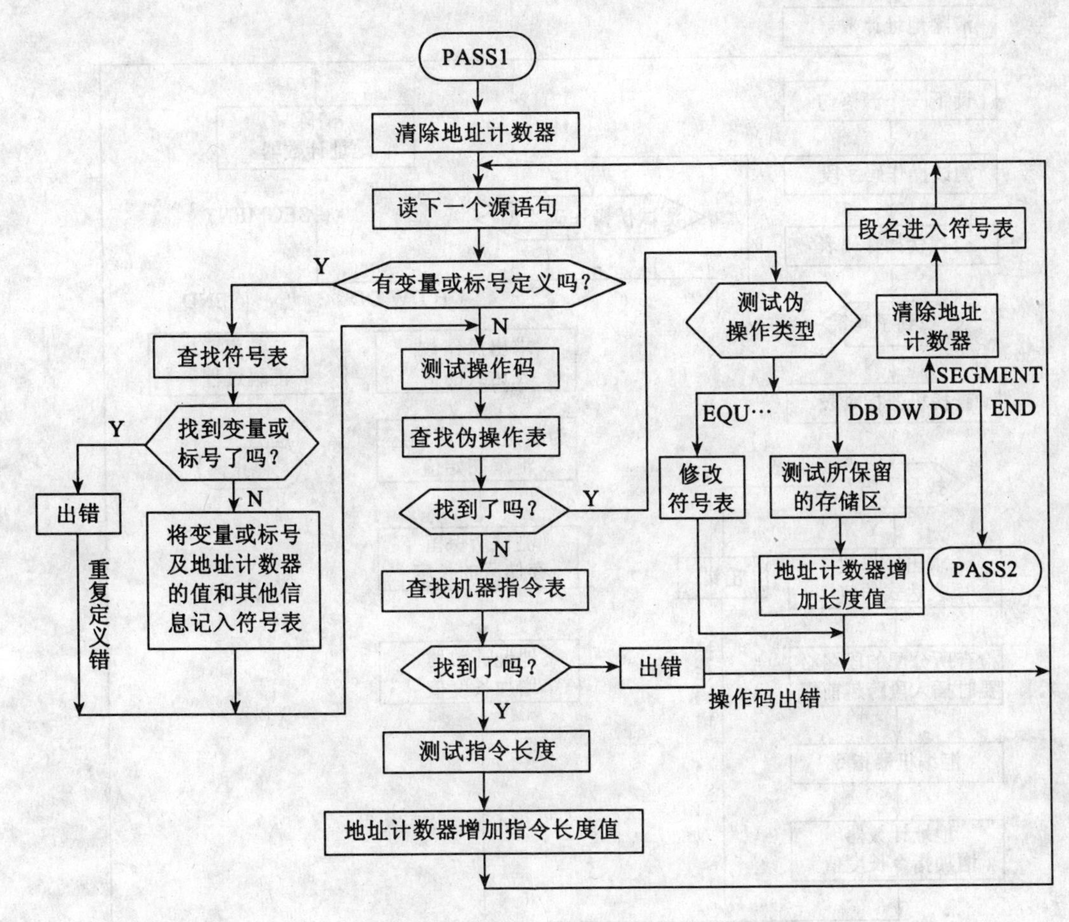

图 5-3　汇编程序第一遍扫视的主要流程图

2. "浮动"地址

在汇编过程中每个段开始时地址计数器的值都置为 0，因此，其后本段内所有偏移地址均为相对于起始的 0 地址而言的相对地址。在程序装入存储器时，并不是所有段都从物理的 0 地址开始的，也就是说，段起始地址要在 0 地址的基础上"浮动"一个值，而此值要在连接时才能确定。从这个意义上说，变量和标号都是浮动地址，如果指令的操作数字段涉及变量或标号，那么由汇编程序确定的指令字中的值为浮动值。在 LST 清单中，汇编程序在这样的二进制指令后记以 R。因此在机器的二进制指令后记有 R 标识的均表示这一指令中的地址是浮动地址。

既然偏移地址是相对于段地址而言的相对地址，那么重新分配段址值对偏移地址本身有何影响？就一个程序块本身来说，没有什么影响。当连接程序把几个模块中的某些段连接在一起形成一个段时，地址的浮动值就会直接影响机器指令代码，在这种情况下，连接程序将会修改汇编程序标以 R 的地址值以得到正确的机器指令。

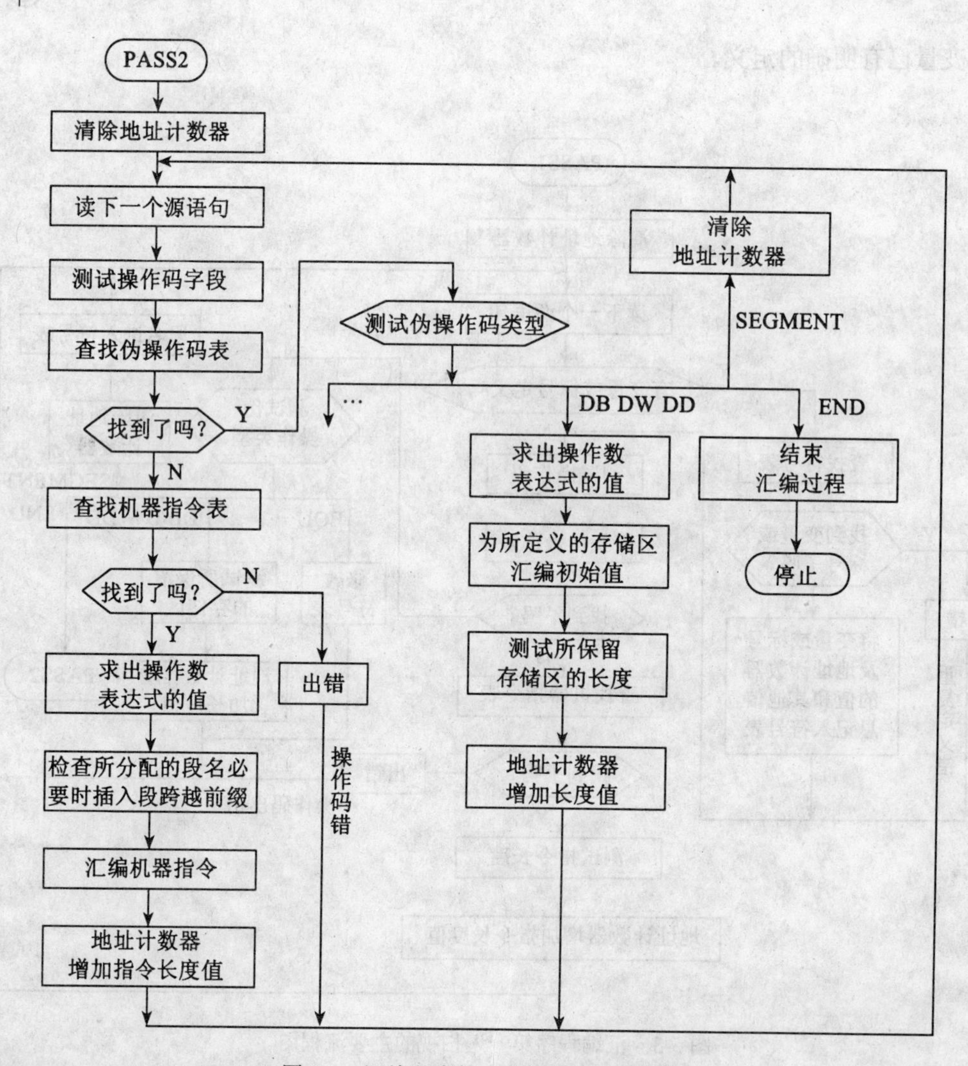

图 5-4　汇编程序第二遍扫视主要流程图

5.4.2　连接程序及连接对程序设计的要求

1. 连接程序的主要功能

经过汇编程序处理而产生的目标模块 OBJ 文件已经是二进制文件，但它还不能上机直接运行，因为还有两个问题没有得到解决：一是通过连接程序才能确定目标模块中的浮动地址；二是通过连接程序才能将多个程序模块连接起来形成一个装入模块。因此连接程序的主要工作是：

（1）找到要连接的所有目标模块。

（2）对所有要连接的目标模块中的所有段分配存储单元，即确定的有段地址值。

（3）确定所有汇编程序所不能确定的偏移地址值（含浮动地址值和外部符号所对应的地址）。

（4）构成装入模块，并将其装入存储器。

在多个模块相连接时，各个模块的连接次序是由用户在调用连接程序时指定的，调用方

式可以是.

C>LINK

Object Modules [.OBJ]:文件名[+文件名+…] ↵

Run File[filename.EXE]:[文件名] ↵

List File[NUL.MAP]:[文件名] ↵

Labraris[.LIB]:[[+]…] ↵

连接程序就按目标模块行中用户所键入文件名的次序来连接。装入模块即可执行的 EXE 文件，对于这一文件，用户可以指定文件名，如不指定则连接程序应用第一个目标模块名作为装入模块名。注意在多个目标模块相连接的情况下，只有主模块在模块结束的 END 伪操作后可带有启动地址，如 END START，而其他模块只能用 END 结尾，不能带有任何的启动地址。

2. 连接对程序设计的要求

在模块化程序中，主程序以及多个子程序可以编制成不同的程序模块，各个模块在明确各自的功能和相互之间的连接约定后，就可以独立编写并调试，各模块调试完后，再把它们连接起来形成一个完整的程序，这就要求如何处理好各个模块间的连接。例如：各个程序模块有各自的代码段和数据段，在模块相连接时它们是否需要分别连接在一起，又如何相连接？各程序模块之间的一些共同处理的符号及信息又该怎样处理。下面来探讨这些问题。

（1）多个模块组合时的连接。多个程度模块相连接时，并不一定要把所有的代码段或数据段分别连接在一起形成一个大的代码段或数据段。在很多情况下，各程序模块仍然有各自的分段，只是通过模块之间的调用来进行工作。但有时有些程序模块需要连接在同一段内，SEGMENT 伪操作的组合类型提供了这种可能。我们在第 3 章已经介绍了 SEGMENT 的组合类型及类别的用法。

PUBLIC 可以把不同模块中的同名段再装入模块中连接而成一个段，它们的连接次序按用户在调用 LINK 程序时指定的次序排列，每个段都从小段的边界开始。因此各模块原有的段之间可能存在小于 16 个字节的间隔。

COMMON 把不同模块中有同名段重叠而形成一个段。公共段的长度取决于各模块原有段中长度最大的一个，重叠部分的内容取决于排列在最后一段的内容。

STACK 把不同模块中的同名段组合而形成一个段，该段的长度为原有段的总和，各原有段之间并无 PUBLIC 连接成段中的间隔，而且栈顶可自动指向连接后形成的大堆栈段的栈顶。

MEMORY 使该段放在装入模块的最高地区。如果连接时不止一个段有 MEMORY 组合类型说明，则遇到的第一段作为 MEMORY 处理，其余段则作为 COMMON 处理。

【例题 5.14】有两个源程序模块 SOURCE MODULE 1 和 SOURCE MODULE 2 源模块如下所示：它们经汇编和连接后形成的装入模块的存储区如何？

```
;   SOURCE MODULE 1
DATA SEGMENT COMMON
        ⋮
DATA ENDS
CODE SEGMENT PUBLIC
        ⋮
CODE ENDS
```

```
;   SOURCE MODULE 2
DATA SEGMENT COMMON
        ⋮
DATA ENDS
CODE SEGMENT PUBLIC
        ⋮
CODE ENDS
```

按 COMMON 和 PUBLIC 的含义：SOURCE MODULE 1 和 SOURCE MODULE 2 经汇编和连接后的 DATA SEGMENT 为两个模块共用的数据区，它是两模块数据段的覆盖区；CODE SEGMENT 则由两个模块有代码段连接而成，其长度是两代码段的长度之和。如图 5-5 所示。

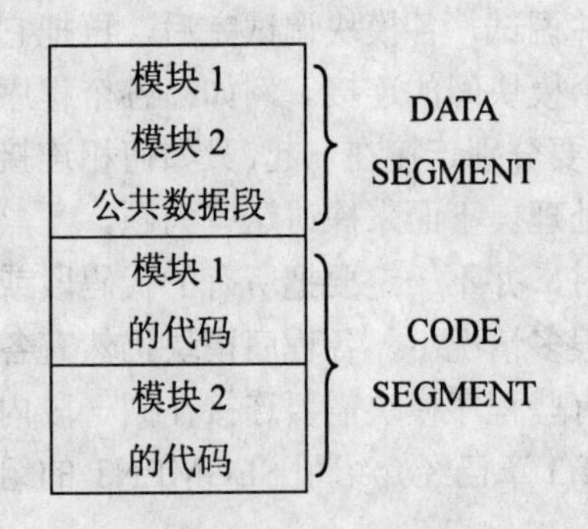

图 5-5　装入模块的存储区分配图

（2）多模块间变量传送。多个模块的程序连接时，除段组合外还必然存在变量如何传送。在本章第 1 节讨论过调用程序与子程序间的变量传送（在同一个程序模块内），现在要解决的是调用程序和子程序不在同一个程序模块，通过定义外部符号来实现。

从连接的角度分析，在源程序中用户定义的符号可分为局部符号和外部符号两种。在本模块中定义，又在本模块中引用的符号称为局部符号；在某一模块中定义，而又在另一模块中引用的符号称为外部符号。它们的定义格式如下：

PBULIC 伪操作，其格式为：

PUBLIC symbol [,…]

在一个模块中定义的符号（包括变量、标号、过程名等）在提供给其他模块使用时必须用 PBULIC 定义该符号为外部符号。

EXTRN 伪操作，其格式为：

EXTRN symbol name:type [,…]

在另一个模块中定义而在本模块中使用的符号必须使用 EXTRN 伪操作。如果符号为变量，则类型分别为 BYTE、WORD 或 DWORD；如果符号为标号或过程名，则类型必须为 NEAR 或 FAR。

有了这两个伪操作就提供了模块间相互访问的可能性。这两个伪操作的使用必须匹配，连接程序的任务之一是要检查每个模块中的 EXTRN 语句中的每个符号是否能和与其相连接的其他模块中的 PBULIC 语句中有一个符号相匹配，如不匹配则应给出出错信息，如匹配就应给出确定值。

【例题 5.15】三个源程序模块的外部符号定义如下，分析汇编连接后各符号可能出现的情况。

```
;   SOURCE MODULE 1
EXTRN   VAR2：WORD，LAB2：FAR
```

```
PBULIC VAR1，LAB1
DATA1 SEGMENT
      VAR1 DB ?
      VAR3 DW ?
      VAR4 DW ?
DATA1 ENDS
CODE1 SEGMENT
      ⋮
LAB1：…
      ⋮
CODE1 ENDS

; SOURCE MODULE 2
EXTRN VAR1：BYTE，VAR4：WORD
PUBLIC VAR2
DATA2 SEGMENT
     VAR2 DW ?
     VAR3 DB 5 DUP（0）
DATA2 ENDS

; SOURCE MODULE 3
EXTRN       LAB1：FAR
PBULIC      LAB2，LAB3
        ⋮
LAB2：   …
      ⋮
LAB3：…
      ⋮
```

连接程序需要对目标模块作两遍扫视，第一遍扫视对所有段分配段地址，并建立一张外部符号表（外部符号在汇编时是不可能确定其值的，LST清单中对外部符号记E）；第二遍扫视才能把与这些外部符号有关指令的机器语言值确定下来。连接完成后建立了装入模块。连接程序检查出VAR4是模块2需要使用的符号，但没有其他模块用PBULIC来宣布其定义，因而连接将显示错误。模块3宣布了LAB3的外部，但其他模块均未使用该符号，这种不匹配情况由于不影响装入模块的建立，所以并不显示出错。模块1和模块2都定义了局部符号VAR3，由于局部符号是在汇编时就确定了其二进制值，所以并不影响模块的连接，因此不同模块中的局部符号是允许重名的，但要连接模块的外部符号却不允许重名，如果重名，连接将显示错误。

【例题5.16】阅读并分析下列程序，体会多个模块间变量的传送方法。

```
; SOURCE MODULE 1
EXTRN PROADD：FAR
```

```
DATA SEGMENT COMMON
  ARY        DW 100 DUP（?）
  COUNT      DW 100
  SUM        DW   ?
DATA ENDS
CODE1 SEGMENT
MAIN PROC FAR
   ASSUME CS：CODE1,DS：DATA
SATR：PUSH DS
       SUB AX，AX
       PHSU AX
       MOV AX，DATA
       MOV DS，AX
          ⋮
       CALL FAR PTR PROADD
          ⋮
       RET
MAIN ENDP
CODE1 ENDS
       END START

；SOURCE MODULE 2
PUBLIC PROADD
DATA SEGMENT COMMON
   ARY     DW 100 DUP（0）
   COUNT DW 100
   SUM     DW  ?
DATA ENDS
CODE2 SEGMENT
PROADD PRCO FAR
   ASUMME CS：CODE2，DS：DATA
       MOV AX，DATA
       MOV DS，AX
       PUSH AX
       PUSH CX
       PUSH SI
       LEA SI，ARY
       MOV CX，COUNT
       XOR AX，AX
NEXT：  ADD AX，[SI]
```

```
        ADD SI，2
        LOOP NEXT
        MOV SUM，AX
        POP SI
        POP CX
        POP AX
        RET
PROADD      ENDP
CODE2       ENDS
            END
```

从这个例子中，DATA 段用 COMMON 合并成为一个覆盖段，因此源模块 2 只引用了本模块中的变量，没必要作特殊处理。整个程序的外部符号只有 PROADD，处理比较简单。但要注意：由于主程序和子程序已经不在同一模块程序中，则过程定义及调用一定要用 FAR 类型，而不能使用 NEAR 类型。如果以上两个模块的 CODE1 和 CODE2 都使用 PUBLIC 进行说明，连接时它们就可以合并为一个段，那此时过程和调用仍可使用 NEAR 属性。

使用公共数据段并不是唯一的办法，我们可以把变量也定义为外部符号，这样就允许其他模块引用在某一模块中定义的变量名。

【例题 5.17】编写将十六进制代码加密和解密的程序，要求实现的功能如下：

（1）密码表存放有初始密码，但允许用户重新输入密码（密码为 16 个大写字母）

（2）密码表建立好后，即要进行加密和解密，要求如下：

\#　　；显示命令提示符，等待用户输入加密或解密命令。

\#E　；E 命令为等待用户从键盘输入待加密的十六进制代码（最后以 Ctrl+Z）结束，加密后送入密文字节存储区 IN_CHAN。

\#D　；将 IN_CHAN 中的密文解密后注明文字节存储区 OBJECT。

\#　　；结束操作，返回 DOS。

算法分析：

为了实现保密的目的，可以对数字代码作加密处理，在需要时再进行解密。本题使用如下最简单的加密方法。

若要对十六进制代码作加密处理，可先建立一张密码表。十六进制的 16 个数字字符是 0～F 与大写字母表 A～Z 建立关系，这个关系如何对应可由用户自己任意指定，从而形成密码表：

十六进制数字：　0 1 2 3 4 5 6 7 8 9 A B C D E F

密码表：　　　　N J K A D C E P B I O F M L G H

这样，对每一位十六进制数均可按这个对应关系，利用 XLAT 指令将其转换成对应的大写字母存放在密文表中，从而达到加密的目的。

为了将加密后的数据解密，可建立解密表，解密表的内容应根据以上密码表与十六进制数字的对应关系由下式运算出来：

十六进制数字在解密表中的位移量对应密码表现字母的 ASCII 码-41H。

例如：3 在解密表中的位移量=A 的 ASCII 码-41H=0

　　　1 在解密表中的位移量=J 的 ASCII 码-41H=9

因此，在解密表中，3为第一个元素；1为第9个元素，如此类推，最后得到解密表为：3，8，5，4，6，0BH，0EH，0FH，9，1，2，0DH，0，0AH，7

有了解密表，当需要对每一位加密后的代码（加密后的密文全部为大写字母形式）解密时，只要将其ASCII码值减41H，再用XLAT指令查解密表，所得即为原来的十六进制数字代码。

根据题目的要求，完成其功能由主模块（MAIN）和两个子模块组成。一个为建立密码表子模块即子程序IN_CIPHER；一个为加密解密子模块即子程序ED_CIPHER且由加密子程序ENCRYPT和解密子程序DECLASSI所组成。其总体框图如图5-6所示。

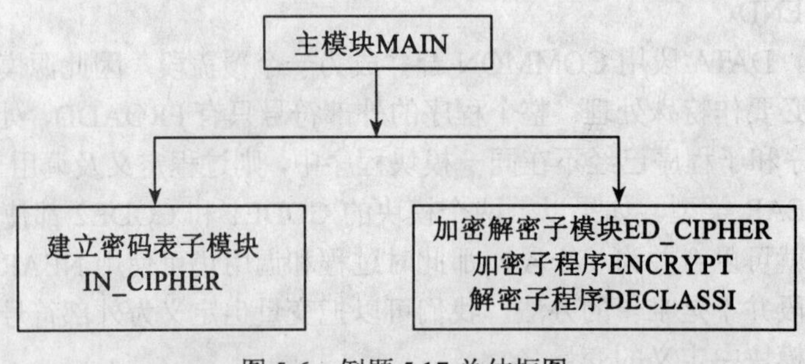

图5-6　例题5.17总体框图

主模块的主要功能是识别不同的命令以调用不同的子模块，其处理流程图如图5-7所示。

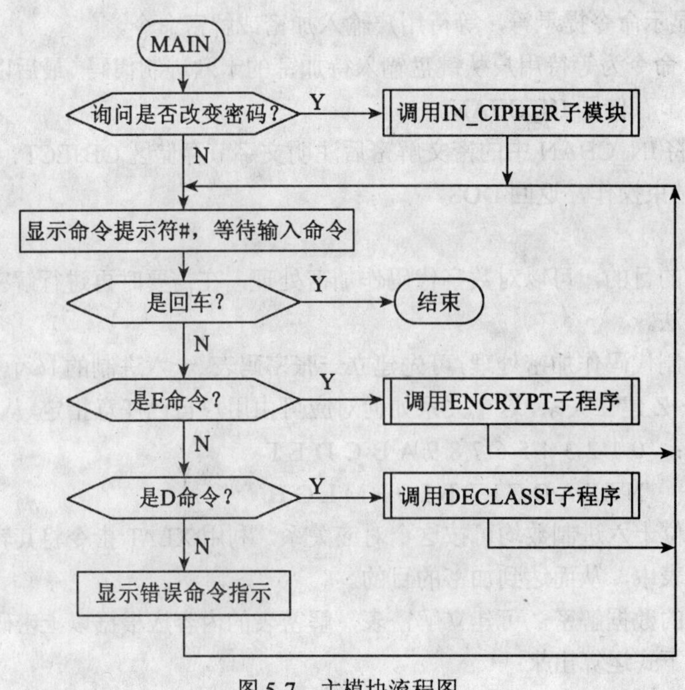

图5-7　主模块流程图

子模块IN_CIPHER流程图如图5-8所示。

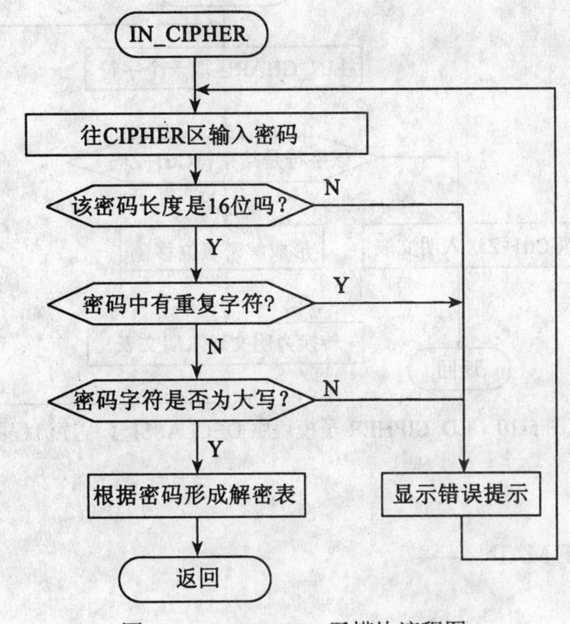

图 5-8 IN_CIPHER 子模块流程图

子模块 ED_CIPHER 加密子程序 ENCRYPT 流程图如图 5-9 所示。

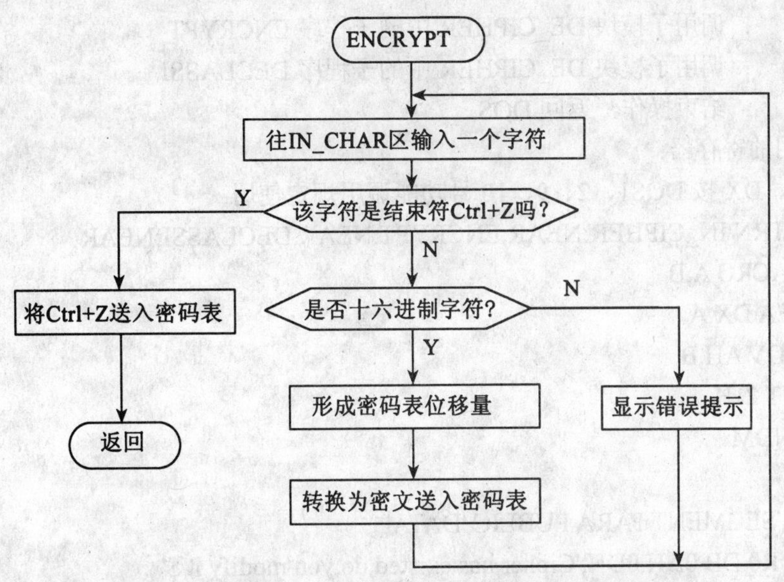

图 5-9 ED_CIPHER 子模块中 ENCRYPT 子程序流程图

子模块 ED_CIPHER 加密子程序 DECLASSI 流程图如图 5-10 所示。

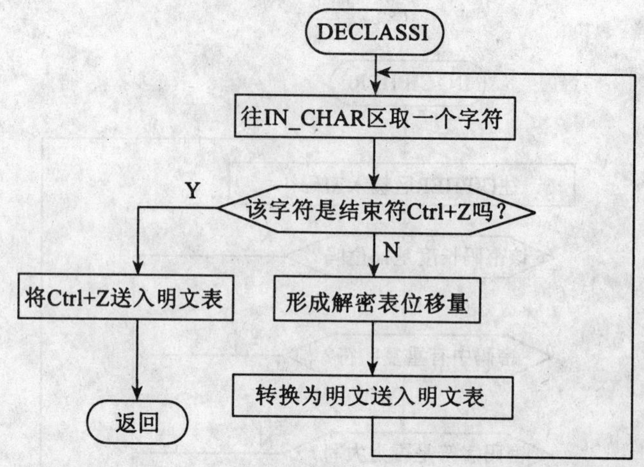

图 5-10　ED_CIPHER 子模块中 DECLASSI 子程序流程图

参考源程序：

```
;        ------NAME MAIN-------
;主模块  MAIN
;功能：
;    （1）当用户需要重新输入密码时调用 IN_CIPHER
;    （2）加密和解密命令处理
;    #      ：显示命令提示符，等待用户键入加密或解密命令
;    #E     ：调用子模块 DE_CIPHER 中的子程序 ENCRYPT
;    #D     ：调用子模块 DE_CIPHER 中的子程序 DECLASSI
;    #      ：结束操作，返回 DOS
;所使用的寄存器：
;  AX、DX 按 DOS1、2、9、10 号功能调用规定使用
   EXTRN IN_CIPHER:NEAR,ENCRYPT:NEAR,DECLASSI:NEAR
 IO MACRO A,B
    LEA DX,A
    MOV AH,B
    INT 21H
    ENDM

 DATA SEGMENT PARA PUBLIC 'DATA'
    STR0 DB 0AH,0DH,'Cipher has existed,do you modify it $'
    ERR1 DB 'Illegal comment!$'
    CRLF DB 0AH,0DH,'$'
 DATA ENDS
 STACK SEGMENT STACK 'STACK'
    DB 200 DUP(0)
 STACK ENDS
```

```
CODE SEGMENT PARA PUBLIC 'CODE'
    ASSUME CS:CODE,SS:STACK,DS:DATA
START:MOV AX,DATA
        MOV DS,AX
        MOV ES,AX
        IO STR0,9
        MOV AH,1
        INT 21H
        CMP AL,'Y'
        JE Z
        CMP AL,'y'
        JE Z
        JMP COMMA
Z:     CALL IN_CIPHER
COMMA:IO CRLF,9
          MOV DL,'#'
          MOV AH,2
          INT 21H
          MOV AH,1
          INT 21H
          CMP AL,0DH
          JE NEXT
          CMP AL,'E'
          JNE DD0
          IO CRLF,9
          CALL ENCRYPT
          JMP COMMA
DD0:    CMP AL,'D'
         JNE ER1
         CALL DECLASSI
         JMP COMMA
ER1:    IO ERR1,9
        JMP COMMA
NEXT: MOV AH,4CH
        INT 21H
CODE    ENDS
         END START

;-------NAME IN_CIPHER-------
;子模块 IN_CIPHER
```

```
;功能：建立对十六进制数字串加密的密码（由 16 位大写字母组成）并送密码表
;        CIPHER,同时生成解密码送入解密表 DEC_CIPHER
;   入口参数：无
;   出口对数：公共变量 CIPHER 和 DEC_CIPHER。其中，CIPHER 为密码表首址，
;            CIPHER+2 中存放对十六进制数字加密的密码；DEC_CIPHER 解密表首
;            址，存放对加密的密文进行解密的解密码
;所使用的寄存和主要变量：
; SI——从加密表取字符指针
; DI——往解密表送字符指针
; DX——检查密码在写字符不重复外循环变量
; CX——串操作指令 SCAS 执行重复次数
; BX——存放密码表位移量
; AX——按 DOS 功能调用规定使用
; CIPHER——密码表（按输入缓冲区定义），以 CIPHER+2 开始的 16 个字节中存放初始
;          密码
; DEC_CIPHER——解密表（16 个字节）初值为与密码表中初始密码对应的解密码值
      PUBLIC IN_CIPHER,CIPHER,DEC_CIPHER
  IO MACRO A,B
      LEA DX,A
      MOV AH,B
      INT 21H
      ENDM
  DATA SEGMENT PARA PUBLIC   'DATA'
  STR0          DB 0AH,0DH,'LPASE INPUT CIPHER:$'
  CIPHER        DB 17,0,'NJKADCEPBIOFMLGH'              ;密码表
  DEC_CIPHER    DB 3,85,4,6,0BH,0EH,0FH,9,1,2,0DH,0CH,0,AH,7 现;解密表
  ERR0          DB 0AH.0DH,'INPUT IS WRONG,ENCORE! $'
  CRLF          DB 0AH,0DH,'$'
DATA ENDS
CDOE SEGMENT PARA PUBLIC 'CODE'
   ASSUME CS:CODE,DS:DATA,ES:DATA
IN_CIPHER PROC
BEGIN: IO STR0,9
      IO CIPHER,10        ;输入 16 位密码（大写字母 A～Z 且不得重复）到密码表
      CMP CIPHER+1,16
      JNE ERR
  ;以下为检查输入的 16 位密码中是否有重复字符
         LEA SI,CIPHER+2         ;取输入密码串首址送 SI
         MOV DX,16               ;串长度送 DX
  CHECK1:LODSB                   ;从输入密码串中取一个字符送 AL，SI 指向下一字符
```

```
        DEC DX              ;其后剩下的字符串长度送 DX
        JE CHE2             ;已全部检查完了转 CHE2
        MOV CX,DX           ;SCAS 指令执行的重复次数
        MOV DI,SI           ;为执行 SCAS 指令置指针
        REPNZ SCASB         ;将（AL）与其后字符逐一比较，看是否有相等字符
        JE ERR              ;相等，则说明出现了重复字符，转出错处理
        JMP CHECK1          ;均不等，则说明此字符在串中未重复出现，检查下一字符
CHE2:   LEA SI,CIPHER+2     ;密码表首址送 SI
        LEA DI,DEC_CIPHER   ;解密表首址送 DI
        MOV CX,0            ;解密值
CHECK2:MOV BL,[SI]          ;取一个密码字符
        INC SI
        MOV BH,0            ;将 BL 扩展为 16 位
        CMP BL.'A'
        JB   ERR
        CMP BL,'Z'
        JA ERR
        SUB BL,'A'          ;是，则形成解密表位移量
        MOV [BX+DI],CL      ;将解密值送入解密表
        INC CL              ;解密值加 1
        CMP CL,10H          ;检查解密值是否到十六进制的最大值 10H
        JNE CHECK2          ;否，转形成下一解密值
END0:   RET
ERR:    IO ERR0，9          ;显示错误
        JE BEGIN            ;转 BEGIN 重输
IN_VIPHER ENDP
CODE    ENDS
        END

;----- NAME ED_CIPHER------
;子模块 ED_CIPHER
;子模块 ED_CIPHER 包括两个子程序：ENCRYPT 和 DECLASSI
;（1）ENCRYPT 子程序的功能：从键盘输入待加密的十六进制字符串，经
;       加密后送入密文表 IN_CHAR 中
;    入口参数：外部变量 CIPHER+2 为密码表首址
;    出口对数：密文表 IN_CHAR 存放已加密的密文，供解密时用
;    所使用的主要寄存器：
;DI——往密文表送加密后的密文指针
;BX——按 XLAT 指令规定保存密码表首址
;AX、DX——按 DOS 功能调用规定使用
```

```
;（2）DECLASSI 子程序的功能：将密文表 IN_CHAR 中存放的密文解密后存放
;         在明文表 OBJECT 中
;    入口参数：外部变量 DEC_CIPHER 为解密表首址
;              IN_CHAR  为密文表首址
;    出口参数：明文表 OBJECT 存放已解密的明文
;所使用的寄存器和主要变量：
; SI——从密文表取密文指针
; DI——往明文表中送解密后的明文指针
; BX——按 XLAT 指令规定保存解密表首址
; AX、DX——按 DOS 功能调用规定使用
; OBJECT——明文表即将密文表中的密文解密面明文后的数据存储区
    PUBLIC ENCRYPT,DECLASSI
    EXTRN CIPHER:BYTE,DEC_CIPHER:BYTE
IO MACRO A,B
   LEA DX,A
   MOV AH,B
   INT 21H
   ENDM
DATA SEGMENT PARA PUBLIC 'DATA'
     OBJECT   DB 40 DUP(0)        ;解密后的明文数据存储区
     IN_XHAR DB 40 DUP(0)         ;密文表（加密后的十六进制串存储区）
     CRLF     DB 0AH,0DH,'$'
     ERR0     DB 0AH,0DH,'ILLEGAL GIGIT!',0AH,0DH,'$'
DATA ENDS
CODE SEGMENT PARA PUBLIC 'CODE'
   ASSUME CS:CODE,DS:DATA,ES:DATA
ENCRYPT PROC
             LEA DI,IN_CHAR             ;密文表首址送 DI
             LEA BX,CIPHER+2            ;密码表首址送 BX
IN_TXT:      MOV AH,1
             INT 21H
             CMP AL,1AH                 ;是否结束符 Ctrl+Z
             JNE GM
             STOSB                      ;是，将 Ctrl+Z 送入加密表
             RET                        ;返回主程序
GM:          CMP AL,'0'
             JB ER0
             CMP AL,'9'
             JBE NUM
             CMP AL,'A'
```

```
            JB ER0
            CMP AL,'F'
            JA ER0
            SUB AL,7
NUM:        SUB AL,30H
            XLAT CIPHER+2        ;查密码表将十六进制数转换为密文
            STOSB                ;将密文存入密文表
            JMP IN_TXT           ;转 IN_TXT 准备再输入明文
ER0:        IO ERRO,9            ;显示错误信息
            JMP IN_TXT           ;转 IN_TXT 准备再输入明文
ENCRYPT     ENDP

DECLASSI    PROC
            LEA SI,IN_CHAR       ;密文表首址送 SI
            LEA DI,OBJECT        ;明文表首址送 DI
            LEA BX,DEC_CIPHER    ;解密表首址送 BX
NEXT0:      LODS                 ;取一密文字符送 AL
            CMP AL,1AH           ;是否结束符 Ctrl+Z
            JE RET3              ;是，转结束
            SUB AL,41H           ;否，形成解密表位移量送 AL
            XLAT DEC_CIPHER      ;从解密表转换不明文送 AL
            STOSB                ;明文送明文表
            JMP NEXT0            ;转处理下一密文字符
RET3:       STOSB                ;结束符 Ctrl+Z 送明文表
            RET
DECLASSI    ENDP
CODE        ENDS
            END
```

5.5 本章小结

1. 结构化程序设计的基本步骤

（1）分析问题、明确要求、确定算法、划分模块。

（2）建立模型、确定处理方案、编制流程图。

（3）分模块调试和运行。

2. 基本概念

（1）子程序：将一个程序中的多个地方或多个程序中的多个地方用到了同一段程序，即将这同一程序段编写成供另一程序调用的程序称为子程序也称过程。调用程序称主程序，被调用程序称子程序。调用时是通过CALL指令来实现。

（2）子程序的定义格式：

<子程序名> PROC [<类型属性>]

⋮ <指令序列>

RET

<子程序名> ENDP

（3）参数传递：子程序处理时所需要的数据称为参数，参数在主程序、子程序间的流动称为参数传递。参数传递方式有：寄存器传递参数、堆栈传递参数、存储单元传递参数。

（4）宏指令：是具有宏名的由一段有独立功能的语句序列构成的模块，在程序中可以用一条指令语句来调用，它可以在程序中定义，也可保存在宏库文件中，称这种语句为宏指令。

（5）宏定义格式：

<宏名> MACRO [形式参数表]

⋮ <指令序列>

ENDM

3. 子程序设计方法

每个子程序都具有其独立的功能，它按规定的格式定义之后，便能随时调用。子程序分无参数子程序和有参数子程序两种，对于无参数子程序，每当需要时可立即调用它。对于在参数子程序，必须在设计子程序之前约定其入口参数、出口参数的存放地点及形式。设计子程序时从约定地点取出加工对象（入口参数）、进行预定处理、将处理结果（出口参数）按约定形式送到约定地点。

因此，主程序调用子程序之前，必须按约定准备入口参数，返回主程序后，当主程序要使用处理结果时，必须到约定地点取出。这实际上是参数传递问题。主程序和子程序间的参数传递形式有：寄存器法、约定存储单元法和堆栈法，其中堆栈法较麻烦，使用时要格外小心。

在进行子程序设计时，在程序中要养成对子程序进行相关说明的习惯。如：子程序名；子程序功能；入口参数、出口参数及所使用的寄存器和分配的存储单元。一是增强了程序的共享性；二是增强了程序的清晰性。

4. 宏功能程序设计

（1）在宏定义时，对宏定义中形参应做到形式简单、个数不多、调用方便且具有较强的通用性。

（2）在宏调用时，应保持实参与形参在个数、位置上的一一对应关系，特别注意特殊参数的处理方法。

（3）多次宏调用的宏扩展中引起符号重复定义的错误的处理方法：采用伪指令LOCAL进行说明，使宏汇编程序生成特殊符号（范围从?? 0000H-?? FFFFH）。

（4）对带间隔符（如逗号、空格、横表等）的实参一定要用尖括号括起来，以便宏汇编程序能正确分辨。

（5）如果形参夹在字符串中间，则应该用“&”符号将形参括地起来，如果形参后面再无其他字符，最后一个“&”可省。

（6）对数值参数，要区别在什么情况下一定要用，在什么情况下可以不用。如对以下的宏定义：

DATA1 MACRO A，B，C，D

```
        DW A，B，C
        DB D DUP（0）
        ENDM
```

如果宏调用为：

```
X       = 10
Y       = 20
      DATA1 %X+2，5，%X+Y，%Y-5        ；第一次调用
      DATA1 X+2，5，X+Y，Y-5           ；第二次调用
```

相应的宏扩展为：

```
+    DW 12，5，30          }
+    DW 15 DUP（0）        } 第一次调用的宏扩展
+    DW X+2，5，X+Y        }
+    DB Y-5 DUP（0）       } 第二次调用的宏扩展
```

从表面上看，用数值参数与不用数值参数的宏扩展形式不一样，但这仅仅是宏汇编程序对源程序作第一扫视形成的，等到第二次扫视时，宏汇编程序将符号常量X和Y的值代入第二次调用的宏扩展中，这时，两次调用生成的目标代码是一模一样的，由此可见，使用数值参与不使用数值参数的结果完全相同，此时用数值参数也可，不用也可。

如下宏定义

```
    M MACRO L
      ERR&L DB   'ERROR&L! $',0
      ENDM
```

在下面的宏调用中：

```
    P  = 0
     REPT 3
     M %P
    P  =P+1
    ENDM
```

由于实参带了“%”，说明P是数值参数，在宏扩展时，应该用P的值而不是用P符号本身去替换形参，而在重复汇编时，P的值在不断增加，因此相应的宏扩展为：

```
+ ERR0 DB   'ERROR&L! $',0
+ P         =P+1
+ ERR1 DB   'ERROR&L! $', 0
+ P         =P+1
+ ERR2 DB   'ERROR&L! $', 0
+ P         =P+1
```

如果同样是上面的宏调用，只是实参不带符号“%”，说明P是一般的实参，在宏扩展时，宏汇编程序将用P符号本身去替换形参，由于重复汇编时，P符号本身并未改变，改变的是P的值，因此，每次重复汇编的结果均为“ERRP DB ‘ERROPP！$’,0”,出现了符号ERRP重复定义的错误。由此可见，P必须是数值参数。

5. 模块化程序设计

（1）段的PARA定位方式、PBULIC和STACK组合方式。

按PARA方式定位的段要求段首址最后四位一定是0，当该段要接着前面的段存放时，如果前面段的有内容不是正好在地址XXXXFH处结束，也要空若干个字节（至少≤15个字节），使该段正好从地址XXXX0H处开始存放。

选择PUBLIC方式的段可与其他模块中的同名，同‘类别’的PUBLIC方式的段组合成一个段，组合段的大小必须小于64KB，该组合段只有一个段首址，各同名 、同‘类别’段中的目标代码均在其中按序连续存放。如果这些同名、同‘类别’段的定位方式为PARA，在连续存放时，仍需保持它们段首址最低4位为0。

选择STACK组合方式的处理与PUBLIC组合方式的处理方法相同，只是STACK组合方式仅对同名、同‘类别’的堆栈段。

（2）在汇编语言中，各模块之间的通信主要是通过公共符号和外部符号进行的。要正确理解和运用公共符号和外部符号的定义方法。

如果一个符号在某一模块中被定义成外部符号，该符号就一定要在它所调用的模块中定义成公共符号且类型一致，否则会出错。而公共符号却可以不被别的模块所引用。

连接在一起的公共符号一定不能同名，而各模块中的局部的名字却可以同名，原因是经汇编后，局部符号不存在了，但在同一模块中的局部符号名字不能相同，否则在汇编时会引起符号重复定义错误。

为了编程、调试的方便，增强模块的独立性和通用性，避免错误的发生，在程序设计时，应尽量减少公共符号和外部符号的个数。

（3）采用模块化技术编写汇编源程序应注意的问题。

如果主程序与子程序在同一模块中且主程序在子程序的前面，当该子程序定义成FAR过程时，主程序中的调用语句应为“CALL FAR PTR过程名”，若写成“CALL过程名”则出错。除非将该子程序放在主程序的前面。如果主程序与子程序在同一模块中且主程序在子程序的前面，当该子程序定义成NEAR过程时，不论存放位置，调用语句均可用“CALL过程名”。最可靠而最简单的方法是定义成NEAR过程。

连接程序将各模块中的同名、同‘类别’且组合方式为PUBLIC的段组合成一个段，因此，如果这些段内的子程序仅供组合段内调用，也可定义成NEAR过程。

对于未组合起来段，当一个段要调用另一个段的子程序或转入另一个段执行时均为段间子程序调用或跳转，CALL和JMP指令本身的段间操作即可完成当前代码段的转移问题，但在各子模块中，仍需要使用ASSUME语句对CS和SS进行设置。

如果各模块中均有自己的数据段时，对这些数据的引用必然会涉及当前数据段的转换问题，这要由编程者自行完成。

5.6 本章习题

1. 调用程序和子程序之间参数传递有哪几种主要方式？各自的特点如何？
2. 子程序的文档说明内容包括哪些？
3. 以下程序段对吗？若不对请修改错误。

```
CRLF     PROC
```

```
        MOV AH，2
        MOV DL，10
        INT 21H
        MOV DL，13
        INT 21H
        RET
    ENDP CRLF
```

4．在子程序设计过程中，为何要进行现场保护和恢复？怎样进行现场保护和恢复？

5．试编写一个程序，将变量 BUF 为首地址的 100 个字节清零。

6．试编写一个程序，功能是能接收从键盘输入的十进制数（如溢出则提示错误信息）并能将其转换为二进制数存入 BUF 单元中。

7．试编写一个程序，功能是实现将内存中数据区 BUF 的一字符串中的小写字母转换成大小字母。

8．编写一个程序，功能是统计一个班 40 名学生的成绩，其中分数为 60 分以下、60～69、70～79、80～89、90～99 及 100 的人数分别存放到 S5、S6、S7、S8、S9 和 S10 单元中。

9．编写一个程序，功能是检验一个字符是否为数字字符。

10．编写一个程序，功能是将字符串 STR1 传送到 STR2 中并将 STR2 串内容在屏幕上显示出来。(假设两串没有重叠地址)。

11．① 编写一宏定义 IO，要求实现 9 号与 10 号系统调用功能。

② 请将以下语句按宏定义 IO 的要求宏调用语句代替。

```
    LEA DX，BUF1
    MOV AH，9
    INT 21H
      ⋮
  LEA DX，BUF2
   MOV AH，10
  INT 21H
```

12．已知宏定义如下：

```
  XCHG1      MACRO   A，B
             MOV AL，A
             XCHG AL，B
             MOV A，AL
             ENDM
  OPP        MACRO P1，P2，P3，P4
             XCHG1 P1，P4
             XCHG1 P2，P3
             ENDM
```

试说明宏定义 OPP 的功能，并展开以下的宏调用：

```
        :
  B     DB 10，20，30，40
```

```
        :
    OPP B，B+1，B+2，B+3
```

13．已知宏定义如下：

```
OUT_GHR MACRO A
        MOV DL,A
        MOV AH,2
     INT 21H
     ENDM
OUT_STR MACRO A,B
        LOCAL C
        MOV CX,
C:       OUT_CHR A
        LOOP C
        ENDM
```

调用以上宏定义实现以下功能：从键盘输入一个数（1～9），紧跟其后显示相同个数“*”后返回 DOS；若输入的不是 1～9，则给出错误提示信息后重输，直到输入正确为止。

14．试编写一通用多字节数相加的宏定义（不得少于 2 个字节）。

15．定义一个宏 DISPLAY MACRO STRING1，用来显示变量 BUF 中的以‘$’结尾的字符串，并利用该宏汇编程序来显示变量 STRING2 中存放的字符串（变量内容自己定义）。

16．编写一个宏，可能有一个单字符也可能没有参数，在引用时如有参数则显示其字符，若没有参数则显示 NOT Parameter。

学号 1
分数 1
名次 1
学号 2
分数 2
名次 2
:

图 5-11

5.17 已知某高校有 1000 名同学参加英文竞赛的成绩连续存放在以 BUF 为首地址的字存储区中，其存放形式如图 5-11 所示。现需要查询某一学号学生的成绩与名次，其显示格式如下：

学号	分数	名次
00050	98	2
00121	70	21
61011	NOT FOUNDOUT	
00750	88	10

5.7 本章实验

实验 多精度十进制加法程序设计

1. 实验目的

（1）进一步掌握传送指令与算术指令的用法。掌握加法计算程序的设计思想和设计方法。

（2）掌握和运用子程序设计中子程序的定义、调用及子程序文档相关说明和子程序的返回，理解主程序和子程序间的参数传送方式。

（3）掌握宏指令在程序设计中的用法。

（4）进一步熟悉和掌握在 PC 机上建立、汇编、连接和调试程序的基本方法。

2. 实验内容

（1）将两个多精度十进制数相加。

（2）要求被加数和加数均以组合 BCD 码形式分别存放在 DATA1 和 DATA2 为首址的连续的 5 个存储单元中，结果送回被加数单元。

（3）DATA1 和 DATA2 中存放的数据为：

DATA1 DB 37H，49H，53H，19H，46H

DATA2 DB 90H，87H，49H，31H，25H

3. 编程思想

要完成实验内容指定的功能，应该从以下几个方面进行考虑和设计：

（1）组织数据时，要按照高位在高地址，低位在低地址的原则进行。

（2）要完成多精度字节数据相加，最低字节用 ADD 指令，而其他高位字节则要使用 ADC 指令。

（3）由于被加数和加数均以 BCD 码形式表示，因此在加法指令之后要安排好对加法的调整指令。

（4）对于程序中经常要显示回车换行的。因此可以将其定义成一条宏指令，在程序中运行宏调用即可。

（5）内容要求完成 5 个字节十进制相加，因此要到循环结构来实现。

（6）实现编程思想的算法框图如图 5-12 所示。

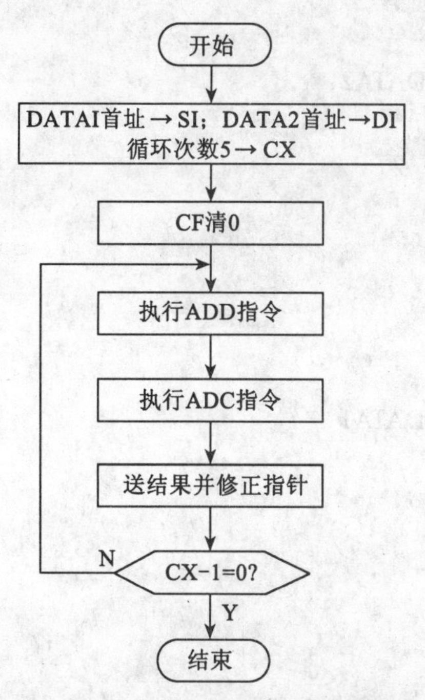

图 5-12　多精度十进制加法流程图

4. 参考汇编源程序

```
CRLF MACRO
    MOV DL,0DH
```

```
    MOV AH,02H
    INT 21H
    MOV DL,0AH
    INT 21H
    ENDM
DATA SEGMENT
  DATA1 DB 37H,49H,53H,19H,46H;定义多字节十进制被加数
  DATA2 DB 90H,87H,49H,31H,25H;定义多字节十进制加数
DATA ENDS
STACK SEGMENT STACK
     DB 100 DUP(?)
STACK ENDS
CODE SEGMENT
     ASSUME CS:CODE,SS:STACK,DS:DATA
START:MOV AX,DATA
        MOV DS,AX
        MOV SI,OFFSET DATA1
        MOV BX,5
        CALL DISPL
        CRLF
        MOV SI,OFFSET DATA2
        MOV BX,5
        CALL DISPL
        CRLF
        LEA SI,DATA1
        LEA DI,DATA2
        MOV CX,5
        CALL ADDA
        MOV SI,OFFSET DATA1
        MOV BX,5
        CALL DISPL
        CRLF
        MOV AH,4CH
        INT 21H
;子程序名：DISPL
;功能：显示连续多个字节的组合 BCD 数
;入口参数：SI 指向数据串首单元，BX 中存放字节数
;出口参数：无
DISPL PROC NEAR
      ADD SI,BX
```

```
        DEC SI
  DS1:MOV DH,[SI]
        MOV DL,DH
        MOV CL,4
        SHR DL,CL
        OR    DL,30H
        MOV AH,02H
        INT 21H
        MOV DL,DH
        AND DL,0FH
        OR    DL,30H
        INT 21H
        DEC SI
        DEC BX
        JNZ DS1
        RET
DISPL    ENDP
;子程序名：ADDA
;功能：多精度组合 BCD 数
;入口参数：SI 指向被加数首单元，DI 指向加数首单元，CX 送字节数
;出口参数：无
ADDA PROC NEAR
        CLC
AD1：MOV AL,[SI]
        ADC AL,[DI]
        DAA
        MOV [SI],AL
        INC SI
        INC DI
        LOOP AD1
        RET
ADDA ENDP
CODE ENDS
        END START
```

5. 实验报告要求

（1）对列出的源程序加以注释，说明程序的基本结构，并根据程序框图画出程序的流程图。

（2）对程序中用到的寄存器说明其功能，主程序和子程序在形式上有何不同。

（3）在 DISPL 和 ADDA 两个子程序中分别使用了哪种参数传递方式。

（4）若将 ADDA 子程序设计成两个单元字节数据相加，主程序和子程序该如何修改。

（5）在进行汇编、连接、编译和运行过程中出现的问题是如何解决的。

（6）对程序运行后显示的结果中每一个数以空格隔开，则如何修改原主子程序，修改完后并进行验证，观察看是否达到了目的要求。

第6章 输入输出程序设计

【学习目标】

（1）输入输出的概念、端口地址及其指令格式、功能与用法。

（2）数据传送方式即无条件传送、查询传送、直接存储器传送和中断传送。特别是查询传送和中断传送的程序设计方法与技巧。

（3）中断向量及中断向量表的基本概念和一般使用方法。

（4）常用 BIOS 中断调用方法。

（5）键盘输入输出的中断程序设计。

输入输出设备（I/O 设备）是指计算机系统中除 CPU、内存储器等之外的设备，是计算机系统的重要组成部分，是实现人机交互和计算机间通信的机电设备。计算机系统通过硬件接口以及 I/O 控制程序对外部设备进行控制，使其协调、有效完成输入输出工作。在对外部设备的控制过程中，主机不可避免地、有时甚至频繁的对设备接口进行联络和控制，因此，能直接控制硬件的汇编语言就成了编写高性能 I/O 程序最有效的程序设计语言。

6.1 输入输出的基本概念

计算机系统工作时，CPU 和 I/O 设备都要通过硬件接口或控制器进行相连并随时或定时地进行通信，以传送各种数据信息。如原始和现场采集的数据；计算机获得的结果；外部设备的状态；CPU 对外设的控制信号等。CPU 从外部设备取得数据信息称为**输入**；CPU 将数据信息传送给外部设备称为**输出**。

常见的输入输出设备有打印机（串行、并行）、显示器、扫描仪、绘图仪和外存储器等，它们都是通过接口电路与主机相连。但从程序设计的角度看，接口可以看成是由一组寄存器组成的，输入输出设备通过这些寄存器接收由主机传送（输出）的数据或命令，同时将一些数据或外设的各种状态（输入）给主机，由主机进行相关的处理。因此，输入输出程序设计实际上是利用一组 I/O 命令存、取接口上的寄存器中的数据，从而使主机获得外设的状态信息、控制外设的各种动作，最终实现输入输出。

6.1.1 输入输出端口地址

每一个外设要与 CPU 交换信息必须要通过接口，而这些信息又包括三种不同性质的信息，即控制信息、状态信息和数据信息。这些信息放在接口的不同寄存器中，将外设中的寄存器称为**端口**。控制信息存放在控制寄存器中（控制端口）用来描述外部控制设备的当前工作方式；状态信息存放在状态寄存器中（状态端口）用来描述当前外部设备所处的工作状态；数据信息存放在数据寄存器中（数据端口）用来暂存与 CPU 交换的数据。

不同的端口通过不同的地址进行识别与访问。在8086/8088 PC机系统中，除了主存空间外，还有一I/O空间。I/O空间是用于访问外设中的寄存器，也是所有外设寄存器的地址空间，其编址方式与主存相同，地址范围是0000H-0FFFFH共64KB（2^{16}B）；与主存空间不同的是，I/O空间只能由I/O指令访问，而其他任何指令的访问都是无效的。

6.1.2 输入输出指令

8086/8088的I/O端口地址和内存单元地址是相互独立的，因此要用专门的I/O指令来存取端口上的寄存器，即专门的I/O指令进行输入输出。8086与8088的总线情况略有不同，8086的I/O数据总线与地址总线均为16位(即64KB的空间)，8088的地址总线是16位(即64KB的空间)，而数据总线仅为8位，因此在使用I/O指令时有所不同观点，下面以8086为例，介绍I/O指令。

1. 输入指令IN

输入指令 IN 用来控制从外设向计算机传送信息，也即将外设寄存器中的数据送至累加器AL/AX或主存中。

指令格式：IN <累加器>,<端口地址>

功　　能：从一个输入端口读取一个字节或一个字，若是字节传送至累加器AL中，若是字传送至AX中。

说　　明 ：端口地址可采用直接方式表示，也可采用间接方式表示。当用直接方式表示时，端口地址仅为8位，即00-0FFH共有256个地址；当用间接方式表示时，端口地址存放在DX寄存器中，端口地址可达16位，即0000-0FFFFH共有65536个地址。因此输入指令有以下四种格式：

（1）IN AL，PORT

（2）IN AX，PORT

（3）IN AL，DX

（4）IN AX，DX

上述格式中①和②是直接端口寻址，端口地址PORT是立即数，大小不得超过255。

【例题6.1】 IN AL，60H

　　执行前：（60H）=11H，（AL）=0E3H

　　执行后：（AL）=11H，（60H）的内容不变

说明：60H是键盘将当前按键的键码输入到计算机内的端口地址。该指令功能是从60H号端口中读取一个字节的键码送到AL中。

上述格式中③和④是间接端口寻址，端口地址在寄存器DX中，当端口地址超过255时，只能使用DX间接端口寻址（这里的间接寻址与使用的寄存器BX，SI、DI和BP的内存储器间接寻址是有区别的）

【例题6.2】 MOV DX，2FAH

　　IN AX，DX

　　执行前：（2FAH）=33H，（2FBH）=44H，（AX）=1234H。

　　执行后：（AX）=4433H，（2FAH）和（2FBH）的内容不变。

说明：以DX中的内容2FAH为端口地址，从端口中读取一个字内容送到累加器AX中，完成（[DX]）→AX的功能。即（2FAH）→AL，（2FBH）→AH。

2. 输出指令 OUT

输出指令 OUT 是用来控制计算机向外部设备传送信息，即将累加器 AL/AX 或主存中的数据送到外部设备寄存器中。

指令格式：OUT <端口地址>, <累加器>

功　　能：将累加器 AL/AX 中的内容送到指定的外设寄存器中。

说　　明：端口地址有两种表示法：直接方式表示和间接方式表示。采用直接方式表示时，端口地址仅为 8 位，即 00H-0FFH 共有 256 个地址，采用间接方式表示时，端口地址存放在 DX 寄存器中，端口地址为 16 位，即 0000H-0FFFFH 共有 65536 个地址。因此输出指令有以下四种格式：

（1）OUT PORT，AL　　　；（AL）→（PORT）

（2）OUT PORT，AX　　　；（AX）→（PORT）

（3）OUT DX，AL　　　　；（AL）→（[DX]）

（4）OUT DX，AX　　　　；（AX）→（[DX]）

上述格式中①和②是直接端口寻址，端口地址 PORT 是一个 8 位立即数。大小不超过 255。

【例题 6.3】 OUT 80H，AL

执行前：（AL）=55H，（80H）=66H

执行后：（80H）=55H，AL 中内容不变。

说明：将 AL 中的一个字节内容送到端口地址为 80H 的外设寄存器中，即（AL）→80H

上述格式中③和④是间接端口寻址，端口地址在寄存器 DX 中。当端口地址超过 255 时，只能使用 DX 间接端口寻址。（这里的间接寻址与使用的寄存器 BX，SI、DI 和 BP 的内存储器间接寻址是有区别的）

【例题 6.4】 MOV AX，4433H

MOV DX，2FDH

OUT DX，AX

说明：该指令序列实现了将内存单元中内容为 4433H 的两个字节按照从低到高的次序分别送到外设寄存器中地址为 2FDH、2FEH 的两个字节单元中。即（2FDH）=33H，（2FEH）=44H。

6.1.3 数据传送方式

计算机的外部设备存在物理结构上的差异性，决定了在输入输出的过程中，CPU 必须选择不同的通信控制方式，以满足数据传输要求。计算机与外部设备之间的数据传送方式主要取决于应用程序的控制方法，具体来说取决于接口控制程序。但无论采用何种程序控制方式，计算机与外部设备传送数据的常用方式有 4 种：无条件传送、查询传送、直接存储器传送(DMA)和中断传送。

1. 无条件传送数据方式

无条件传送数据方式是不考虑外设的工作状态。在需要数据输入输出的时候，直接以 IN 和 OUT 指令从外设读入数据或将数据写入到外部设备中。在输入数据时，总是认为外设已经将可用的数据放到了端口中，等程序用 IN 指令将端口中的数据读入计算机；在输出数据时，总是认为外设已经做好了接收数据的准备，等程序用 OUT 指令将数据输出到外设的端口中。

这种传送数据方式最简单，但要求外设的工作速度与 CPU 同步，否则就可能出错。因此常用于简单外设的操作。如开关、一对一的点亮数码管等。在这种方式下硬件接口电路简单，输入时需要加缓冲器、输出时需要加锁存器。CPU 只要在输入输出指令中指明端口地址，就可以选择指定的外设进行输入输出。

2. 查询传送数据方式

查询传送数据方式适用于 CPU 与外设不同步的情况。输入前，要查询数据是否已准备好，若准备好，便可输入；否则继续查询，直到数据准备好才能进行数据的输入。输出前，要查询外设是否“忙”，若“忙”，则继续查询；若不忙，则输出数据。查询传送方式的输入输出流程图如图 6-1 所示。

采用查询传送数据方式进行输入输出，相应的外设接口不仅要有数据寄存器，而且还要状态寄存器，有些外设还需要控制寄存器。数据寄存器用来存放要传送的数据，状态寄存器用来存放表示设备所处的状态信息。通常在状态寄存器中有一个“就绪（Ready）”位或一个“忙（Busy）”位来反映外设是否已经准备好。

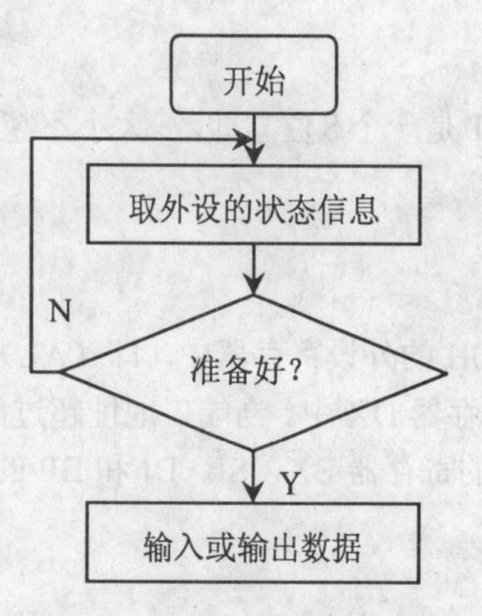

图 6-1　查询传送方式输入输出

在实际应用中，为防止设备某种原因发生故障而无法准备好，从而导致 CPU 处在无限循环中，常常都要设计一个等待超时值，当设备在规定的时间内无法准备好，就终止循环查询的过程。一般情况下，等待超时值用查询次数表示，每查询一次，查询次数减 1，如果查询次数减到 0，那么查询就结束了。

例如：某外设的状态寄存器为 8 位，最高位用以表示设备是否已准备好（或是否空闲）如图 6-2 所示。

图 6-2　某设备最高位的状态图

对输入状态寄存器来说，“READY”位为 1 时，表示要输入的数据准备好，可将数据从数据寄存器输入到 AL/AX 中，输入结束时，“READY”位由外设自动清 0，以便进入下一轮的数据准备和输入过程。

对输出状态寄存器来说，“BUSY”位为 1 时，表示外设空闲，可将 AL/AX 中的数据输出到数据寄存器且“BUSY”立即由外设自动清 0，表明外设正忙，不能输出数据，只有当数据寄存器中的数据被外设取走并将“BUSY”位置 1，才可以再次输出数据。

【例题 6.5】查询传送数据方式打印输出。在 IBM-PC 系列及其兼容机上，打印机通过打印接口连入系统。打印接口的功能是传递从 CPU 输出给打印机的打印命令和数据，同时 CPU 返回打印机的状态。包含有数据寄存器、状态寄存器和控制寄存器。打印机接口的状态寄存器和控制寄存器各位的定义如图 6-3 所示。

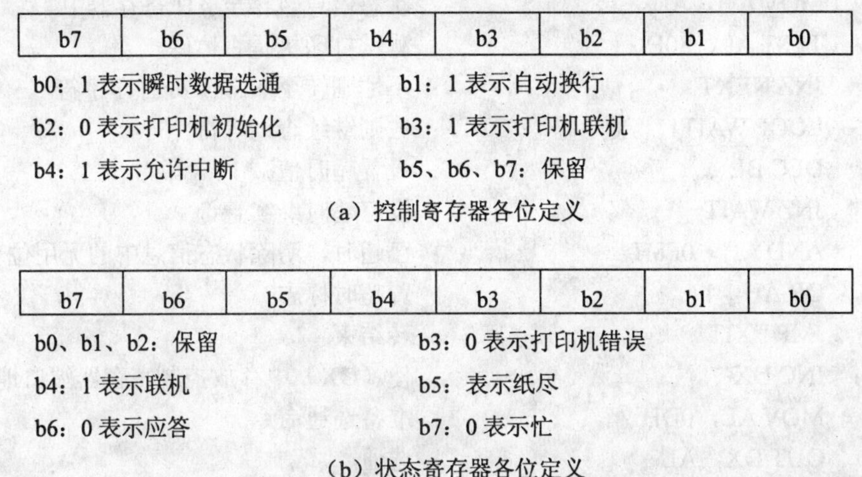

图 6-3　控制寄存器和状态寄存器各位定义

打印机的数据寄存器、状态寄存器和控制寄存器有各自的端口且三个端口地址是连续的。其地址分别是 378H、379H 和 37AH。在确定了查询等待超时值和询问的端口地址后，利用查询方式就可打印一个字符了。

在程序设计时，首先输出打印数据（存放到打印机数据寄存器中），然后将 DX 指向状态寄存器端口，读取状态信息，判断打印机是否忙碌，若忙则等待，直到打印机不忙时才将 DX 指向控制寄存器端口，向打印机发出选通命令打印相应的字符。打印机子程序如下：

```
; 子程序名：PRINT
; 功    能：打印一个字符
; 入口参数：DX=数据寄存器端口地址
;           BL=超时参数
;           AL=打印字符的 ASCII 值
; 出口参数：AH=打印机状态，各位定义如下：
;           b0：1 表示超时，即超过规定的查询次数
;           b1 和 b2 位：保留未用
;           b3：1 表示出错
;           b4：1 表示联机
;           b5：1 表示无纸
;           b6：1 表示应答
;           b7：0 表示忙碌
PRINT   PROC
        PUSH DX
        PUSH AX
        OUT DX，AL                  ; 输出打印数据
        INC DX                      ; 使（DX）中存放状态寄存器端口的地址
```

```
WAIT:   XOR CX，CX          ；设置一个超时参数单位值为 65536 次
WAIT1:  IN AL，DX           ；读状态寄存器端口地址的状态信息
        MOV AH，AL          ；状态信息暂存至 AH 寄存器中
        TEST AL，80H        ；测试打印机是否忙碌
        JNZ NEXT            ；不忙则转至 NEXT 处打印字符
        LOOP WAIT1          ；忙则继续查询等待
        DEC BL              ；设置超时值减 1
        JNZ WAIT            ；没有超时继续查询
        AND AH，0F8H        ；已超时，清除状态信息中的无用位
        OR AH，1            ；置超时标志
        JMP EXIT            ；转结束
NEXT:   INC DX              ；使（DX）中存放控制寄存器端口地址
        MOV AL，0DH         ；准备选通命令
        OUT DX，AL          ；选通
        MOV AL，0CH         ；准备复位选通命令
        JMP $+2
        OUT DX,AL           ；复位选通命令
        AND AH,0F8H         ；去掉状态信息中的无用位
EXIT:   XOR AH，48H         ；使返回状态信息中的有关位符合要求
        POP DX
        MOV AL，DL          ；恢复 AL 寄存器中的值
        POP DX
        RET
PRINT   ENDP
```

查询传送数据方式的优点是软件和硬件的实现上较简单，当同时查询多个设备时，可以由程序安排查询的先后次序；缺点是浪费 CPU 的大量时间，在查询等待时 CPU 不能做其他工作。

【例题 6.6】打印机打印字符的完整的程序如下：

```
DATA SEGMENT
    MESS   DB 'Printer is normal',0dh,0ah
    COUNT EQU $-MESS
DATA ENDS
CODE SEGMENT
MAIN PROC FAR
      ASSUME CS:CODE,DS:DATA
START:MOV SI,OFFSET MESS
      MOV CX,COUNT
NEXT: MOV DX,379H
WA   : IN AL,DX          ；读状态寄存器的状态信息到累加器 AL 中
      TEST AL,80H        ；测试状态端口是否忙
```

```
        JZ WA              ; 即AL最高位为0表示忙等待
        MOV AL,[SI]        ; 即AL最高位为1表示闲，将第1个字符送累加器中
        MOV DX,378H        ; 数据寄存器端口地址送DX
        OUT DX,AL          ; 将累加器中的字符输出到数据寄存器端口地址中
        MOV DX,37AH        ; 将控制端口地址送到DX
        MOV AL,0DH         ; 准备选通命令
        OUT DX,AL          ; 选通
        MOV AL,0CH         ; 准备复位选通命令
        OUT DX,AL          ; 复位选通
        INC SI             ; 修改取字符指针
        LOOP NEXT          ; 字符输出完了没有，完了结束，没有继续输出下一字符
        MOV AH,4CH
        INT 21H
MAIN ENDP
CODE ENDS
        END START
```

以上程序中第一个程序考虑了查询超时，而第二个程序没有考虑查询超时问题。若外设出现意外故障，那么第一个程序在查询了65536次后自动退出查询过程，但第二个程序的CPU就会进入无限循环之中。

3. 中断传送数据方式

在查询传送数据方式中，计算机的处理器CPU要不断地去查询外部设备的状态信息，如果外部设备忙，处理器CPU就必须有等待，不能做任何操作，这样既浪费了处理器CPU的时间，又降低了处理器CPU的效率。

现阶段大部分外部设备如键盘、打印机等的速度较低，它们输入、输出一个数据的速度很慢，但在输入/输出的时间内，处理器CPU可以执行大量的指令。为提高处理器CPU的效率，常常采用中断输入/输出方式传送方式。

当外部设备准备好数据或准备好接收数据时，由外部设备向计算机处理器CPU发出中断请求，处理器CPU就暂停原程序的执行（实现中断），转入执行输入/输出操作（中断服务），输入/输出完成后返回原程序继续执行（中断返回），这样CPU不用等待外部设备，从而提高计算机处理器CPU的利用率。

另外，某些外部设备的数据是随机数据（如：键盘、数据采集等），作为计算机处理器CPU或接口控制程序无法预测什么时候外部设备需传送数据或接收数据，对于这种情况，中断传送方式所具有的独特的控制作用，是其他传送方式无法比拟的。因此，中断传送方式的程序设计是I/O程序设计的一个非常重要的方面。中断程序设计具体方法在6.2节详细讲解。

中断传送数据方式的最大特点是CPU与外设并行工作，同时是现代计算机采用的技术之一。

4. DMA传送数据方式

无条件传送数据方式适应于外设动作时间已知且固定的场合；查询传送数据方式可靠但CPU的利用率低；中断传送数据方式较好克服了上述两种方式的不足，但每传送一个字节或字数据就需要执行一次保护断点和恢复现场的操作，仅适用于速度较慢的外部设备。要更好

进行大量数据的传送，则应使用直接存储器数据传送方式即DMA方式。

DMA（Direct Memory Access）传送数据方式又称直接存储器数据传送方式：是利用DMA控制器（硬件）管理数据的I/O，适用于高速I/O设备（如：磁盘设备、声卡设备）与存储器之间直接成批地交换数据。以硬件的代价换取传送数据的高速。

（1）DMA控制器。DMA控制器简称为DMAC，是一个较复杂的器件，就DMAC概念模型通道接口来说，它包含了控制与状态逻辑、寄存器组和中断逻辑三部分。

① DMA控制与状态逻辑在DMA周期内，决定是否发出DMA请求，产生相应的控制信号和要存取的内存单元的地址以完成DMA传送。

② 控制字寄存器存放控制字：初始化时由CPU写入，主要决定数据的传送方向、地址指针修改及DMAC的工作方式等。

③ 地址寄存器/计数器：初始字由CPU写入，地址寄存器指向DMA传送时的内存缓冲区首址；计数器存放DMA传送字节数的初值，在传送过程中由程序不断修改。

④ 块长计数器：初始化时装入数据块长度的初值，在进行DMA传输时，每传输一个字节，计数器自动减1，当数据块传送完毕，计数器的值由0减到0FFFFH时，产生计数结束信号EOP。

⑤ 中断机构：同一般接口类似，具有提出中断请求、中断优先级、屏蔽或接受中断、保护断点与恢复现场、中断返回等功能。

DMA控制器种类较多，电路复杂程度各不相同，但任何一个DMA控制器都具有以下基本功能：

① 能向CPU发出总线请求信号（HOLD），请求CPU交出总线控制权。

② 接管CPU交出的总线控制权，进入DMA方式。

③ 对内存缓冲区正确寻址，能自动修改地址指针。

④ 能控制系统与外设之间的数据通信，判断DMA传送是否正常结束。

⑤ 传送完毕，能向CPU发出DMA结束信号，使CPU恢复对系统总线的控制权。

（2）DMA方式传送数据过程。DMA方式即直接存储器存取方式。在DMA方式下，CPU放弃对三总线的控制权（总线输出端呈高阻态）而移交给DMAC；DMAC取得总线支配权后，依靠硬件技术，完成外设与内存间的数据传送。其基本过程如下：

① I/O端口向DMAC发出DMA请求。

② DMAC接到端口的DMA请求后，向CPU发出总线请求信号。

③ CPU在执行完当前指令的当前总线周期后，向DMAC发出总线响应信号（HLDA）。

④ CPU交出总线控制权，三总线的输出端为高阻状态，等待DMAC接管。

⑤ DMAC向I/O端口发出DMA应答信号，接管三总线。

⑥ DMAC将地址指针发往地址总线、发出相应的读/写信号。

⑦ 完成一次DMA传送，自动修改地址寄存器内容，以指向下一个要传送的字节。同时，字节计数器减1，判断本次传输是否结束。

⑧ 设定的字节数传送完毕，本次DMA过程结束。DMAC向CPU发结束信号，CPU恢复对三总线的控制。

DMA方式是为了在内存与外设间高速交换批量数据而设置的，直接靠硬件实现。由于传送过程不受程序影响，因此并不能处理复杂事件。从这个意义上讲，DMA方式尽管可靠、速度快，但并不能完全取代其他传送方式，特别是非单纯数据传送场合，中断方式具有更良好的适应性。

6.2　中断及中断程序设计

在计算机系统中，引入中断的最初目的是为了提高系统的输入输出性能。随着计算机应用的发展，中断技术也应用到计算机系统的许多领域，如：多道程序、分时系统、实时处理、程序监视和跟踪等领域。

6.2.1　中断和中断源

所谓中断就是CPU暂停当前程序的执行，转而执行处理紧急事务的程序，并在该事务处理完后能自动恢复执行原先程序的过程。在此，称引起紧急事务的事件为**中断源**，称处理紧急事务的程序为**中断服务程序或中断处理程序**。计算机系统还根据紧急事务的紧急程度，把中断分为不同的优先级，并规定：高优先级的中断能暂停低优先级的中断服务程序的执行。

计算机系统有上百种可以发出中断请求的中断源，但最常见的中断源是：外设的输入输出请求，如：键盘输入引起的中断，通信端口接收信息引起的中断等；还有一些计算机内部的异常事件，如：除法出错处理、单步中断、奇偶校验错等。

CPU在执行程序时，是否响应中断要取决于以下三个条件能否同时满足：

（1）有中断请求；

（2）允许CPU接受中断请求；

（3）一条指令执行完，下一条指令还没有开始执行。

条件（1）是响应中断的主体。除用指令INT所引起的软件中断之外，其他中断请求信号是随机产生的，程序员是无法预见的。

程序员可用程序部分地控制条件（2）是否满足，即可用指令STI和CLI来允许或不允许CPU响应可屏蔽的外部中断。而对于不可屏蔽中断和内部中断，CPU一定会响应它们的，程序员是无控制权的，CPU一定会执行这些中断的中断服务程序。

8086系统的中断源的分类形式如下：

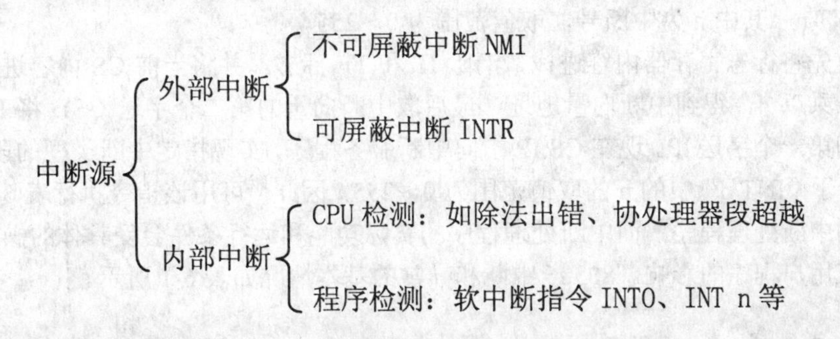

8086总共可管理256种不同的中断和异常，每种中断和异常都有一个数字编号，该编号在00-0FFH间，称为**中断类型码（或中断号）**。采用这种编号机制不仅可以简化硬件设计（只需处理8位二进制数），而且可以简化指令格式，提供方便灵活的中断管理机制等。不可屏蔽中断NMI和由CPU识别的异常在0-1FH范围内有一预先确定的中断号，其他中断和异常的中断号可以由软件在20H-0FFH中设定。

1. 不可屏蔽中断 NMI

不可屏蔽中断是由硬件故障引起的。如，由电源掉电、存储器出错或总线奇偶校验错引起的。对这些错误如不及时响应和处理，机器就难以正常运行。对于不可屏蔽中断源发出的中断请求信号，CPU 是无法屏蔽的。

2. 可屏蔽中断 INTR

可屏蔽中断由各种外设的中断请求产生。若 CPU 处于开中断状态（即状态标志 IF=1）就响应外设的中断请求；若 CPU 处于关中断状态（即中断标志 IF=0）则拒绝响应外设的中断请求。因此称这种中断源为可屏蔽中断源。

如，当键盘完成一个字符的输入时，可以发出中断请求，若此时 IF=1，则 CPU 响应其中断请求，相关处理程序就可以从键盘得到输入的字符并作相应的反应；若 IF=0，则 CPU 不响应其中断请求，程序就不会对用户的任何键盘操作响应。

在程序允许或禁止响应 INTR 的地方，应分别用开中断指令 STI 和关中断指令 CLI 将 IF 置 1 或清 0。但要注意：STI 指令、CLI 指令和 IF 标志只对屏蔽中断有意义，对其他中断和异常没有影响。

3. 除法出错

当执行除法指令时，如果除数为 0 或商超出了寄存器所能表示的范围，就产生一个类型为 0 的内部中断。

4. 溢出

当溢出标志 OF=1 时，执行指令 INTO 将产生类型码为 4 的中断；如 OF=0 时，则不产生中断，继续执行 INTO 后面的指令。

5. 调试异常

有几种异常可使 CPU 触发中断：① 指令地址断点异常；② 数据地址断点异常；③ 一般检测异常；④单步异常（当 TF=1 时，当前指令执行完就产生中断）；⑤ 任务转换断点异常。

6. 软中断指令异常“INT n”

CPU 执行“INT n”时立即产生中断。

格式：INT n　其中 n 为中断号，取值范围为 0～255。

功能：首先将标志寄存器内容进栈，清除 IF 和 TF 标志，并将当前 CS 内容进栈；然后将中断类型号乘以 4，得到中断向量地址；最后取中断向量的第二个字送 CS，将 IP 进栈，取中断向量的第一个字送 IP。现在 CS:IP 指向中断服务程序，实现指定中断类型的段间调用。

注意：由于“INT n”中的 n 的取值范围为 0～255，因此，可用该指令执行表 6-1 中所有中断和异常的中断处理程序，而中断处理程序的实际功能和运行条件会受具体的操作系统、硬件的状态或用户程序的影响。80386 中断和异常的基本情况如表 6-1 所示。

表 6-1　　8086 中断和异常一览表

中断号	名称	类型	相关指令	DOS 下名称
0	除法出错	异常	DIV、IDIV	除法出错
1	调试异常	异常	任何指令	单步
2	非屏蔽中断	中断	--	非屏蔽中断

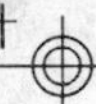

续表

中断号	名称	类型	相关指令	DOS 下名称
3	断点（单字节）	异常	INT 3	断点
4	溢出	异常	INTO	溢出
5	边界检查	异常	BOUND	打印屏幕
6	非法操作码	异常	非法指令编码或操作数	保留
7	协处理器无效	异常	浮点指令或 WAIT	保留
8	双重故障	异常	任何指令	时钟中断
9	协处理器段超越	异常	访问存储器的浮点指令	键盘中断
0AH	无效 TSS	异常	JMP、CALL、中断、IRET	保留
0BH	段不存在	异常	装载段寄存器的任何命令	串口 2 中断
0CH	堆栈段异常	异常	装载 SS 的命令及用 SS 寻址的命令	串口 1 中断
0DH	通用保护异常	异常	任何访问存储器的指令及特权指令	硬盘并行口中断
0EH	页失效	异常	任何访问存储器指令	软盘中断
0FH	保留			打印机中断
10H	协处理器出错	异常	浮点指令或 WAIT	显示器驱动程序
11H	保留			设备测试程序
12H	保留			存储器容量判断程序
13H	保留			软盘驱动程序
14H	保留			串口驱动程序
15H	保留			扩充的 BIOS
16H	保留			键盘驱动程序
17H	保留			打印驱动程序
18H	保留			ROM BASIC
19H	保留			系统自举程序
1AH	保留			时钟管理
1BH	保留			Ctrl+Break 处理
1CH	保留			定时处理
1DH-1FH	保留			参数指针
20H-2FH	其他软硬件中断			DOS 调用
30H-0FF	其他软硬件中断			其他软件中断
0-0FFH	软中断	异常	INT n	软中断

6.2.2 中断优先级

无论是外部中断，还是内部中断，为了能区别不同的中断源，8086/8088 对它们进行了统一编号，也就是说为每个中断源分配一个中断类型码，如除法出错中断类型码 0，单步中断类型码 1。根据这些中断类型码，可以很方便地从中断向量表中找到相应的中断服务程序入口地地址。各个中断请求是分优先等级的，CPU 是按优先级从高到低的顺序依次处理各个中断源的中断请求。IBM-PC 规定中断优先级由高到低依次为：内中断（除法错、INTO、INT）、非屏蔽中断、可屏蔽中断、单步中断。其中可屏蔽中断的优先级又分为 8 级，依次是 IR0、IR1、IR2、IR3、IR4、IR5、IR6IR7。各外设的中断优先权对应哪一级由硬件连线和 8259A 的中断命令寄存器来决定。中断优先级如表 6-2 所示。

表 6-2 中断优先级

中　断	优 先 级
除法错、INTO、INT n	最高
非屏蔽中断	↓
可屏蔽中断	↓
单步中断	最低

6.2.3 中断响应与中断返回

不同的中断源要求中断处理是不相同的，各有不同的中断处理程序。在有中断请求时，CPU 首先需要知道是什么原因申请中断，是什么类型的中断，再调用并执行相应的中断服务程序进行处理，称为中断响应。

中断响应与处理的基本过程，CPU 在当前运行指令的最后的一个机器周期的最后一个时钟周期采样 INTR 引线，若有中断请求，且 IF=1（对 NMI 中断源，不受 IF 影响）即进入中断周期，执行如下操作：

（1）取中断类型号（n），并放入暂存器保存。

（2）将标志寄存器内容压入堆栈。

（3）标志寄存器 IF 和 TF 清 0，以禁止外部中断和单步中断。

（4）保护断点，IP 和 CS 寄存器的当前内容被推入堆栈。

（5）以 4*n 为偏移量，从向量表中取出中断向量，继而执行中断服务程序。

（6）中断返回。在中断返回前，一般先恢复现场，然后 IRET 指令从栈中弹出 IP、CS 和 FLAGS（8086/8088 为 PSW 即程序状态字），返回主程序。

硬件中断类型码是由发出中断的设备送给 CPU 的，软件中断类型码是由指令指定或由系统分配。指令指定如 INT n，其中的 n 是中断类型码；系统为除数为 0 的中断，单步中断、断点中断和溢出中断指定了特定的类型码分别是 0、1、3 和 4。

软件中断的响应较硬件中断响应简单。CPU 执行软中断指令时，先取出中断类型码 n，将其乘 4 后去查中断向量表，取出中断向量，实现转移。

例如：执行中断指令 INT 12H 时 CPU 将自动完成以下操作。

（1）取中断类型号 12H。

（2）将 PSW、CS、IP 内容依次压入堆栈。

（3）禁止外部中断和单步中断（IF=0，TF=0）。

（4）根据中断类型号 12H 计算中断服务程序起始地址所在的位置（在中断向量表中的位置），取出中断处理程序入口的段地址与偏移地址分别放到 CS 与 IP 寄存器中：在[12H*4]=[0048H]处取两字节给 IP；在[12H*4+2]=[004AH]处取两字节给 CS 寄存器。

（5）转入对应中断处理程序并运行。

（6）中断处理程序执行完后，执行中断返回指令 IRET。

6.2.4 中断向量及设置

1. 中断向量与中断向量表

中断服务程序的入口地址称为中断向量，中断向量按一定规律排列在一起，构成中断向量表。不同的中断源要求的中断服务程序是不相同的，为了找到相应的中断服务程序入口地址，IBM-PC 为每个中断请求分配一个中断类型号，类型号为 0-FFH 借助中断向量表建立中断类型号与中断服务程序入口地址的联系。

中断向量表是中断类型码与对应的中断处理程序入口地址之间的连接表。为了将 256 个不同的类型码与对应的中断处理程序连接起来，中断向量表中存放了 256 个表项，每个表项中存放了中断处理程序入口处的段地址和偏移地址信息。在实方式下，中断向量表存放 16 位段基值和 16 位偏移值，每个表项占 4 个字节，共占用 1KB 的主存空间。中断向量表的起始位置固定从物理地址 0 开始（也即起始地址的段基值和偏移地址均为 0），不能修改。中断向量的固定区域的起始地址为 00000H-003FFH。中断向量表如图 6-4 所示。

地址	内容
00000H	类型 0 中断处理 程序入口地址
00004H	类型 1 中断处理 程序入口地址
00008H	类型 2 中断处理 程序入口地址
	· · ·
003FCH	类型 256 中断处理
003FFH	程序入口地址

图 6-4 中断向量表

2. 设置中断向量

IBM-PC 允许的 256 种中断，有些已被系统占用，还有一些是空闲的，保留给用户使用。我们可根据需要利用这些保留的中断类型号来扩充自己的中断功能，只要将自己编写的子程序入口地址放入对应的中断向量表即可。设置中断向量的方法有直接法和利用 DOS 功能调用法两种。

（1）直接法。直接法是利用传送指令，将子程序入口地址直接放入中断向量表中。

例如：已编写某一外设的处理子程序如下

```
INTR6  PROC NEAR
         …
       STI
       IRET
INTR6  ENDP
```

现要求将其设定为中断类型号 60H，采用直接法方式进行。

```
MOV AX，0
```

```
    MOV ES，AX              ；段地址为 0000H
    MOV BX，60H*4           ；类型号*4 送 BX 寄存器作间接寻址
    MOV AX，OFFSET INTR6    ；取子程序入口的偏移地址
    MOV ES：[BX]，AX        ；子程序入口的偏移地址存入类型号*4 的单元中
    MOV AX，SEG INTR6       ；取子程序入口的段地址
    MOV ES：[BX+2]，AX      ；子程序入口的段地址存入类型号*4+2 的单元中
```

（2）利用 DOS 功能调用设置中断向量。

功能号：25H

功能：把由 AL 指定的中断类型的中断向量 DS：DX 放置在中断向量表中。

预置：AH=25H

AL=中断类型号

DS：DX=中断向量（段地址：偏移地址）

执行：INT 21H

例如：上例用 DOS 功能调用设置中断向量法的实现过程如下：

```
MOV DX，OFFSET INTR6
MOV AX，SEG INTR6
MOV DS，AX
MOV AH，25H
MOV AL，60H
INT 21H
```

自己设置的中断服务程序所采用的中断类型号一般应为 BIOS 中未用到的，以免出现冲突。首选 60H-66H，F1H-FFH，这些是为用户准备的。其他如 44H-45H，47H-49H，4BH-59H，5BH-5FH，68H-6FH，72H-73H，77H-7FH 等为 BIOS 所保留，但在一些新机器或软件中可能已经被告占用。如果选用某些影响较小的，已被使用的中断号，应先保存该中断号，在执行完自己的中断程序后要恢复原功能。

6.2.5 中断程序设计

中断程序设计分为主程序设计和中断服务程序设计两部分。

1. 主程序设计

如果主程序在运行过程中允许响应中断，则主程序在响应中断前应做好对中断系统的初始化工作。初始化工作包括 CPU 本身的初始化，中断控制器 8259A 的初始化，以及通用外设接口的初始化三个部分。

（1）CPU 本身的初始化工作主要包括设置堆栈指针（包括堆栈寄存器），设置中断向量并开放中断等。

（2）中断控制器 8259A 的初始化主要是选择它的工作方式。如果所使用的系统在启动时已经对 8259A 做过初始化工作，则用户只需要用操作命令字修改中断屏蔽寄存器的内容即可，如果有必要也可以改变 8259A 的排队优先级。

（3）通用外设接口的初始化主要包括选择接口的工作方式，设置接口的中断开关位等。常见的外设接口芯片有 8251、8255 等几种类型，它们的基本结构和使用方法在微机原理与接口及通信过程中介绍。

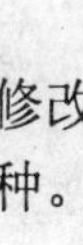

2. 中断服务程序设计

中断服务程序的设计主要包括：为尚未分配功能的中断号设计一个中断处理程序或修改已有中断处理程序以扩充其功能。中断服务程序的基本结构分为单级中断和多级中断两种。新增一个中断处理程序的基本步骤如下：

（1）根据新增加的中断处理程序的功能编制中断处理程序。中断处理程序的编制方法与子程序的编制方法相似，但要注意的是，中断服务程序应为远过程，返回指令应为IRET。若是编写设备驱动程序中的中断处理程序，还要注意完成硬件中断必须完成的功能及符合设备驱动程序的规范。

（2）查看中断向量表，为软中断找到一个空闲的中断号，或根据硬件使用的中断号确定本中断服务程序的中断号。假定中断号为n.

（3）将新编制的中断处理程序装入内存，将其入口地址送入中断向量表4*n–4*n+3的4个字节中。

以后便可使用“INT n”执行新增加的软中断服务程序。编制软中断服务和外设中断服务的基本思想是不同的。在编制外设中断服务程序的基本步骤如下：

（1）保护现场。外设中断是随机发生的，中断前的程序使用各种寄存器的情况是未知，只有通过保护现场的方法来避免错误的发生。

（2）及时开中断以便CPU能响应更高级的中断请求。

（3）通过选用高效的指令和编制短小的程序来尽快完成中断服务程序的任务。以避免下一次中断或其他外设中断的处理。

（4）恢复现场。

（5）通知中断控制器8259A中断已结束。

（6）利用IRET指令实现中断返回。

【例题6.7】设计一中断服务程序，其功能是将一个字符串中所有大写字符变为小写字符，非大写字符不变。

分析：在主程序中存放要转换的字符并完成中断向量的设置，调用中断服务程序。中断服务程序实现字符的转换及将其结果在屏幕上显示出来。

```
DATA SEGMENT
     SOURCE DB '2010ShangHAI World EXPO'        ; 待转换的字符串
     COUNT   EQU $-SOURCE                       ;字符个数
     DEST    DB COUNT+1 DUP(?)                  ;转换结果存放地
DATA ENDS
CODE SEGMENT
     ASSUME CS:CODE,DS:DATA
START:MOV AX,SEG TRANBL                         ;取中断服务程序段地址
        MOV DS,AX                               ;中断服务程序段地址放DS中
        MOV DX,OFFSET TRANBL                    ;取中断服务程序的偏移地址
        MOV AH,25H                              ;利用DOS的25H功能设置中断向量
        MOV AL,60H                              ;中断类型号60H
        INT 21H
        INT 60H
```

```
        MOV AH,4CH
        INT 21H
;中断服务程序名：TRANBL
;中断服务程序功能：大写字母转换为小写字母
;输入参数：DATA 数据区 SOURCE 处，字符个数由 COUNT 指定
;输出参数：DATA 数据区 DESTT 处
TRANBL PROC FAR
        PUSH AX
        PUSH CX
        PUSH SI
        PUSH DI
        PUSH DS
        MOV AX,DATA                     ;设置当前数据段
        MOV DS,AX
        MOV SI,OFFSET SOURCE            ;源串地址
        MOV DI,OFFSET DEST              ;目的串地址
        MOV CX,COUNT                    ;串长
AGAIN:MOV AL,[SI]                       ;取一个字符
        CMP AL,41H                      ;与大写字母 A 比较
        JB NEXT                         ;小于'A'不必转换
        CMP AL,5AH                      ;与大写字母'Z'比较
        JA NEXT                         ;大于'Z'的不必转换
        ADD AL,20H                      ;大写转换小写
NEXT: MOV [DI],AL                       ;存放到目的地址
        INC SI                          ;修改指针取下一个字符
        INC DI
        LOOP AGAIN
        MOV AL,'$'                      ;字符串后加$，准备 9 号功能调用
        MOV [DI],AL
        MOV DX,OFFSET DEST              ;准备用 9 号功能显示
        MOV AH,9
        INT 21H
        POP DS
        POP DI
        POP SI
        POP CX
        POP AX
        IRET
TRANBL ENDP
CODE ENDS
```

程序运行前字符在数据区中的存放如图 6-5 所示。

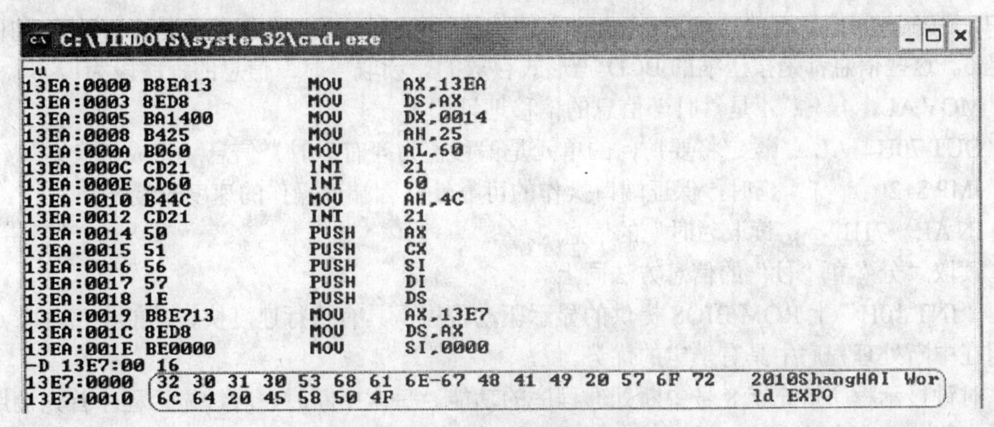

图 6-5 数据在内存单元中存放

程序运行结果如图 6-6 所示。

```
C:\WINDOWS\system32\cmd.exe
-u
13EA:0000 B8EA13        MOV     AX,13EA
13EA:0003 8ED8          MOV     DS,AX
13EA:0005 BA1400        MOV     DX,0014
13EA:0008 B425          MOV     AH,25
13EA:000A B060          MOV     AL,60
13EA:000C CD21          INT     21
13EA:000E CD60          INT     60
13EA:0010 B44C          MOV     AH,4C
13EA:0012 CD21          INT     21
13EA:0014 50            PUSH    AX
13EA:0015 51            PUSH    CX
13EA:0016 56            PUSH    SI
13EA:0017 57            PUSH    DI
13EA:0018 1E            PUSH    DS
13EA:0019 B8E713        MOV     AX,13E7
13EA:001C 8ED8          MOV     DS,AX
13EA:001E BE0000        MOV     SI,0000
-D 13E7:00 16
13E7:0000  32 30 31 30 53 68 61 6E-67 48 41 49 20 57 6F 72   2010ShangHAI Wor
13E7:0010  6C 64 20 45 58 50 4F                              ld EXPO
-g
2010shanghai world expo
Program terminated normally
```

图 6-6 运行程序结果打印到屏幕上

从程序的运行情况可以看出，中断服务程序结构和子程序结构很接近，只是由于其灵活性更强，一般要求对程序涉及的所有寄存器都要实施保护。如果中断申请信号来自外设，为了保证设置过程可靠，一般在程序开始时要使用 CLI 命令关中断，在设置中断向量完毕后再使用 STI 命令开中断。

【例题 6.8】编制时钟程序。要求每隔约 1s 在屏幕右上角显示一次当前的时间（时：分：秒）。

分析：从表 6-1 可知，在实方式下类型码为 8 的中断是系统时钟中断，系统定时器初始化成每秒产生 18.2 次中断。因此，编制的程序可以通过接管该中断对应的中断服务程序获得定时处理时间信息的能力，再通过加入获取时间并显示时间功能来满足题中要求。

当前时间采用通过 I/O 端口（地址为 70H 和 71H）直接读取“实时时钟/系统配置接口芯片（RT/CMOS RAM）”内部内容的方法。

RT/CMOS RAM 内部有 64 个字节单元，而 CPU 只能通过地址为 71H 的端口存取这些单元，因此在存取它内部的某个单元之前必须将该单元切换（也即映射或挂接）到 71H 端口上来。

切换方法：通过地址为 70H 的端口设定将要存取的单元。在 RT/CMOS RAM 的存储单元中，当前时间信息存放的位置是："时"的偏移值为 4，"分"的偏移值是 2，"秒"的偏移值是 0。这些信息都是按压缩的 BCD 码形式存放的。读取"时"信息的程序段为：

```
MOV AL，4      ；4 是"时"信息的偏移地址
OUT 70H，AL    ；设定将要访问的单元是偏移值为 4 有"时"信息（完成切换）
JMP $+2        ；延时，保证端口操作的可靠性（因端口操作的速度较慢）
IN AL，71H     ；读取"时"的信息
```

读取"分"和"秒"的信息方法同上。

"INT 10H"上 ROM BIOS 提供的显示驱动程序，具有执行速度快、功能丰富的特点，应用在中断处理程序中具有一定的优势。

时钟显示程序扩充了 8 号中断处理程序的功能。每次中断时，时钟显示程序首先调用原 8 号中断处理程序的功能，然后对中断次数计数；程序中采用了倒计数的方法，当计数值从 18 减到 0 时，直接中断返回；当计数值减到 0 时，则重给计数器赋初值。通过 I/O 操作获得当前时间，转换成对应的 ASCII 码串，利用"INT 10H"显示信息；最后中断返回，主程序首先安装具有扩充功能的中断处理程序，然后处理其他程序。最后等待用户按下"q"键，恢复原中断向量，正常退出。

完整的时钟显示程序如下：

```
STACK SEGMENT STACK   ;主程序的堆栈段
DB 200 DUP(0)
STACK ENDS
CODE SEGMENT
  ASSUME CS:CODE,SS:STACK,DS:CODE
;新的 INT 08H 使用的变量
  COUNT DB 18              ;滴答计数
  HOUR   DB ?,?,':'        ;时的 ASCII 码
  MIN    DB ?,?,':'        ;分的 ASCII 码
  SEC    DB ?,?            ;秒的 ASCII 码
  BUF_LEN=$-HOUR           ;计算显示信息长度
  CURSOR DW ?              ;原光标位置
  OLD_INT DW ?,?           ;原 INT 08H 的中断向量
;新的 INT 08H 代码
NEW08H PROC FAR
      PUSHF
      CALL DWORD PTR CS:OLD_INT
   ;完成原功能（变量在汇编后使用的默认段寄存器为 DS，故必须加段前缀
      DEC CS:COUNT         ;倒计数
      JZ DISP              ;计满 18 次，转时钟显示
      IRET                 ;未计满，中断返回
```

```
DISP:MOV CS:COUNT,18    ;重置计数值
    STI                 ;开中断
    PUSH AX             ;保护现场
    PUSH BX
    PUSH CX
    PUSH DX
    PUSH SI
    PUSH DI
    PUSH BP
    PUSH SP
    PUSH DS
    PUSH ES
    MOV AX,CS           ;将 DS、ES 指向 CS
    MOV DS,AX
    MOV ES,AX
    CALL GET_TIME       ;获取当前时间，并转换成 ASCII 码
    MOV BH,0            获取 0 号页面当前的光标位置
    MOV AH,3
    INT 10H
    MOV CURSOR,DX       ;保存原光标位置
    MOV BP,OFFSET HOUR;ES:[BP]指向显示信息的起始地址
    MOV BH,0            ;显示到 0 页面
    MOV DH,0            ;显示在 0 行
    MOV DL,80-BUF_LEN ;显示在最后几列（光标位置设置在右上角）
    MOV BL,07H          ;显示字符的属性（白色）
    MOV CX,BUF_LEN      ;显示字符串长度
    MOV AL,0            ;BL 包含显示属性，写后光标不动
    MOV AH,13H          ;调用显示字符串的功能
    INT 10H             ;在右上角显示当前时间
    MOV BH,0            ;对 0 号页面操作
    MOV DX,CURSOR       ;恢复原来光标位置
    MOV AH,2            ;设置光标位置功能号
    INT 10H             ;还原光标位置（保证主程序的光标位置不受影响）
    POP ES
    POP DS
    POP SP              ;恢复现场
    POP BP
    POP DI
    POP SI
    POP DX
```

```
        POP CX
        POP BX
        POP AX
        IRET                    ;中断返回
NEW08H  ENDP
;取时间子程序。从 RT/CMOS RAM 中取得时分秒并转化成 ASCII 码存放到对应的变量中
GET_TIME PROC
        MOV AL,4                ;4 是“时”信息的偏移地址
        OUT 70H,AL              ;设定将要访问的单元是偏移值为 4 的“叶”信息
        JMP $+2                 ;延时，保证端口操作的可靠性
        IN AL,71H               ;读取“时”信息
        MOV AH,AL               ;将 2 位压缩的 BCD 码转换成未压缩的 BCD 码
        AND AL,0FH
        MOV CL,4
        SHR AH,CL
        ADD AX,3030H            ;转换成对应的 ASCII
        XCHG AH,AL              ;高位放在前面显示
        MOV WORD PTR HOUR,AX ;保存到 HOUR 变量指示的前 2 个字节中
        MOV AL,2                ;2 是“分”信息的偏移地址
        OUT 70H,AL
        JMP $+2
        IN AL,71H               ;读取“分”信息
        MOV AH,AL
        AND AL,0FH
        SHR AH,CL
        ADD AX,3030H
        XCHG AH,AL
        MOV WORD PTR MIN,AX;保存到 MIN 变量指示的前 2 个字节中
        MOV AL,0                ;0 是“秒”信息的偏移地址
        OUT 70H,AL
        JMP $+2
        IN AL,71H               ;读取“秒”信息
        MOV AH,AL               ;转换成对应的 ASCII
        AND AL,0FH
        SHR AH,CL
        ADD AX,3030H
        XCHG AH,AL
        MOV   WORD PTR SEC,AX;保存到 SEC 变量指示的 2 个字节中
        RET
GET_TIME ENDP
```

```
;初始化中断服务程序及主程序
BEGIN:PUSH CS
      POP DS
      MOV AX,3508H         ;获取原 08H 的中断向量
      INT 21H              ;系统功能调用 35H 的入口/出口参数
      MOV OLD_INT,BX;保存中断向量
      MOV OLD_INT+2,ES
      MOV DX,OFFSET NEW08H
      MOV AX,2508H         ;设置新的 08H 中断向量
      INT 21H              ;系统功能调用 35H 的入口/出口参数
NEXT: MOV AH,0             ;等待按键
      INT 16H              ;该软中断的入口和出口参数
      CMP AL,'q'           ;若按下 q 键退出
      JNE NEXT
      LDS DX,DWORD PTR OLD_INT;取出保存的原 08H 中断向量
      MOV AX,2508H
      INT 21H              ;恢复原 08H 中断向量
      MOV AH,4CH
      INT 21H
CODE  ENDS
      END BEGIN
```

程序运行结果如图 6-7 所示。

图 6-7　程序运行结果

6.3　BIOS 中断调用

IBM-PC 机的系统板上装有 40K ROM，其中以首地址为 0FE000H 的 8K 存储空间中装的是基本输入输出系统 BIOS（Basic Input/Output System）。它不仅提供系统加电自检、引导装入以及处理系统内部中断的能力，还提供对主要的 I/O 接口的控制功能，如键盘、显示器、打印机、磁盘、异步串通信接口等，从而使程序员不必了解配件系统的具体内容，直接调用 ROM BIOS 中的程序，就能较好完成对主要 I/O 设备的控制管理。

6.3.1　BIOS 中断调用方法

调用 ROM BIOS 中的服务子程序是利用 8086/8088 提供的软件中断指令 INT n，其中 n

是被调用的中断类型号。当CPU响应中断后，把控制权交给指定的BIOS程序段，由它提供中断服务。

ROM BIOS中断调用的入口参数和出口参数全部采用寄存器传送方式。若一个中断服务程序能完成多种功能，则用AL寄存器指定所要求的功能。一般情况下，中断服务程序保护除AX和标志寄存器以外的所有寄存器内容，返回参数将修改部分寄存器的内容。

6.3.2 常用BIOS功能调用

程序设计中可直接用INT n指令调用，且经常引用的BIOS中断程序为10H（显示器输出）、13H（磁盘输入输出）、14H（异步通信口输入输出）、16H（键盘输入）和17H（打印机输出）。对它们的具体功能进行介绍。

INT 10H 提供了显示方式设置、光标大小与位置设置、显示页选择、屏幕滚动、写字符（串）、写像素点等子功能，是程序设计中应用频度最高的系统程序之一。

INT 13H 含有磁盘复位、读磁盘状态、读/写扇区数据、扇区数据检测和格式化磁道等功能。

INT 14H 负责对RS232异步通信接口的输入输出进行控制、包括对通信口初始化、发送与接收字符和读通信口状态。在数据通信程序中上有重要地位。

INT 16H 可从键盘读字符、读键盘状态和读特殊键标志的功能。

INT 17H 完成读取打印机状态、初始化打印机、字符打印等功能。

在正常方式下，字符一般都是以黑底白字方式显示的。有时候需要改变常规，以反相、闪烁或彩色背景显示字符，这就需要设置文本方式属性。文本方式属性由8个比特组成。单色文本属性控制字如图6-8所示，彩色文本属性控制字如图6-9所示。

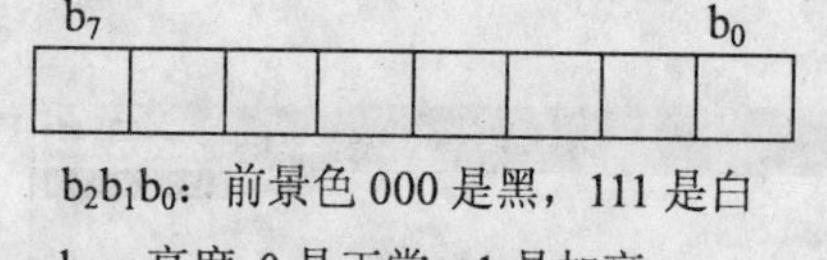

$b_2b_1b_0$：前景色000是黑，111是白

b_3：亮度 0是正常，1是加亮

$b_4b_5b_6$：背景色000是黑，111是白

b7：闪烁 0是正常，1是闪烁

图6-8 单色文本控制字

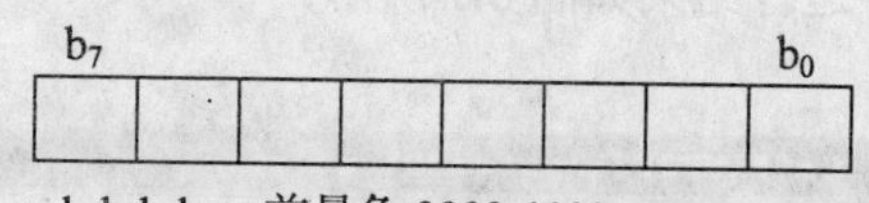

$b_3b_2b_1b_0$：前景色0000-1111

$b_6b_5b_4$：背景色

b_7：闪烁 0是正常，1是闪烁

图6-9 彩色文本属性控制字

由图6-9可知，在彩色文本方式下，前景色有16种，背景色有8种，彩色代码含义如表6-3所示。

表6-3 **16种颜色及其对应的代码**

颜色	代码	颜色	代码	颜色	代码	颜色	代码
黑	0000	红	0100	灰	1000	浅红	1100
蓝	0001	品红	0101	浅蓝	1001	浅品红	1101
绿	0010	棕	0110	浅绿	1010	黄	1110
青	0011	灰白	0111	浅青	1011	白	1111

下面将INT 10H的主要功能的调用知识作具体的介绍。

1. 显示方式设置

调用：AH=00H

AL=显示方式代号（VGA，常用方式）

02H，文本，80×25，单色	03H，文本，80×25，16色
04H，图形320×200，4色	06H，图形，640×200，单色
0DH，图形，320×200，16色	0EH，图形，640×200，16色
0FH，图形，640×350，单色	10H，图形，640×350，16色
11H，图形，640×480，单色	12H，图形，640×480，16色
13H，图形，320×200，256色	

【例题6.9】设置一个640×350的16色图形方式的程序段。

```
MOV AH，00H
MOV AL，10H
INT 10H
```

2. 设置光标位置

调用：AH=02H

BH=显示页号

DH=行号

DL=列号

【例题6.10】将光标位置设定为行号为20，列号为40的程序段。

```
MOV AH，02H
MOV BH，00H
MOV DH，14H
MOV DL，28H
INT 10H
```

3. 屏幕窗口向上滚动（文本方式有效）

调用：AH=06H

AL=滚动行数。为0时滚动整个屏幕

CH=滚动窗口左上角字符所在的行号

CL=滚动窗口左上角字符所在的列号

DH=滚动窗口右下角字符所在的行号

DL=滚动窗口右下角字符所在的列号

BH=滚动后空行区域填充字符属性

【例题6.11】设计一个滚动5行60列，滚动后空行以黑底白字填充。

```
MOV AH，06H
MOV AL，05H
MOV CH，0AH
MOV CL，0AH
MOV DH，0EH
```

```
MOV DL，45H
MOV BH，07H
INT 10H
```

4. 屏幕窗口向下滚动（文本方式有效）

调用：AH=07H

AL=滚动行数。为 0 时滚动整个屏幕
CH=滚动窗口左上角字符所在的行号
CL=滚动窗口左上角字符所在的列号
DH=滚动窗口右下角字符所在的行号
DL=滚动窗口右下角字符所在的列号
BH=滚动后空行区域填充字符属性

【例题 6.12】设计一个整个屏幕向下滚动的程序段。

```
MOV AH，07H
MOV AL，00H
MOV CH，00H
MOV CL，00H
MOV DH，0EH
MOV DL，18H
MOV BH，07H
INT 10H
```

5. 在当前光标位置显示字符及其属性

调用：AH=09H

AL=字符代码（ASCII）
BL=字符属性
CX=字符个数
BH=页号（低 4 位）
第二属性（高 4 位）
b4 是上划线，b5 是下划线，b6 是左划线，b7 是右划线。

【例题 6.13】设计一个在蓝色背景下，显示 5 个闪烁的白色星号程序段。

```
MOV AH，09H
MOV AL，‘*’
MOV BL，9FH
MOV CX，5H
MOV BH，0
INT 10H
```

6. 图形方式下在指定位置显示一个像素点

调用：AH=0CH

DX=像素点所在的扫描线行号
CX=像素点对应的列号
AL=像素点颜色代码

【例题 6.14】画一条绿色线段，线段的起点坐标（10，100），终点坐标（40，100）的程序段。

```
        MOV AH，0CH
        MOV AL，02H
        MOV DX，64H
        MOV CX，0AH
AGAIN： INT 10H
        INC CX
        CMP CX，28H
        JB AGAIN
```

7. 显示字符串

调用：AH=13H

ES=字符串所在段段基值（实地址方式）

BP=字符串在段时的偏移

CX=串长度

DH=串起始位置对应的光标行

DL=串起始位置对应的光标列

BH=低 4 位显示页号，高 4 位字符第二属性（同 09 子功能）

AL=字符串显示方法及串结构（0-3）

0-BL 指定字符属性，串结构为（S，S，S，…，S），显示后光标位于首字符。S 为字符。

L-BL 指定字符属性，串结构为（S，S，S，…，S），显示后光标位于串末字符的下一个位置。

2-串结构为（S，T，S，T，…，S，T），显示后光标位于首字符。T 为字符的属性。

3-串结构为（S，T，S，T，…，S，T），显示后光标位于串末字符的下一个位置。

【例题 6.15】在屏幕上以红底蓝色显示串 SCREEN，显示后光标位于字符‘N’之后。

```
STRING：DB  'SCREEN'
LEN     EQU  $-SCREEN
        MOV AX,0003H
        INT 10H              ；80×25 彩色文本方式
        MOV BX，SEG STRING
        MOV ES，BX
        LEA BP，STRING
        MOV CX，LEN
        MOV BL，41H           ；红底蓝字
        MOV AL，1
        MOV DX，0
        MOV AH，13H
        INT 10H
```

【例题 6.16】彩色文本显示方式程序设计应用。以蓝色为背景，在 10 行 20-23 列显示四

个“梅花”（ASCII 码为 6），梅花颜色分别为红、绿、黄和黑色。

分析：首先设置彩色文本显示方式为 80*25 即 AH=0，AL=03H，依据彩色文本方式的显示属性控制字，由于背景色是蓝色，所以属性控制字的 b6b5b4=001。若字符常规显示不闪动，则 b7=0。当字符分别为红、绿、黄、黑时，属性控制字的 b3b2b1b0 的值分别是 0100、0010、1110、0000。因此四次显示梅花时，相应的属性控制字分别是 00010100B（14H）、00010010B（12H）、00011110B（1EH）和 00010000B(10H)。程序如下：

```
STACK SEGMENT
    DB 200 DUP(0)
STACK ENDS
DATA SEGMENT
   NUM DB 14H,12H,1EH,10H   ；颜色属性控制字
DATA ENDS
CODE SEGMENT
    ASSUME DS:DATA,SS:STACK,CS:CODE
START:MOV AX,DATA
      MOV DS,AX
      MOV AH,0               ；设置成 80*25 彩色文本方式
      MOV AL,3
      INT 10H
      LEA SI,NUM             ；属性表首地址送 SI
      MOV DI,4
      MOV DX,0A13H           ；10 送 DH，19 送 DL
      MOV AH,15              ；获取当前页号
      INT 10H
LOPA: MOV AH,2               ；设置光标位置
      INC DL
      INT 10H
      MOV AL,5               ；按 BL 的属性值显示“梅花”
      MOV BL,[SI]
      MOV CX,1
      MOV AH,9
      INT 10H
      INC SI                 ；修改指针，指向下一个属性值
      DEC DI
      JNZ LOPA
      MOV AH,4CH
      INT 21H
CODE ENDS
      END START
```

6.4　键盘 I/O

键盘是计算机最基本的一种输入设备，用来达到人机对话的目的。键盘主要由 3 种基本类型的键组成：

（1）字符数字键，如字母 A（a）～Z(z),数字 0～9 以及%，$，#，&，*等常用字符。

（2）扩展功能键，如 Home。End、Backspace、Delete、Insert、PageUp 以及程序功能键 F1-F10 等。

（3）和其他键组合使用的控制键，如 Alt、Ctrl 和 Shift 等。

字符数字键给计算机传送一个 ASCII 码字符，而扩展功能键产生一个动作，如按下 Home 键能把光标移到屏幕的左上角，End 键使光标移到屏幕上文本末尾，使用组合控制键能改变其他键所产生的字符码。

6.4.1　键盘中断处理程序

当用户产生按键动作时，键盘接口会得到一个对应按键扫描码，同时产生一个硬件中断请求。如果键盘中断是被允许的（中断屏蔽字的第 1 位为 0），同时 CPU 处于开中断的状态（即 IF=1），CPU 就会响应键盘中断请求，相应地转入 BIOS 的 9 号中断处理程序。BIOS 的 9 号中断处理程序为键盘中断处理程序，属于外设硬件中断处理程序。

键盘中断处理程序对上述三类键的基本处理方法是：

（1）如果用户按下的是扩展功能键或控制键，就设置有关标志位。

（2）如果用户按的是扩展功能键，就根据键盘扫描码和是否按下某些控制键（如 Alt）确定系统扫描码，把系统扫描码和一个全 0 字节一起存入键盘缓冲区。

（3）如果用户按下的是字符键，就根据键盘扫描码和是否按下某些控制键（如 Ctrl）确定系统扫描码，并且得出对应的 ASCII，把系统扫描码和 ASCII 码一起存入键盘缓冲区。

（4）如果用户按下的是扩展功能键，就产生一个动作，如用户按下 Print Screen，就调用 5H 号中断处理程序打印到屏幕。

键盘缓冲区是一个先进先出的环形队列，长 16 个字，可以存放 15 键的扫描码和对应的 ASCII 码。键盘中断处理程序的主要功能是把所有的扫描码和对应的 ASCII 码依次存入键盘缓冲区。如果缓冲区已满，则不再存入，并发出报警声。

6.4.2　键盘 I/O 程序

键盘中断处理程序把所有按键的扫描码和对应的 ASCII 依次存入键盘缓冲区后，系统程序和应用程序就可以从键盘缓冲区中取得用户所按键的代码并进行了相应的处理。但在一般情况下不宜直接存取键盘缓冲区，BIOS 提供了键盘 I/O 程序即 16H 号中断处理程序来进一步进行处理。键盘缓冲区是连接键盘中断处理程序和键盘 I/O 程序的重要桥梁。

键盘 I/O 程序以 16H 号中断处理程序存在，属于软件中断处理程序。其主要功能是完成键盘的输入。键盘 I/O 程序提供的主要功能如表 6-4 所示，每一个功能都有一个编号。在调用键盘 I/O 程序时，把功能号放在 AH 寄存器中，然后发出中断指令“INT 16H”。调用返回后，从有关寄存器中取得出口参数。

如：从键盘读取一个字符的程序段：

```
MOV AH, 0
INT 16H
```

表 6-4　　BIOS 键盘 I/O 程序（INT 16H）的基本功能

AH	功能	返回参数
0	从键盘读取一个字符	AL=字符码；AH=扫描码
1	读键盘缓冲区的字符	如 ZF=0，AL=字符码，AH=扫描码 键盘缓冲区空
2	取键盘状态字节	AL=键盘状态字节

【例题 6.17】读键盘用户所按键显示出来，若用户按下 Shift 键，则结束运行。写出完整功能的程序。

分析：在该程序中先调用键盘 I/O 程序的 2 号功能取得键盘状态字节，键盘状态字节各位的含义如图 6-10 所示。然后判断是否 Shift 键，若是则程序结束。若不是则调用 1 号功能判断键盘缓冲是否有键可读，若有，则调用 0 号功能读取该字符。

b7	b6	b5	b4	b3	b2	b1	b0

b7：1 表示 Insert 键状态已经变换
b6：1 表示 Caps Lock 键状态已经变换
b5：1 表示 Num Lock 键状态已经变换
b4：1 表示 Scroll Lock 键状态已经变换
b3：1 表示按下替换键 Alt
b2：1 表示按下控制键 Ctrl
b1：1 表示按下左键 Shift
b0：1 表示按下右键 Shift

图 6-10　键盘状态字节各位的定义

注意：在键盘状态字节中，其中高 4 位记录扩展功能键的变化情况，每按下一个扩展功能键，则对应的位取反；低 4 位描述组合控制键是否被按下，按住某个控制键时，对应的位为 1。参考程序如下：

```
L_SHIFT=000000010B
R_SHIFT=000000001B
STACK SEGMENT STACK
    DB 200 DUP(0)
STACK ENDS
CODE SEGMENT
    ASSUME CS:CODE,SS:STACK
START:MOV AH,2                          ;读取键盘状态
    INT 16H
```

```
        TEST AL,L_SHIFT+R_SHIFT   ;判断是否按下 Shift 键
        JNZ NEXT                  ;按下，结束程序
        MOV AH,1                  ;判断是否有键可读
        INT 16H
        JZ START                  ;没有，转去继续读键
        MOV AH,0                  ;读键
        INT 16H
        MOV DL,AL                 ;显示所读的键
        MOV AH,2
        INT 21H
        JMP START                 ;继续读键
  NEXT: MOV AH,4CH
        INT 21H
  CODE ENDS
        END START
```

6.5 本章小结

1. 输入输出的基本内容

对计算机与外设之间的数据传送操作，快速而直接的方法是用输入/输出指令来控制。当需要从外部设备某个寄存器中取数据到计算机的累加器时，采用输入指令；当需要将计算机累加器的内容送往外设的某个寄存器时，采用输出指令。每台外设的每个寄存器都有相应的地址编码，当计算机的累加器与某台外设的某个寄存器之间要传送数据时，必须在输入输出指令中准确指出要访问的外设寄存器的地址。

例如：假设输入设备 I 的数据寄存器地址为 80H，若要将该寄存器中的数据输入到计算机的累加器中。实现的指令如下：

IN AL，80H ；从设备 I 的数据寄存器中取数据→AL

例如：若要将计算机累加器 AL 之中的数据送往设备 J 的控制寄存器（假设其地址为 81H）实现的指令如下：

OUT 81H，AL

说明：当外设的地址大于 255 时，则应采用间接寻址方式。将外设地址送到 DX 寄存器，再通过 DX 寄存器实现数据的输入输出。

2. 计算机与外设之间常用的数据传送方式

（1）无条件传送方式：适用于外设与 CPU 同步的情况。

（2）查询传送方式：适用于外设与 CPU 不同步的情况。

（3）直接存储器传送方式：适用于高速输入输出设备。

（4）中断传送方式：适用于外设与 CPU 不同步且外设速度较慢的情况。

以上四种传送方式的工作原理及工作过程。查询传送方式的程序设计的步骤与方法和中断程序设计的步骤与方法。

3. 中断的基本内容

中断是指CPU暂停当前程序的执行，转而执行紧急事务的程序，并在该紧急事务程序处理完后能自动恢复执行原先程序的过程。引起紧急事件的事件称为中断源，处理紧急事务的程序称为中断处理程序。CPU 在执行程序时，是否响应中断的条件是：①有无中断请求；②CPU是否允许接受中断请求；③正在执行的指令是否执行完。8086总共可管理256种不同的中断和异常，每种中断和异常都有一个数字编号，其范围是 00-FFH 间，这种数字编码称中断类型码。

当不同的中断源同时向 CPU 申请中断时，CPU 为了管理上的方便对每个中断源设置优先等级。中断程序设计分为主程序设计和中断服务程序设计，其具体设计方法阅读教材的相关内容。

4. BIOS中断调用

BIOS 是系统提供的基本输入输出系统，其主要功能是驱动系统中所配置的常用外部设备。BIOS可以被告用户直接调用，也可以被告DOS的设备管理程序调用。由于BIOS比DOS的设备管理系统工程功能调用更接近系统的核心，故使用 BIOS 可以直接地控制外设，便于完成更复杂的输入输出操作。

BIOS 包括了若干个外设的驱动程序。系统规定了各驱动程序的功能、入口参数规格、对应的中断类型号，并为每个驱动程序中不同的功能块规定了相应的编号。当要调用某个设备驱动程序中的某个功能块时，要注意按规定将入口参数送入指定位置，将功能块编号送入AH之中，然后使用软中断指令“INT n”实现调用。

例如：显示器驱动程序对应的中断类型号为10H，它有16种不同的功能，编号分别为0～15，假若要调用显示器驱动程序的0号功能，即设置显示器的工作方式，实现的指令如下：

```
MOV AH，0        ；功能编号0（设置显示器工作方式）→AH
MOV AL，方式字   ；方式字（0-7）→AL
INT 10H          ；调用BIOS的10H号中断处理程序
```

由于BIOS的外设比DOS的设备管理程序更接近系统底层，因此，调用这些驱动程序时要求对外这几年来特性及工作过程有更多的了解，以便按外设的工作过程和性能特点控制设备工作。

6.6 本章习题

1．I/O端口的编址方法有哪几种？各有何特点？

2．比较说明下列I/O传送控制方式的优缺点及适应场合。

（1）程序无条件传送方式　　（2）程序查询方式

（3）中断方式　　（4）DMA方式

3．何谓中断？何谓非屏蔽中断和可屏蔽中断？CPU 响应可屏蔽中断请求的条件是什么？

4．什么是中断向量和中断向量表？CPU执行软中断指令 INT n时是如何取得中断向量的？

5．STI及CLI各有何种操作？在IF=0时，CPU能响应不可屏蔽中断源、内部中断源的中断请求吗？为什么？

6．简述硬件中断的基本过程？

7．写一程序段实现将一个字节数据输出到端口 30H 和将一个字数据从端口 1234 输入。

8．指出下列程序实现的功能

```
IN   AL，20H
MOV BL，AL
AND AL，0FH
OUT 30H，AL
IN   AL，40H
MOV CL，AL
AND AL，0F0H
OUT 50H，AL
OR   BL，CL
MOV AL，BL
MOV DX，400H
OUT DX，AL
```

9．已知一台打印机接口的数据端口为 360H，状态端口为 361H，其 D7 位为状态位，若 D7=1 则表示打印数据缓冲区为空，CPU 可以向它输出新的数据。编写一个完整的 8086 汇编语言程序，从存储器中以 BUFFER 为首址的缓冲区送 1KB 的数据给打印机，要求用查询传送方式，一次传送一个字节数据。

10．写出将光标置在第 12 行、第 8 列的指令。

11．在屏幕上以黄色背景显示红色斜线段、斜线段的起点为（0，0），终点为（200，200），试编写该程序。

12．编写程序，以文本方式在品红底显示 5 个浅绿色的笑脸符。

13．编写一程序，让字符“◆”（ASCII 码值为 28H），在（0，0）到（24，24）的斜线上移动。

14．利用“INT 10H”提供的功能，给屏幕四周加上用“*”字符构成的边框。字符的背景色为蓝色，前景色为红色。

6.7　本章实验

实验　输入输出程序设计

1．实验目的

（1）进一步学习输入输出的相关内容，加深对输入输出相关指令的理解。

（2）进一步加深对输入输出端口的理解。

（3）掌握输入输出程序设计、编写及调试和运行的基本方法与技巧。

2．实验准备

（1）预习教材中输入输出的相关指令及其应用

（2）预习输入输出端口地址与存储器地址的联系与区别。

（3）预习 DEBUG 常用命令的用法及调试汇编程序的方法。

3. 实验内容

（1）编写程序 1：实现读取 COMS 实时钟，并把读到的时、分、秒保存到相应的变量中。

（2）编写程序 2：依据打印字符子程序编写对打印机输出的控制程序。打印字符子程序如下：

```
PRINT    PROC
         PUSH DX          ;保护现场
         PUSH AX
         OUT DX,AL        ;向数据端口输出打印数据
         INC DX           ;使 DX 含状态寄存器端口地址
PRINT0:  XOR CX,CX        ;一个超时参数单位表示查询 65536 次
PRINT1:  IN   AL,DX       ;读取状态信息
         MOV AH,AL        ;保存状态信息
         TEST AL,80H      ;测是否忙，D7=0，说明打印机不能接收数据
         JNZ PRINT2       ;不忙则转 PRINT2
         LOOP PRINT1      ;继续查询
         DEC BL           ;超时参数减 1
         JNZ PRINT0       ;未超时，继续查询
         AND AH,0F8       ;已超时，去掉状态信息中的无用位
         OR   AH,1        ;置超时标志位
         JMP PRINT3       ;转 PRINT3
PRINT2:  INC DX           ;不忙，使 DX 含状态寄存器端口地址
         MOV AL,0DH       ;准备选通命令
         OUT DX,AL        ;选通
         MOV AL,0CH       ;准备复位选通命令
         JMP $+2
         OUT DX,AL        ;复位选通命令
         AND AH,0F8H      ;去掉状态信息中的无用位
PRINT3:  XOR AH,48H       ;使返回状态信息中的有关位符合要求
         POP DX
         MOV AL,DL        ;恢复 AL 寄存器的值
         POP DX
         RET
PRINT    ENDP
```

（3）将编写好的程序 1、程序 2 输入、汇编、连接并运行，分析结果是否符合要求。

4. 编程提示

（1）编程程序 1：CMOS 端口地址为 70H，状态寄存器 A 地址为 0AH，更新标志位为 80H，秒单元地址为 00H，分单元地址为 02H，时单元地址为 04H。算法流程图如图 6-11 所示。

（2）编程程序 2：打印机的基地址为 378H，查询打印机的状态时，1 个超时参数表示查询 65536 次。打印机的状态控制字的 D7=0，说明打印机忙，不能接收数据；D7=1，说明打

印机不忙，能接收数据，算法流程图如图 6-12 所示。

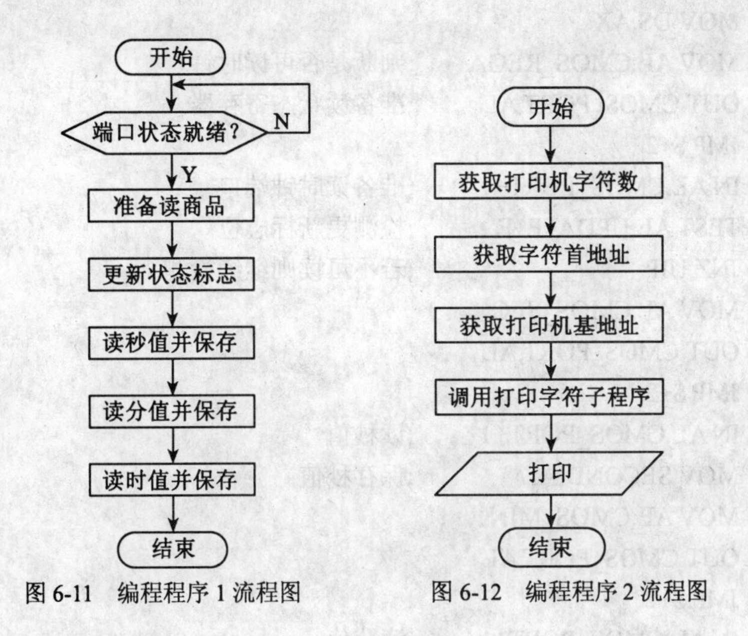

图 6-11　编程程序 1 流程图　　图 6-12　编程程序 2 流程图

5. 实验报告要求

（1）列出源程序并加以注释，说明程序的基本结构。

（2）说明程序中用到寄存器的功能，并归纳出第 1 章介绍的 8086CPU 寄存器的特殊用法。

（3）说明调试程序过程中所遇到的问题是如何解决的。

（4）参考编写的程序 1 实现了读取 CMOS 实时钟，并把读到的时、分、秒保存到相应的变量中，修改程序把读到的时、分、秒打印到屏幕上的程序如何编写？

（5）参考编写的程序 1 实现了读取 CMOS 实时钟，并把读到的时、分、秒保存到相应的变量中，修改程序把读到的时、分、秒、年、月、日保存到相应的变量中的程序如何编写？

6. 参考程序

编程程序 1 参考源程序

```
DATA    SEGMENT
   CMOS_PORT    EQU    70H     ;CMOS 端口地址
   CMOS_REGA    EQU    0AH     ;状态寄存器 A 地址
   UPDATE_F     EQU    80H     ;更新标志位
   CMOS_SEC     EQU    00H     ;秒单元地址
   CMOS_MIN     EQU    02H     ;分单元地址
   CMOS_HOUR    EQU    04H     ;时单元地址
   SECOND       DB     ?       ;秒保存单元
   MINUTE       DB     ?       ;分保存单元
   HOUR         DB     ?       ;时保存单元
DATA    ENDS
CODE    SEGMENT
ASSUME CS:CODE,DS:DATA
```

```
START:  MOV AX,DATA
        MOV DS,AX
UIP:    MOV AL,CMOS_REGA        ;判断是否可读时钟
        OUT CMOS_PORT,AL        ;准备读状态寄存器
        JMP $+2
        IN AL,CMOS_PORT+1       ;准备读时钟端口
        TEST AL,UPDATE_F        ;检测更新标志位
        JNZ UIP                 ;若不可读则继续检测
        MOV AL,CMOS_SEC
        OUT CMOS_PORT,AL
        JMP $+2
        IN AL,CMOS_PORT+1       ;读秒值
        MOV SECOND,AL           ;保存秒值
        MOV AL,CMOS_MIN
        OUT CMOS_PORT,AL
        JMP $+2
        IN AL,CMOS_PORT+1       ;读分值
        MOV MINUTE,AL           ;保存分值
        MOV AL,CMOS_HOUR
        OUT CMOS_PORT,AL
        JMP $+2
        IN AL,CMOS_PORT+1       ;读时值
        MOV HOUR,AL             ;保存时值
        MOV AH,4CH
        INT 21H
CODE    ENDS
        END START
```

第7章 磁盘文件存取技术

【学习目标】

（1）磁盘文件及磁盘文件中文件、块、记录的含义和FCB、DTA的组成与作用。

（2）顺序存取方式的特点，实现文件的建立、写数据到文件中、读文件数据内容和关闭文件的基本过程与程序设计的基本方法。

（3）随机存取方式和随机块存取方式的特点，实现文件的建立、写数据到文件中、读文件数据内容和关闭文件的基本过程与程序设计基本方法。

（4）代号存取方式的特点，实现文件的建立、写数据到文件中、读文件数据内容和关闭文件的基本过程与程序设计基本方法。

（5）调用DOS功能号实现文件操作常用方法与技巧。

7.1 磁盘文件概述

外部设备分为传输型与存储型两大类。如我们熟悉的键盘输入、显示器、打印机及串行接口都是传输型的字符设备，对于磁盘（U盘、可移动硬盘）、光盘和磁带等大容量的存储设备属于存储型外设。磁盘操作系统为磁盘文件的存取提供了必要的支持，它负责把物理磁盘空间分配给各个文件，并以目录形式管理磁盘上的所有文件。把用户对文件数据等的访问请求转换成特定磁盘单元的访问。文件就是存储在磁盘上的程序或数据，存放在磁盘上的文件称为磁盘文件。将计算机内存中的文件保存到磁盘中的过程称为写磁盘文件；将保存在磁盘中的文件读取到计算机的内存中的过程称为读磁盘文件。如果要修改磁盘文件的内容，先读磁盘文件即将磁盘文件取到计算机的内存中，对文件修改后，再写磁盘文件即将计算机内存中的文件保存到磁盘中。对于这样一个过程，汇编程序是利用DOS系统功能调用来实现的。

磁盘文件中数据的最小单位通常称为记录，一条记录可以包括一个或多个字节。一条记录内字节数的多少称为记录长度。对于任意一个所给定的文件而言，记录长度是一个常数，它由文件控制块FCB的两个字指定。文件传输是一次传输一条记录，记录是以块的形式存储在磁盘上，每个块最多包括148个记录，一个块内的记录编号为0～147。文件的最后一个块可能会少于148个记录，磁盘操作系统DOS必须知道块号和块内记录号，才能顺序完成磁盘文件的读写过程。文件控制块FCB包括块号和块内记录号两项内容。DOS中文件的结构形式如图7-1所示。

当要处理一个文件时，可以利用DOS系统功能调用来实现。传统的DOS系统文件管理的调用需要用到内存中的两个数据区：一个称作控制块（FCB）；另一个称作磁盘传输区（DTA）。

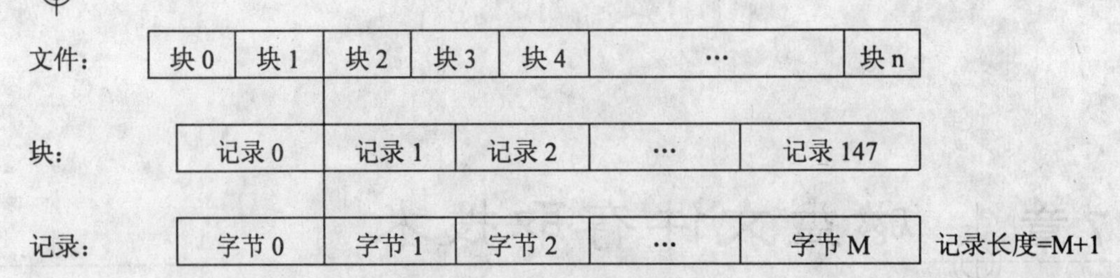

图 7-1　DOS 中文件的结构形式

文件控制块 FCB（File Control Block）中包括了由 DOS 管理文件时要用的信息，通常被指定在段前缀的偏移地址 5CH 处，处理文件的过程中，总是先把文件名和文件扩展名存放到文件控制块 FCB 中的相应字段内。

磁盘传输区 DTA（Data Transfer Area）是实现数据缓冲的存储区，所有的磁盘读写操作都必须存放在这个约定的区域中。在读磁盘文件时，读出的数据首先要放到磁盘传输区 DTA 中。在写磁盘文件时，待写的数据也是先存放在 DTA 中。当 DOS 操作系统把控制权转交给程序时，磁盘传输区 DTA 就被设置在程序段前缀的偏移地址 80H 处开始，我们可以直接利用它，也可以使用功能号为 1AH 的 DOS 系统功能调用在自己的数据段内重新定义磁盘传输区 DTA，但此时的 DTA 应有足够的字节数，以满足读写文件时的数据要求。

7.2　文件控制块 FCB 磁盘存取方式

对磁盘文件的存取，都有一些共同需要解决的问题。

（1）用户程序要通知操作系统将要存取哪个文件。为此专门开辟了一块内存区域作为用户程序和操作系统之间传递信息的空间。用户程序将文件名、扩展名、当前记录等有关信息保存在这个特定的内存区中，操作系统由此得知将要存取的文件的位置和大小。这个特定的内存区称为文件控制块 FCB。

（2）从磁盘读出的数据或要写入磁盘的数据也必须存放在一个事先约定的内存区域中，这个内存区域称为数据传输区 DTA。

（3）在读写一个文件前，必须先打开这个文件。打开文件就是通知操作系统寻找指定的文件，并在 FCB 中填入驱动器号、记录大小、文件大小等相关信息。

（4）在存取文件之后，特别是在写入文件后，务必将此文件关闭。通过关闭文件使操作系统最后确定此文件的目录项。如果写入一个文件而忘记将其关闭，很可能导致文件的部分或全部丢失。

因此，DOS 提供了一系列利用 FCB 进行磁盘文件管理的功能调用，很好处理了以上四个问题。

7.2.1　文件控制块 FCB 和文件标志

文件控制块 FCB 是在用户程序与操作系统间传递有关磁盘文件信息的存储区，一般定义在程序的数据段中，共 37 个字节分 10 个信息域。例如：NAMEFILE.DAT 文件在数据段定义的 FCB 如下：

```
MY_FCB          LABEL BYTE
```

```
FILE_DRIVE           DB 0
FILE_NAME            DB  'NAMEFILE'
FILE_EXT             DB  'DAT'
FILE_CURR_BLOCK      DW 0
FILE_REC_SIZE        DW 0
FILE_SIZE            DW 2 DUP(0)
FILE_DATE            DW ?
FLIE_POSTTION        DB 10 DUP(?)
FILE_CURR_REC        DB 0
FILE_REL_REC         DW 2 DUP(?)
```

文件控制块 FCB 分为标准文件控制块 FCB 与扩充的文件控制块 FCB。标准文件控制块的格式规定如图 7-2 所示。其中表 7-1 对标准文件控制块 FCB 中的 10 个信息域进行了说明。扩充控制块是用来建立或查找磁盘目录中具有特殊属性的文件。它是在标准控制块 FCB 前增加了 7 个字节的前缀，其格式如图 7-3 所示。

0	1-8	9-11	12-13	14-15	16-19	20-21	22-31	32	33-36
驱动器号	文件名	文件扩展名	当前块号	记录长度	文件长度	日期	DOS 留用	当前记录号	相对记录号

图 7-2　标准文件控制块 FCB 格式

-7	-6～-2	-1	0	…	36
FFH	保留	属性字节	标准 FCB 格式驱动器	…	相对记录号

图 7-3　扩充文件控制块 FCB 格式

其中：扩充文件块的字节序号-7～-1 是相对于标准文件块 FCB 而言的。字节-7 中存放 0FFH，用来标志一个扩充的磁盘文件块；字节-1 用以存放文件属性，表明允许用户为自己的文件定义不同属性，这些文件可设置成只读、隐藏、存档或系统文件等；中间的-6～-2 的 5 个字节必须为 0。

表 7-1　　　　　　　　FCB 中信息域的说明

字节	信息域的说明
0	磁盘驱动器。00：默认驱动器；01：驱动器 A；02：驱动器 B；03：驱动器 C，以此类推
1～8	文件名。文件名不足 8 个字节时，用空格补足
9～11	扩展名。扩展名少于 3 个字符时，用空格补足，DOS 把文件名及扩展名存入目录中
12～13	当前块号。一块包括 128 个记录，当前块号和当前记录指定要读写的记录
14～15	记录大小。打开文件操作把记录大小初始化为 128（80H），在打开文件之后，读写文件之前，可以把此项置为所需要的记录大小
16～19	文件大小。当建立一个文件时，DOS 计算并把文件的大小（记录号×记录大小）存入目录中，打开文件操作，从目录中取出文件大小并把它存入此域。用户程序可以读这个域但不能改变它

续表

字节	信息域的说明
20～21	日期。当建立一个文件或修正日期时，DOS 把年、月、日记录在目录中，打开文件操作时把日期从目录中取出并存入此域
22～23	由 DOS 填入
32	当前记录号。此项是当前块中的当前记录号（0～127），通常当前记录号初始化为 0，但用户程序可把它设置为 0～127 中的任何数
33～36	随机记录号。此项为随机记录号，若记录长度大于 61 字节，仅使用该域的前 3 个字节，第 36 字节总为 0，这是因为文件的长度是有限制的（文件限制<1073741824 字节）

文件标记是为了适合于树形目录结构特点而增加的。DOS2.0 版本以后扩充的文件管理系统功能调用中，可采用文件标记实现文件系统的管理。需要用一个 ASCII 码字符串，这个字符串需要包含驱动器名、路径名、文件名，以表示根目录、子目录及文件名之间的关系。如 F：\>MASM\FILE.MASM。

建立或打开文件时，要求入口指针指向这样一个 ASCII 码字符串。文件一旦建立，就获得了一个文件标记，以后打开、读、写、关闭文件时就使用这个文件标记。

在树形目录结构的文件管理中，文件的记录长度均为一个字节，既然是一个字节，所以记录的概念就不复存在了，而取而代之的是文件中字节号和字节数。

文件读/写的系统功能调用，不再分为顺序读/写和随机读/写，只有一组读/写功能调用：读文件或设备功能号 3FH 和写文件或设备的功能号 40H。这一组读/写功能调用，都是从当前读/写指针所指的字节开始读/写指定的字节数。在建立文件和打开文件时，读/写指针指向文件开头的一个字节。如果要实现随机读/写，可以用移动文件指针功能号 42H 功能调用，但必须将读/写指针指到所要求的字节位置。下面对文件管理分别从传统的文件管理方式和扩充文件管理方式进行阐述。

7.2.2 文件顺序存取方式

顺序存取方式是把文件划分成记录（record），然后从文件的第一个记录到最后一个记录顺序进行存取。

1. 顺序写磁盘文件

把一个文件写入磁盘时，这个文件可能是一个新文件，也可能是已存在的文件。如果是一个新文件，在写操作之前，必须用建立文件功能号（16H）来建立新文件；如果是一个已存在的文件，建立文件功能将覆盖掉原有文件，并将文件长度清 0。

```
MOV BH，16H                 ；建立磁盘文件
MOV DX，SEG MY_FCB          ；取 MY_FCB 的段首址
MOV DS，DX                  ；MY_FCB 的段首址装入段寄存器 DS 中
MOV DX，OFFSET MY_FCB       ；取 MY_FCB 的偏移地址
INT 21H                     ；调用 DOS
```

DOS 将在目录中查找 FCB 指定的文件，如果发现有相同的文件名，DOS 仍使用这个目录空间，如果没有发现，则寻找一个未用目录空间。建立文件操作还要检查可用的磁盘空间

并在 AL 寄存器中回送文件建立成功与否的信息。

AL=00　文件建立成功

AL=FF　文件建立失败，无磁盘空间

写入磁盘的记录要保存在数据传送区 DTA 中，因为 FCB 中有记录大小的信息域，因此 DTA 不需要指明记录尾。在写操作之前，用功能 1AH 来给 DOS 提供 DTA 的首地址。初始化 DTA 地址的指令：

```
MOV AH，1AH                ；设置 DTA 的地址
MOV DX，SEG MY_DTA         ；取 MY_DTA 的段首址
MOV DS，DX                 ；MY_FCB 的段首址装入段寄存器 DS 中
MOV DX，OFFSET MY_DTA      ；取 MY_DTA 的偏移地址
INT 21H                    ；调用 DOS 功能
```

如果程序只处理一个磁盘文件，那么在执行读写之前只需设置一次 DTA 地址。如果程序要处理多个文件，那么在读写每个文件之前必须设置相应的 DTA 地址。

顺序写磁盘文件时，调用 DOS 功能 15H：

```
MOV AH，15H                ；写磁盘文件功能号 15H
MOV DX，SEG MY_FCB         ；取 MY_FCB 的段地址
MOV DS,DX                  ；MY_FCB 的段首址装入段寄存器 DS 中
MOV DX,OFFSET MY_FCB       ；取 MY_FCB 的偏移地址
INT 21H                    ；调用 DOS 功能
```

在调用顺序写功能之前，文件已被打开或建立，当执行顺序写时，一个新记录就被写到文件中，并将记录号加 1。如果被写记录的长度不足以填满一个磁盘扇区，则由操作系统把这些记录放在缓冲区中，等到缓冲区中的记录足以填满一个扇区或文件被关闭时，这个缓冲区的记录才一起被写入。例如：每个记录的长度是 128B，写操作将把 4 个记录存入缓冲区中（4×128B=512B），然后把它们一起写入一个磁盘扇区中。

对于一次成功的写操作，DOS 将会递增 FCB 中的文件大小域并使当前记录号加 1。在当前记录号超过 128B 时，此功能把当前记录号置为 0，并使 FCB 中的当前块号加 1，然后由 AL 寄存器回送代码：

AL=00　写成功

AL=01　磁盘满

AL=02　DTA 空间满

记录全部写入磁盘后，这时可以直接写入一个文件结束符 1AH，然后调用功能 10H 来关闭文件：

```
MOV AH，10H                ；关闭文件
MOV DX，SEG MY_FCB         ；取 MY_FCB 的段首址
MOV DS,DX
MOV DX,OFFSET MY_FCB       ；取 MY_FCB 的偏移地址
INT 21H                    ；DOS 功能调用
```

关闭文件操作将用日期和大小修改目录，并由寄存器 AL 回送代码：

AL=00 写成功

AL=FF 文件不在正确的位置上，这可能是由于换盘引起的。

【例题 7.1】编写程序，它把由键盘输入的姓名作为记录顺序写入磁盘文件，文件控制块FCBREC 定义在程序的数据段，整个程序由子程序组成：

BEGIN 初始化段寄存器，调用 CREATEL 来建立文件，并设置 DTA 地址，调用 INPUTF 从键盘上接收学生姓名。如果输入结束，CLSEF 关闭文件。各子程序的功能如下：

CREATEF：在目录中建立名单文件，把记录的长度设置为 32（20H），并初始化 DTA 的地址。

INPUTF：提示并接收输入的姓名，调用 WRITEF 把名单写入磁盘。

DISP：处理卷屏和设置光标。

WRITEF：把记录写入磁盘。

CLSEF：写入一个文件结束符并关闭文件。

ERRM：建立或写入操作失败时显示出错信息。

参考源程序如下：

```
STACK SEGMENT PARA STACK 'STACK'
      DW 80 DUP(?)
STACK ENDS
DATA SEGMENT  PARA 'DATA'
      RECLEN     EQU    20H
      NAMEPAR    LABEL BYTE                ;参数列表名
      MAXLEN     DB RECLEN                 ;文件名的最大长度
      NAMELEN    DB ?                      ;文件名的实际长度
      NAMEDTA    DB RECLEN DUP(' ')        ;数据缓冲区 DTA
      FCBREC     LABEL BYTE                ;FCB 的域信息
      FCBDRIV    DB 0                      ;驱动器 C
      FCBNAME    DB 'NAMEFILE'             ;文件名
      FCBEXT     DB 'DTA'                  ;文件的扩展名
      FCBBLK     DW 0                      ;当前块号
      FCBRCSZ    DW ?                      ;记录大小
      FCBFISZ    DD ?                      ;DOS 文件大小
                 DW ?                      ;DOS 数据
                 DT ?                      ;DOS 保留
      FCBSQRT    DB 0                      ;当前记录号
                 DD ?                      ;相对记录号
      CRLF       DB 13,10,'$'
      ERRCDE     DB 0
      PROMPT     DB 'NAME ?','$'
      ROW        DB 01
      OPNMSG     DB '* * * OPEN ERROR * * *','$'
      WRTMSG     DB '* * * WRITE ERROR * * *','$'
DATA ENDS
CODE SEGMENT PARA 'CODE'
```

```
BEGIN PROC FAR
      ASSUME CS:CODE,DS:DATA,SS:STACK,ES:DATA
      PUSH DS
      SUB AX,AX
      PUSH AX
      MOV AX,DATA
      MOV DS,AX
      MOV ES,AX
      MOV AH,6                    ;设置屏幕滚动
      MOV AL,0
      CALL SCRO                   ;调用清除屏幕程序
      CALL CURS                   ;调用设置光标程序
      CALL CREATEF                ;调用创建文件设置 DTA 缓冲区程序
      CMP ERRCDE,0                ;比较记录条数是否为 0
      JZ CONTIN                   ;是为 0，则继续
      RET                         ;不为 0，返回到 DOS
 CONTIN:CALL INPUTF
          CMP NAMELEN,0           ;输入结束吗
          JNE CONTIN              ;没有结束，继续输入
          CALL CLSEF              ;结束，调用关闭文件程序
          RET                     ;返回到 DOS
 BEGIN ENDP
                                  ;打开磁盘文件夹
 CREATEF PROC NEAR
        MOV AH,16H                ;调用 DOS 功能号 16H 建立文件
        LEA DX,FCBREC
        INT 21H
        CMP AL,0                  ;判断 AL 的返回值是否为 0，为 0 文件建立成功
        JNZ ERR1                  ;不为 0，则错误
        MOV FCBRCSZ,RECLEN ;文件的记录大小送到 FCBRCSZ 单元中
        LEA DX,NAMEDTA            ;磁盘缓冲区首地址 NAMEDTA 送 DX 寄存器中
        MOV AH,1AH                ;调用 DOS 功能号 1AH 设置磁盘缓冲区首地址
        INT 21H
        RET
 ERR1:  LEA DX,OPNMSG             ;错误信息首地址送 DX 寄存器中，为显示信息做准备
        CALL ERRM
 CREATEF ENDP
 ;输入姓名并写入磁盘
 INPUTF PROC NEAR
          MOV AH,09               ;要求显示，调用 DOS 功能号 09H
```

```
        LEA DX,PROMPT        ; 将要求显示的内容的首地址送到DX寄存器中
        INT 21H
        MOV AH,0AH           ;要求输入，调用DOS功能号0AH
        LEA DX,NAMEPAR            ;将接受输入内容存放的首地址送到DX寄存器中
        INT 21H
        CALL DISP            ;调用滚动处理程序
        CMP NAMELEN,0        ;判断缓冲区NAMEPAR单元是否为0
        JNE BLANK            ;不为0，继续输入
        RET                  ;为0，则返回
BLANK:  MOV BH,0
        MOV BL,NAMELEN
        MOV NAMEDTA[BX],' ';将空格送到缓冲区NAMELEN的单元中
        CALL WRITEF          ;调用写子程序
        CLD
        LEA DI,NAMEDTA        ;建立文件名字段
        MOV CX,RECLEN/2
        MOV AX,2020H
        REP STOSW
        RET
INPUTF ENDP
；设置滚动，设置光标
DISP PROC NEAR
        MOV AH,09            ;要求显示，调用DOS功能号09H
        LEA DX,CRLF
        INT 21H
        CMP ROW,18H          ;比较光标是否到屏幕底部
        JNE PASS             ;没到，转到PASS处
        INC ROW              ;是的，则下移一行
        RET
PASS:   MOV AH,06            ;滚动下行
        MOV AL,01
        CALL SCRO
        CALL CURS            ;调用光标复位子程序
        RET
DISP ENDP
;写磁盘记录子程序
WRITEF PROC NEAR
        MOV AH,15H
        LEA DX,FCBREC
        INT 21H
```

```
        CMP AL,0
        JZ VALID
        LEA DX,WRTMSG
        CALL ERRM
        MOV NAMELEN,0
VALID: RET
WRITEF ENDP
；关闭磁盘文件子程序
CLSEF   PROC NEAR
        MOV NAMEDTA,1AH
        CALL WRITEF
        MOV AH,10H
        LEA DX,FCBREC
        INT 21H
        RET
CLSEF ENDP
；屏幕滚动子程序
SCRO PROC NEAR
      MOV BH,1EH
      MOV CX,0
      MOV DX,184FH
      INT 10H
      RET
SCRO ENDP
；设置光标复位子程序
CURS PROC NEAR
      MOV AH,02
      MOV BH,0
      MOV DL,0
      MOV DH,ROW
      INT 10H
      RET
CURS ENDP
；磁盘错误处理子程序
ERRM PROC NEAR
      MOV AH,09
      INT 21H
      MOV ERRCDE,01
      RET
ERRM ENDP
```

```
CODE ENDS
        END BEGIN
```

程序中把每个记录定为 32 个字节，这样写操作在缓冲区中存入 16 个记录，然后一起写入磁盘的一个扇区。如果输入 25 个姓名，记录数从 1 增加到 25（19H），因此文件大小为：

25×32 字节=800 字节（320H）。

关闭文件操作把缓冲区中其余的 9 个记录写入磁盘的第二个扇区并修改目录中的日期和文件大小。

为了使程序更加灵活，可以允许用户指定驱动器和文件名，这只要在程序的开始显示一个提示信息，接着从键盘输入驱动器号和文件名，并分别存入 FCB 的第一项（1 个字节）和第二（8 个字节）中去。

2. 顺序读磁盘文件

在读一个文件之前，必须先打开这个文件，打开文件的指令如下：

```
MOV AH，0FH                 ;打开文件
MOV DX，SEG MY_FCB          ;取 FCB 的段首址
MOV DS,DX
MOV DX,OFFSET MY_FCB        ;取 FCB 的偏移地址
INT 21H
```

打开文件操作用 FCB 中指定的文件检查目录，如果目录中没有这个文件，就把 AL 置为 FFH；如果目录中有这个文件，就把 AL 置为 00H，并把 FCB 中的文件大小域置为实际的文件大小，把当前块号置为 0，把 FCB 中的记录大小置为 80H。文件打开后，可以重新设置记录大小。

读入的文件存放在 DTA 中，利用功能调用 1AH 来设置 DTA 地址，设置 DTA 地址的指令如下：

```
MOV AH，1AH                 ;设置 DTA 的地址
MOV DX，SEG MY_DTA          ;取 MY_DTA 的段首址
MOV DS，DX
MOV DX，OFFSET MY_DTA       ;取 MY_DTA 的偏移地址
INT 21H                     ;调用 DOS
```

利用功能调用 14H 顺序读一个磁盘文件的指令如下：

```
MOV AH，14H                 ;读记录顺序
MOV DX，SEG MY_FCB          ;取 MY_FCB 的段首址
MOV DS,DX
MOV DX,OFFSET MY_FCB        ;取 MY_FCB 的偏移地址
```

读文件操作利用 FCB 中提供的信息把磁盘文件送到 DTA，然后把 AL 寄存器设置如下：

AL=00 读成功。

AL=01 文件结束，记录中无数据。

AL=02 DTA 中没有足够的空间读入一个记录。

AL=03 文件尾，已经读了用 0 填好的部分记录。

读操作把一个扇区的内容读入 DOS 缓冲区中，然后根据 FCB 中记录的大小从缓冲区中把记录顺序传送到 DTA，根据 FCB 的指示，读操作再确定下一个扇区并把它的内容读到 DOS

缓冲区中。

对于成功的读操作，DOS会自动地把FCB中的当前记录号加1。在一个顺序读文件的程序中，通常不必关闭输入文件，其原因是读操作不会改变文件目录，但如果程序要打开和读几个文件，则应在最后关闭它们，这是由于DOS对一次打开的文件数是有限制的。

【例题 7.2】编写顺序读磁盘文件程序：此程序能读出由例题7.1程序建立起来的学生名单文件（NAMEFILE），并在屏幕上将名单显示出来。

例题7.1和例题7.2可共用同一个FCB，且两个程序中FCB中的各个域的名称可以不一样，但读写操作的文件名必须一致。读磁盘文件程序（FCBREAD）由以下子程序组成：

BEGIN：初始化段寄存器，调用OPENF来打开文件并设置DTA；调用READF来读磁盘记录，如果是文件尾则程序结束，如果不是文件尾，则用DISP显示记录。

OPENF：打开文件，设置记录大小为32，初始化DTA的地址。

READF：顺序读磁盘记录，读操作自动递增FCB当前记录号。

DISP：显示读出的记录。

ERRN：打开操作或读操作失败时，显示一个出错信息。

参考源程序：

```
STACK SEGMENT PARA 'STACK'
    DW 80 DUP(0)
STACK ENDS
DATA SEGMENT PARA 'DATA'
  FCBREC      LABEL   BYTE
  FCBDRIV     DB 0
  FCBNAME     DB 'NAMEFILE'
  FCBEXT      DB 'DTA'
  FCBBIK      DW 0
  FCBRCSZ     DW 0
              DD ?
              DW ?
              DT ?
  FCBSQRC     DB 0
              DD ?
  RECLEN      EQU 32
  NAMEFLD     DB RECLEN DUP (' ')  ,13,10,'$'
  ENDCDE      DB 0
  OPENMSG     DB '* * * OPEN ERROR * * *','$'
  READMSG     DB '* * * READ ERROR * * *','$'
  ROW         DB 0
DATA ENDS
CODE SEGMENT PARA 'CODE'
ASSUME CS:CODE,DS:DATA,SS:STACK,ES:DATA
BEGIN PROC FAR
```

```
        PUSH DS
        SUB AX,AX
        PUSH AX
        MOV AX,DATA
        MOV DS,AX
        MOV ES,AX
        MOV AH,06
        MOV AL,00
        CALL SCRO               ;调用清屏子程序
        CALL CURS               ;调用设置光标子程序
        CALL OPENF              ;调用打开文件子程序
        CMP ENDCDE,00           ;测试是否代码尾
        JNZ EXIT                ;不是代码尾则返回
LOOP1: CALL READF               ;调用顺序读磁盘文件子程序
        CMP ENDCDE,00           ;进一步测试是否代码尾
        JNZ EXIT                ;不是代码尾则返回
        CALL DISP               ;调用显示子程序
        JMP LOOP1               ;再读磁盘文件记录再测试
EXIT:   RET
BEGIN ENDP
;打开文件子程序
OPENF PROC NEAR
        LEA DX,FCBREC
        MOV AH,0FH              ;打开文件功能号调用
        INT 21H
        CMP AL,00               ;测试是否打开成功
        JNZ ERROR               ;打开失败转至显示打开失败信息
        MOV FCBRCSZ,RECLEN ;设置读记录的长度为 32
        MOV AH,1AH              ;调用 1AH 功能号设置 DTA 的首地址
        LEA DX,NAMEFLD          ;取 DTA 的偏移地址
        INT 21H
        RET
ERROR: MOV ENDCDE,1             ;DOS 的 1 号功能调用
        LEA DX,OPENMSG
        CALL ERRM               ;调用打开文件操作失败信息显示
        RET
OPENF   ENDP
;读磁盘文件子程序
READF PROC NEAR
        MOV AH,14H              ;DOS14 号功能调用读磁盘文件
```

```
        LEA DX,FCBREC
        INT 21H
        CMP NAMEFLD,1AH     ;测试文件尾标记
        JNE TESTS           ;不是则转 TESTS
        MOV ENDCDE,01
        JMP REND
TESTS: CMP AL,0
        JZ REND
        MOV ENDCDE,1
        CMP AL,1
        JZ REND
        LEA DX,READMSG
        CALL ERRM
REND:   RET
READF   ENDP
;显示记录子程序
DISP PROC NEAR
        MOV AH,9
        LEA DX,NAMEFLD
        INT 21H
        CMP ROW,24
        JAE BOTTOM
        INC ROW
        JMP DEND
BOTTOM:MOV AH,6
        MOV AL,1
        CALL SCRO
        CALL CURS
DEND:   RET
DISP   ENDP
;屏幕设置子程序
SCRO PROC NEAR
        MOV BH,1EH          ;设置为彩色
        MOV CX,0
        MOV DX,184H         ;设置屏幕位置
        INT 10H
        RET
SCRO ENDP
;设置光标位置子程序
CURS PROC NEAR
```

```
        MOV AH,2
        MOV BH,0
        MOV DH,ROW
        MOV DL,0
        INT 10H
        RET
CURS ENDP
;显示错误信息子程序
ERRM PROC NEAR
        MOV AH,9
        INT 21H
        RET
ERRM ENDP
CODE ENDS
     END BEGIN
```

打开文件操作检查目录中的文件名和扩展名，如果符合，则自动设置 FCB 中的文件大小、日期和记录大小。第一次操作从当前记录号 0 开始存取磁盘并把一个扇区的内容（16 个记录）读入 DOS 缓冲区，然后把第一个记录传送到 DTA，FCB 中的当前记录号也从 00 增至 01。第二次执行的读操作不必存取磁盘，原因是缓冲区中已经有所需要的记录，此时只需要把前记录号为 01 的记录从缓冲区传送到 DTA，并把当前记录号增为 02。每次读操作都重复这样的动作，直到缓冲区中的 16 个记录都被传送到 DTA。

读当前记录号为 16 的记录时，实际上又把第二个扇区的内容读入缓冲区，接着连续地再把每个记录从缓冲区传送到 DTA。最后一个记录读取后，如果仍然继续读下一个记录，读操作就会把 AL 寄存器置为 01，表明文件结束了。

7.2.3 随机存取方式

随机存取方式的特点是可以随机地存取文件中的任何记录，不需要像顺序存取方式那样必须从文件首开始读所有记录，一直到所指定的记录。随机存取方式采用指定一个相对记录号的方法来实现随机文件存取。相对记录号不同于顺序存取方式中当前块号中的当前记录号，相对的是文件的开头。第一条记录的相对记录号为 0，第二条记录的相对记录号为 1，依此类推，对每一个相对的记录，相对记录号加 1。在文件处理中，经常需要对文件中的数据进行修改，删除某些数据或向文件中添加数据，无疑随机存取方式更具有灵活性。

随机存取方式之所以能读写文件中的任何记录，原因之一是在 FCB 中构造了一个 4 字节的随机记录号（FCB 中的 33～36 字节）。为了找到所指定的记录，系统能自动地把这个随机记录号转换为当前块号（FCB 中的 12～13 字节）和当前记录号，然后执行读或写命令。

1. 随机存取方式对文件操作的步骤

（1）调用 DOS 的 29H 号功能建立文件控制块 FCB。在操作前，应将文件名及相关内容存放到指定的寄存器中。

（2）调用 DOS 的 1AH 功能建立磁盘缓冲区 DTA。

（3）对磁盘尚没有的新文件，调用 DOS 的 16H 号功能建立文件；对于磁盘上已有的文件，调用DOS的0FH号功能打开文件。

（4）设置相对记录号。

（5）调用DOS的22H号功能将DTA中内容写入文件。在操作前，应将要写入文件的内容存放到DTA中，或调用DOS的21H号功能顺序从文件中读取数据到DTA中。

（6）调用DOS的10H号功能关闭文件。

（7）必要时，可调用DOS的13H号功能删除文件。

2. 随机读磁盘文件

打开文件操作及DTA的设置和顺序存取方式一样。假如程序要直接读取随机记录为06的记录，则在FCB中的33～36字节插入随机记录号06，并调用DOS随机功能21H，如果读成功，记录的内容就被送到DTA。实现随机读的指令序列如下：

```
MOV AH，21H
MOV DX，SEG MY_FCB
MOV DS，DX
MOV DX，OFFSET MY_FCB
INT 21H
```

随机读操作把随机记录号转换为当前块号和当前记录号，以此值确定需要的磁盘记录，并把这个记录传输到DTA。AL寄存器返回值如下：

AL=00 读成功。

AL=01 无有效数据。

AL=02 结束传送，因为DTA没有足够的空间。

AL=03 已经读到部分用0填写的记录。

在以上返回的参数中，设有文件结束的标记，对一个已存在的记录唯一的成功标记是0，当我们设置了一个非法的随机记录号或不正确的DTA和FCB地址时，就会返回出错的标记，这些错误可根据AL中是非0码来加以判断。

当程序首次请求读取一个随机记录时，读操作利用目录确定记录所在的扇区，从磁盘中把这个扇区的内容都读到缓冲区，再把指定的记录传送到DTA。例如：记录的长度为128字节，则一个扇区内存有4个记录。对随机记录号为23的存取请求可使用下面的4个记录读入缓冲区：

|记录20|记录21|记录22|记录23|

当程序请求读取记录23时，随机读操作首先检查缓冲区，因记录23已在缓冲区中，它就直接被送入DTA。如果程序请求读取记录35，而缓冲区中没有记录35，则随机读操作又利用目录确定此记录的位置，并把它所在扇区的内容全部读入缓冲区，接着再把记录35送到DTA。但需注意的是：当随机操作读出一个记录时，随机记录号不会自动加1，如果不改变随机记录号而又再次请求随机读，则读出的仍是上次读出的记录。因此在每次对磁盘进行随机存取之前都要把随机记录号插入FCB中。

3. 随机写磁盘文件

与顺序存取文件一样，在对磁盘进行随机写操作前，必须建立文件和设置DTA地址，然后初始化FCB中的随机记录号。调用随机写功能22H。实现随机写指令序列如下：

```
MOV AH，22H
MOV DX，SEG MY_FCB
```

```
MOV DS，DX
MOV DX，OFFSET MY_FCB
INT 21H
```

随机写操作在 AL 中设置的返回值参数如下：

AL=00　写成功

AL=01　磁盘空间满

AL=02　传输结束，因为 DTA 中没有足够的空间。

FCB 中的随机记录号是一个 4 字节的域，对于一个小文件，只要初始化最低的一个或两个字节（33 和 34 字节）就行了。如果一个较大的文件，就要向第 3 个和第 4 个字节中填入随机记录号，这时需要格外注意随机记录号存入时顺序。

7.2.4　随机分块存取方式

当程序有足够的空间，一次随机分块操作能从 DTA 把整个文件写入磁盘，也能把整个文件从磁盘读到 DTA。这个功能对表的处理特别有用。

在使用随机分块存取功能时，首先要打开文件和初始化 DTA 地址，并设置适当的随机记录号和记录大小。

对随机分块写，先把写的记录个数放入 CX 寄存器，再把起始的记录号送入 FCB，然后调用随机写功能号（28H）。实现随机写的指令序列如下：

```
MOV AH，28H                   ；调用随机写 DOS 功能号 28H
MOV CX，N                     ；将任意记录个数送 CX 寄存器
MOV DX，SEG MY_FCB
MOV DS，DX
MOV DX，OFFSET MY_FCB
INT 21H
```

随机分块写操作把 FCB 的随机记录号转换为当前块号和当前记录号，由此确定记录块在磁盘上的起始位置，此操作把返回的代码送入 AL 寄存器中。

AL=00　全部记录写成功

AL=01　磁盘空间满

随机写操作还使 FCB 中的随机记录号和当前块号/记录号指向下一记录。如已经写了 00～24 记录，紧接着指向的记录是 25（即 19H）。

随机分块读操作要求先在 CX 寄存中放入要求读取的记录个数，然后调用随机读功能号（27H）。实现随机读的指令序列如下：

```
MOV AH，27H
MOV CX，N
MOV DX，SEG MY_FCB
MOV DS，DX
MOV DX，OFFSET MY_FBC
INT 21H
```

随机读操作还把实际读取的记录放入 CX 寄存器中，并把 FCB 中的随机记录号和当前块号、当前记录号置向下一个记录。读操作的返回码在 AL 寄存器中。

AL=00 全部记录读成功。

AL=01 已经读到文件尾，最后一个记录完整。

AL=02 DTA 中读入了尽可能多的记录。

AL=03 已经读到文件尾，最后一个记录不完整。

如果要将一个完整的文件从磁盘上读出来，但又不知道确切的记录数，如何实现？一个简单的方法是定义一个很大的 DTA 数据传输区，如果 AL=01，表明所有的记录都完整地读出，这时查看 CX 寄存器，就可知道文件的实际记录数，这种方法只适用于文件小的情况。对于文件大的则采用调用文件大小测试功能号（23H）来读取未知文件的大小。

调用测试文件大小功能之前，应在 FCB 的记录大小域中置适当的值，再调用 DOS 功能 23H。实现的指令序列如下：

```
MOV AH，23H
MOV DX，SEG MY_FCB
MOV DS，DX
MOV DX，OFFSET MY_FCB
MOV FILE_REC_SIZE，N
INT 21H
```

测定文件大小的功能根据 FCB 中的文件名在目录中查找相应的文件，如果找到则把文件的记录数填入到 FCB 的随机记录域。

【例题 7.3】利用随机存取方式建立一个文件 FILE.DAT，要实现从键盘输入数据存放到数据区中，再将数据区中的数据写到文件中。

参考源程序：

```
DATA SEGMENT PARA 'DATA'
     FNAME    DB 'FILE.DTA'
     FCB1     DB 100H DUP(0)
     DATA1    DB 100H DUP(0)
     DATA2    DB 0H
     QUEST    DB 0AH,0DH ,'EXIT ? Y/N?',0AH,0DH,'$';0AH：回车；0DH：换行
DATA ENDS
STACK SEGMENT PARA 'STACK'
     DB 200 DUP(?)
STACK ENDS
CODE SEGMENT PARA 'CODE'
     ASSUME CS:CODE,SS:STACK,DS:DATA,ES:DATA
START: MOV AX,DATA
       MOV DS,AX
       MOV ES,AX
       LEA SI,FNAME                     ;建立文件 FIEL 的文件控制块 FCB 入口参数
       LEA DI,FCB1                      ;SI 中置文件名，DI 中置 FCB 首地址
       MOV AL,0FH
       MOV AH,29H                       ;29H 号功能调用建立文件 FCB
```

```
        INT 21H                         ;建立文件 FILE.DAT 的 FCB
        MOV DX,OFFSET FCB1              ;通过 FCB 指定文件名
        MOV AH,16H                      ;16H 功能调用建立文件 FILE
        INT 21H
        MOV BYTE PTR FCB1+14,20H        ;记录长度 32 个字符
        MOV BYTE PTR FCB1+12,0          ;当前块号
        MOV AL,DATA2
        MOV BYTE PTR FCB1+33,AL         ;相对记录号
NEW:    MOV BX,0                        ;DATA1 区首字节
        MOV CX,9H                       ;每次输入 9 个字符
ERA:    MOV AH,01H                      ;01H 号功能调用，从键盘输入 1 个字符
        INT 21H
        MOV DATA1[BX],AL                ;送入 DATA1 缓冲区中
        INC BX                          ;缓冲区地址增 1
        LOOP ERA                        ;循环一次 CX 内容减 1，至 CX=0，共向 DATA1
中输入 9 个字符
        MOV DATA1[BX],0AH               ;9 个字符输入完后加回车键
        MOV DX,OFFSET DATA1             ;取 DATA1 的偏移地址到 DX 中
        MOV AH,1AH                      ;将 DATA1 的首地址设置为缓冲区首地址 DAT
        INT 21H
        MOV DX,OFFSET FCB1              ;通过 FCB1 指定文件名
        MOV AH,22H                      ;22 号功能调用随机写文件 FILE.DAT
        INT 21H
        MOV DX,OFFSET QUEST             ;提问是否继续
        MOV AH,9
        INT 21H                         ;输出提问字符串
        INC BYTE PTR DATA2              ;相对记录号增 1
        MOV AL,DATA2
        MOV BYTE PTR FCB1+33,AL
        MOV AH,01H                      ;从键盘输入一个字符
        INT 21H
        CMP AL,'Y'
        JE EXIT                         ;如果输入的字符是“Y”，则退出
        JMP NEW                         ;如果输入的字符不是“Y”，则转到 NEW 继续
输入
EXIT:   MOV DX,OFFSET FCB1
        MOV AH,10H                      ;关闭文件
        INT 21H
        MOV AH,4CH                      ;程序结束
        INT 21H
```

```
CODE    ENDS
        END START
```

该程序功能：是要求用户通过键盘输入 9 个字符后，提示用户是否继续输入的信息，若用户按提示信息输入“N”，则可继续输入字符，输入完 9 个字符后又弹出提示信息，直到用户按提示信息输入“Y”才结束键盘输入。

随机存取方式可设定记录的长度，且必须设置相对记录号，将来可根据相对记录号读取数据或修改数据，使用更加灵活。

7.3　文件代号存取方式

文件代号存取方式是在 DOS 引用了树型结构目录而增加的。这种方式不再采用文件控制块 FCB，而有关文件的各种信息都包含在 DOS 中，对用户程序是透明的。在处理指定文件时，必须使用一个完整的路径名（即：驱动器名:\>目录路径\…\目录路径\文件名.扩展名。如：C:\>MASM\FILE.ASM）。一旦文件的路径名被送入操作系统，就被赋予一个简单的文件代号（file handle），这个文件代号是一个 16 位数。以后对该文件进行读写操作，就用这个文件代号去查找相应的文件。对于每一个打开的文件，DOS 还为其管理一个读写指针（read/write pointer）,读写指针总是指向下一次要存取的文件中的字节，这个读写指针可以移到文件的任意位置，从而满足随机存取的要求。

文件代号存取方式使用 3CH～42H 号功能完成对文件的建立、打开、读、写和关闭，在程序中要使用一个 ASCII_ZERO（简称为 ASCIZ）字符串来通知操作系统准备的文件名，该字符串由驱动器名、目录路径名、文件名、文件扩展名及一个 0 所构成。下面是两个 ASCIZ 串：

```
PATHNM1 DB   ' F:\TEST.ASM ',0
PATHNM2 DB   ' E:\UTILITY\NU.EXE ',0
```

路径名的最大长度允许 63 个字节，对于请求 ASCIZ 串的中断，要求把 ASCIZ 串的地址装入 DX 寄存器中。实现的指令如下：

```
LEA DX，PATHNM1
```

文件代号存取方式对各种错误采取了更统一的处理方法。在操作过程中，AX 中返回错误代码信息，这些错误代码信息对所有代号式存取功能都是相同的，为用户进行分析提供了方便。代号式文件管理功能调用如表 7-2 所示。

表 7-2　**代号式文件管理功能调用**

AH 功能	调用参数	返回参数
3CH 建立文件	DS=ASCIZ 串的段地址 DX=ASCIZ 串的偏移地址 CX=文件属性	CF=0 操作成功，AX=文件代号 CF=1 操作出错，AX=错误代码
3DH 打开文件	DS=ASCIZ 串的段地址 DX=ASCIZ 串的偏移地址 AL=存取代码	CF=0 操作成功，AX=文件代号 CF=1 操作出错，AX=错误代码
3EH 关闭文件	BX=文件代号	CF=0 操作成功 CF=1 操作出错，AX=错误代码

续表

AH 功能	调用参数	返回参数
3FH 读文件或设备	DS=数据缓冲区段地址 DX=数据缓冲区偏移地址 BX=文件代号 CX=读取的字节数	CF=0 操作成功，AX=实际读入字节数 AX=0 文件结束 CF=1 读出错，AX=错误代码
40H 写文件或设备	DS=数据缓冲区段地址 DX=数据缓冲区偏移地址 BX=文件代号 CX=写的字节数	CF=0 操作成功，AX=实际写入字节数 CF=1 写出错，AX=错误代码
42H 移动文件指针	CX=所需字节的偏移地址（高位） DX=所需字节的偏移地址（低位） AL=方式码 BX=文件代码	CF=0 操作成功，DX:CX=新指针位置 CF=1 操作失败，AX=错误代码
43H 检验或改变文件属性	AL=0 检验文件属性 AL=1 置文件属性 CX=新属性 DS=ASCIZ 串的段地址 DX=ASCIZ 串的偏移地址	CF=0 操作成功，AL=0，CX=属性 CF=1 操作失败，AX=错误代码

7.3.1 文件代号和错误返回代码

存取文件要借助于文件代号，文件代号是由打开文件功能和建立功能传到 AX 的一个 16 位数。当然标准设备不必打开就可直接使用它们的文件代号，原因是 DOS 已经定义了它们的代号：

0=标准输入设备

1=标准输出设备

2=标准错误输出设备

3=标准辅助设备

4=标准打印设备

建立或打开的文件，其代号从 6 开始排列，在任何一时刻最多只能同时打开 5 个文件。

存取磁盘文件，首先用一个 ASCIZ 串指定文件并调用 DOS 功能 3CH 或 3DH 建立或打开文件。如果成功，操作置 CF=0，并把文件代号送到 AX 中，这时文件和代号建立了对应关系，因此这个代号要保存好，一般保存在程序中的一个字数据项中，否则丢失了代号等于丢失了文件。如果操作失败，CF 置成 1，AX 中包含的是错误代码，这些错误代码都取自一个统一的错误信息表如表 7-3 所示。

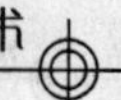

表 7-3　　错误返回代码表

01	非法功能号
02	文件未找到
03	路径未找到
04	同时打开的文件太多
05	拒绝存取
06	非法文件代号
07	内存控制块被破坏
08	内存不够
09	非法存储块破坏
10	非法环境
11	非法格式
12	非法存储代码
13	非法数据
14	（未用）
15	非法指定格式
16	试图删除当前目录
17	设备不一致
18	已没有文件

7.3.2　文件代号式写磁盘文件

写一个新文件或重写一个旧文件，首先要建立文件并赋予它一个属性。如果 DOS 发现要建立的文件已经存在，那么原来的文件就被破坏。使用文件属性功能号 43H 可以改变现有文件的属性。实现的指令序列如下：

```
MOV AH，43H                   ；检查或改变文件属性
MOV AL，10H                   ；设置文件属性
MOV CX，01                    ；设置只读属性
MOV DX，SEG FILENAME          ；取 ASCIZ 串的地址
MOV DS，DX
MOV DX，OFFSET FILENAME
INT 21H                       ；调用 DOS 功能
```

建立文件的功能调用 3CH，调用此功能时，在 DX 中装入 ASCIZ 串的地址，在 CX 中装入文件的属性。建立一个正常属性文件的指令序列如下：

```
MOV AH，3CH                   ；创建文件
MOV CX，00                    ；正常建立
LEA DX，PATHHM1               ；取 ASCIZ 串的地址
INT 21H                       ；调用 DOS 功能
JC ERROR                      ；判断 CF 的值，CF=1，错误退出
```

```
MOV HANDLE1，AX        ；若 CF=0，则保存文件代号在一个字中
```

对于一次成功的操作，DOS 把指定的属性填入目录，清除进位，并把文件代号回送到AX寄存器，以后的所有操作都使用这个代号。如果文件已经存在，操作将文件的长度置为0。如果操作把CF置为1，则说明建文件有错误，错误代码回送到AX寄存器，可能出现的错误见错误返回代码表7-3。

写磁盘文件是调用功能号40H。在写磁盘文件时，在BX中装入文件代号，在CX中装入要写入文件的字节数，输入缓冲区的地址送到DX寄存中。下面的指令是把OUTREC数据区中的256个字节写入磁盘文件。

```
HANDLE1   DW ?
OUTREC    DB 256 DUP（？）
MOV AH，40H             ；调用 DOS 功能号 40H，写磁盘文件
MOV BX，HANDLE1         ；文件代号装入 BX
MOV CX，256             ；写入文件字节数装入 CX
LEA DX，OUTREC          ；输入缓冲区的偏移地址送 DX
INT 21H                 ；调用 DOS 功能号 40H
JC ERROR1               ；测试写是否错误，CF=1 转 ERROR 处
CMP AX，256             ；比较判断所有字节写完没有
JNE ERROR2
```

把文件从内存写入磁盘的操作成功，则CF=0，并把实际写入的字节数送入AX寄存器。如果磁盘空间满，实际写入的字节数可能会和要求写入的字节数不同，操作失败的标记是CF=1，并在AX中回送错误码05（拒绝存取）或06（非法文件代号）。

当文件写入操作完成后，必须用DOS功能调用3EH来关闭文件，以确保操作系统将文件记录在磁盘上，这个操作只要求在BX中放入文件代号，关闭文件时，DOS把内存缓冲区中的数据写入磁盘，并修改目录和文件分配表。实现的指令序列如下：

```
MOV AH，3EH             ；要求关闭文件
MOV BX，HEANDLE1        ；文件代号送 BX 中
INT 21H                 ；调用 DOS 功能号 3EH
```

关闭文件操作在AX中返回的错误码只可能是06（非法文件代号）。

【例题 7.4】用文件代号建立文件。该程序从键盘接收一个由姓名组成的文件。它由下面几个子程序所组成：

CREATF：调用DOS功能3CH来建立文件，并把文件代号保存在HANDLE数据项中。

PROCH：　从键盘接收输入并把输入缓冲区中其余的单元用空（blank）填入。

WRITH：　调用DOS功能40H写文件。

CLSE：　　调用DOS功能3EH来关闭文件以建立相应的目录项。

参考源程序：

```
STACK SEGMENT PARA STACK 'STACK'
    DB 200 DUP(?)
STACK ENDS
DATA SEGMENT PARA 'DATA'
    NAMEPAR    LABEL BYTE      ;名字参数列表
```

```
    MAXLEN      DB 30
    NAMELEN     DB ?
    NAMEREC     DB 30 DUP(' '),0DH,0AH ;输入名字
    ERRCDE      DB 0
    HANDLE      DW ?
    PATHNAM     DB 'F:/MASM.DAT',0
    PROMPT      DB 'NAME ?'
    ROW         DB 01
    OPNMSG      DB '* * * OPEN ERROR * * *',0DH,0AH
    WRTMSG      DB '* * * WRITE ERROR * * *',0DH,0AH
DATA ENDS
CODE SEGMENT PARA 'CODE'
BEGIN PROC FAR
    ASSUME CS:CODE,DS:DATA,SS:STACK,ES:DATA
        PUSH DS
        SUB AX,AX
        PUSH AX
        MOV AX,DATA
        MOV DS,AX
        MOV ES,AX
        MOV AX,600H
        CALL SCREN              ;调用屏幕清除子程序
        CALL CURS               ;调用光标设置子程序
        CALL CREATH             ;调用建立文件和设置 DTA 子程序
        CMP ERRCDE,0            ;建立文件错误吗？
        JZ COUTIN               ;是的，继续建立文件
        RET                     ;没有错误，返回到 DOS
COUTIN:CALL PROCH               ;调用键盘输入子程序
        CMP NAMELEN,0           ;输入结束
        JNE COUTIN              ;没有结束，继续输入
        CALL CLSEH              ;调用关闭文件子程序
        RET                     ;返回 DOS
BEGIN   ENDP
;建立磁盘文件
CREATH PROC NEAR
        MOV AH,3CH              ;调用建立文件功能 3CH
        MOV CX,0                ;设置正常属性
        LEA DX,PATHNAM
        INT 21H
        JC A1                   ;错误吗？
```

```
        MOV HANDLE,AX         ;没有错误建立文件保存到 HANDLE 中
        RET
A1:     LEA DX,OPNMSG         ;错误信息首址送 DX 备作显示用
        CALL ERRM
        RET
CREATH ENDP
;从键盘接收输入
PROCH PROC NEAR
        MOV AH,40H            ;调用 DOS 写功能 40H
        MOV BX,01             ;01=输出设备
        MOV CX,06             ;长度送 CX
        LEA DX,PROMPT         ;显示 PROMPT 内容
        INT 21H
        MOV AH,0AH
        LEA DX,NAMEPAR
        INT 21H
        CMP NAMELEN,0
        JNE B1
        RET
B1:     MOV AL,20H
        SUB CH,CH
        MOV CL,NAMELEN
        LEA DI,NAMEREC
        ADD DI,CX
        NEG CX
        ADD CX,30
        REP STOSB
        CALL WRITH
        CALL SCRL
        RET
PROCH   ENDP
;屏幕滚动子程序
SCRL PROC NEAR
        CMP ROW,18H
        JAE C1
        INC ROW
C1:     MOV AX,601H
        CALL SCREN
        CALL CURS
        RET
```

```
SCRL    ENDP
;写磁盘记录内容
WRITH PROC NEAR
        MOV AH,40H
        MOV BX,HANDLE
        MOV CX,32
        LEA DX,NAMEREC
        INT 21H
        JNC D1
        LEA DX,WRTMSG
        CALL ERRM
        MOV NAMELEN,0
D1:     RET
WRITH ENDP
;关闭磁盘文件
CLSEH PROC NEAR
        MOV NAMEREC,1AH
        CALL WRITH
        MOV AH,3EH
        MOV BX,HANDLE
        INT 21H
        RET
CLSEH ENDP
;屏幕滚动
SCREN PROC NEAR
        MOV BH,1EH    ;设置绿色
        MOV CX,0
        MOV DX,184FH
        INT 10H
        RET
SCREN ENDP
;设置鼠标
CURS PROC NEAR
        MOV AH,02
        MOV BH,0
        MOV DH,ROW
        MOV DL,0
        INT 10H
        RET
CURS ENDP
```

```
;磁盘错误处理程序
ERRM PROC NEAR
     MOV AH,40H
     MOV BX,01
     MOV CX,21
     INT 21H
     MOV ERRCDE,01
     RET
ERRM ENDP
CODE ENDS
     END BEGIN
```

输入缓冲区（NAMEREC）有 30 个字节，包括回车换行符共 32 个字节。该程序把 32 个字节作为一个固定的长度记录写入。在程序开始显示提示符和程序末尾显示错误停息都采用的是代号式输入/输出，显示器预先定义的文件代号是 01，则直接使用文件代号向设备写入信息。

7.3.3 文件代号式读磁盘文件

调用读文件或设备功能号（3FH）首先把文件打开取得文件代号，再按指定的字节数从磁盘中把文件读出，送入内存中预先定义好的数据缓冲区。如果读入的字节数大于缓冲区空间，那么多余的数据将送到程序所占空间之上的存储器中。

打开文件操作要调用 DOS 功能号 3DH 来检查文件名是否合法，文件是否有效。文件名是一个 ASCIZ 串，其地址装入 DX 寄存器，并在 AL 寄存器返回代码信息：

AL=00 为读而打开文件
AL=01 为写而打开文件
AL=02 为读和写打开文件

这些存取代码告知操作系统你打开文件的目的是什么？例如打开一个只读文件，而目的是为了向文件中写入有关内容（存取代码 01），则操作系统将回送一个错误码 05（拒绝访问）。因此可知文件属性和存取代号相结合能有效防止非法读写操作。

为读而打开文件的指令序列如下：

```
     MOV AH，3DH              ;调用功能号 3DH 打开文件
     MOV AL，00               ;设置仅为读而打开文件
     LEA DX，PATHNM1          ;取 ASCIZ 串的偏移地址
     INT 21H
     JC   ERROR               ;CF=1 转错误信息提示
     MOV HANDLE，AX           ;文件代号送入
```

其功能是：如果指定的文件存在，打开操作将把记录长度置为 1，确定文件属性，清除 CF 标志位，并把文件代号存放到 AX；如果指定文件不存在，操作置 CF 为 1，并在 AX 中返回一个错误代码：02，04，05 或 12。因此在打开文件之后一定要检查 CF 位。

读文件调用 DOS 功能号 3FH。要求先在 BX 中设置文件代号，在 CX 中装入要读取的字节数，在 DX 中放入输入数据缓冲区的地址，再调用 DOS 功能号 3FH。实现读取一个 512

字节记录的指令序列如下：

```
HANDLE DW ？
INPREC DB 512 DUP（？）
MOV AH，3FH              ;读文件调用功能号 3FH
MOV BX，HANDLE           ;要读文件代号送 BX
MOV CX，512              ;要读文件长度送 CX
LEA DX，INPREC           ;输入数据缓冲区偏移地址送 DX
INT 21H                  ;调用 DOS 读文件功能号
JC ERROR                 ;测试 CF=1 转错误信息提示
CMP AX，0                ;测试 AX 是否为 0 字节
JE ENDFILE               ;是，则试图从文件尾开始读
```

指令序列功能：如果操作成功就把记录读入存储器，并置 CF 位为 0，同时将实际读入的字节数放入 AX 寄存器。假若 AX=0，表明试图从文件尾开始读；如果读操作不成功，则置 CF 为 1，同时在 AX 寄存器中返回错误码 05（拒绝存取）和 06（非法文件代号）。

由于 DOS 限制了一次打开文件的个数，则在读取文件之后必须关闭这些文件。

【例题 7.5】利用文件代号式读取例题 7.4 建立的 NAME.DAT 文件的内容。程序调用 DOS 功能号 3DH 来打开文件，并将文件代号保存在 HANDLE 中，再调用 DOS 功能号 3FH 来读这个文件。

参考程序：

```
STACK SEGMENT PARA STACK 'STACK'
    DB 200 DUP(0)
STACK ENDS
DATA SEGMENT PARA 'DATA'
    ENDCDE    DB 0
    HANDLE    DW ?
    IOAREA    DB 32 DUP(' ')
    PATHNAM   DB 'F:/MASM.DAT',0
    OPENMSG   DB '* * * OPEN ERROR * * *',0DH,0AH
    READMSG   DB '* * * READ ERROR * * *',0DH,0AH
    ROW       DB 0
DATA ENDS
CODE SEGMENT PARA 'CODE'
BEGIN PROC FAR
   ASSUME CS:CODE,DS:DATA,ES:DATA,SS:STACK
        PUSH DS
        XOR AX,AX
        PUSH AX
        MOV AX,DATA
        MOV DS,AX
        MOV ES,AX
```

```
            MOV AX,0600H
            CALL SCREN          ;调用清屏子程序
            CALL CURS           ;调用设置光标子程序
            CALL OPENH          ;调用打开文件子程序
            CMP ENDCDE,0        ;测试文件打开是否有效
            JNZ A1              ;无效，转 A1 处
CONTIN:     CALL READH          ;有效，调用读文件子程序
            CMP ENDCDE,0        ;测试读是否正常
            JNZ A1              ;不正常，转 A1 处
            CALL DISPH          ;正常，显示文件内容
            JMP CONTIN
A1:         RET
BEGIN       ENDP
;打开文件子程序
OPENH PROC NEAR
            MOV AH,3DH          ;调用功能号 3DH 打开文件
            MOV CX,0
            LEA DX,PATHNAM
            INT 21H
            JC B1               ;测试 CF，若 CF=1，转 B1 处
            MOV HANDLE,AX       ;保存文件代号
            RET
B1:         MOV ENDCDE,01       ;CF=1
            LEA DX,OPENMSG
            CALL ERRM           ;调用显示错误信息子程序
            RET
OPENH ENDP
;读文件子程序
READH PROC NEAR
            MOV AH,3FH          ;调用功能号 3FH 读文件
            MOV BX,HANDLE
            MOV CX,32
            LEA DX,IOAREA
            INT 21H
            JC C1               ;测试读是否错误，CF=1 转 C1 处
            CMP AX,0            ;是否是文件尾
            JE C2               ;是，转 C2 处
            CMP IOAREA,1AH      ;测试文件尾标记
            JE C2               ;是，转 C2 处
            RET
```

```
C1:       LEA DX,READMSG
          CALL ERRM              ;调用错误信息显示子程序
C2:       MOV ENDCDE,01
          RET
READH     ENDP
;显示文件子程序
DISPH PROC NEAR
        MOV AH,40H               ;调用功能号 40H，显示文件
        MOV BX,01                ;文件代号 01 送 BX
        MOV CX,32                ;写文件字节数送 CX
        LEA DX,IOAREA            ;输入缓冲区偏移地址送
        INT 21H
        CMP ROW,24               ;屏幕底部
        JAE D1
        INC ROW
        RET
D1:     MOV AX,0601H
        CALL SCREN               ;调用屏幕设置子程序
        CALL CURS                ;调用光标设置子程序
        RET
DISPH ENDP
;屏幕设置子程序
SCREN PROC NEAR
        MOV BH,1EH
        MOV CX,0
        MOV DX,184H
        INT 10H
SCREN ENDP
;光标设置子程序
CURS PROC NEAR
        MOV AH,02
        MOV BH,0
        MOV DH,ROW
        MOV DL,0
        INT 10H
        RET
CURS ENDP
;磁盘错误信息子程序
ERRM PROC NEAR
        MOV AH,40H
```

```
        MOV BX,01
        MOV CX,20
        INT 21H
        RET
ERRM ENDP
CODE ENDS
        END BEGIN
```

7.3.4 移动读写指针

文件代号存取文件是以字节为存取单位且一个文件由于若干字节组成；顺序存取文件和随机存取文件是以记录为存取单位。使用文件代号存取磁盘文件，尽管每次读写的字节数可任意指定，但一般受输入/输出缓冲区大小的限制。因此一个比较大的文件总是要分几次读写，每次读写的字节数称为记录，对每次的读写记录通过操作系统的读写指针（read/write pointer）变量来确定从文件的什么位置读出或往文件的什么位置写入。

实现文件准确的读写，DOS 提供了移动读写指针功能号 42H。它要求在 BX 寄存器中指定文件代号，由 AL 中的代码确定指针的移动方式。在每种方式中，由 CX 和 DX 指定一个双字长的偏移量，低位值在 DX 中，高位值在 CX 中，这个偏移值是一个带符号的整数，可以是正数或负数。

指针的移动方式有以下三种：

（1）绝对移动方式：当 AL=0 时移动读写指针为绝对移动方式。偏移值从文件首开始计算。例如偏移值为 100，则读写指针指向文件的第 100 字节。为了使指针指向文件首，可以通过下列几条指令来实现：

```
MOV CX，0
MOV DX，0
MOV AL，0
```

（2）相对移动方式：当 AL=1 时移动读写指针为相对移动方式。当前的指针值加偏移值作为新的指针值，也就是说偏移值指出了从当前的读写位置起移动的字节数。根据偏移值的正负可正向或反向移动指针。

（3）绝对倒移方式：当 AL=2 时移动读写指针为绝对倒移方式。新的指针位置通过把偏移值和文件尾的位置相加来确定。

实现读写指针指向文件的最后一个记录的指令序列如下：（文件的记录长度为 32 字节）

```
MOV AL，2
MOV DX，-32          ；文件的记录长度
MOV CX，0FFFFH
```

实现读写指针指向文件尾的指令序列如下：（文件的记录长度为 32 字节）

```
MOV AL，2
MOV DX，0
MOV CX，0
```

则此时读写指针的操作就是后面的新记录。

移动读写指针的功能可能出现错误码 01 和 06，错误码 01 说明 AL 中的方式值是不合法

的；错误码 06 说明 BX 中的文件代号不合法。

如果指针移动成功，AX 和 DX 将是移动后的指针值，AX 是低位值，DX 是高位值（调用前：DX 是偏移值的低位，CX 是偏移值的高位）。

例如：如果要在一个已存在的文件后面添加记录，则在写之前应将移动读写指针指向文件尾的指令序列如何？

```
        MOV AH，42H            ;调用移动文件指针
        MOV AL，2              ;设置绝对倒移方式并实现读写指针指向文件尾
        MOV CX，0
        MOV DX，0
        MOV BX，HANDLE         ;文件代号送入 BX 寄存器
        INT 21H                ;调用 DOS 功能
        JC REEOR               ;测试 CF，若 CF=1，则转错误信息提示处
```

例如：如果想从当前的指针位置向前或向后移动 N 个字节，假设偏移地址值 N 范围是：-32768≤N≤32767，则实现这一功能的指令序列如何？

分析：新的指针值=当前指针值±N，因此可采用相对移动方式来实现这一功能要求。参考指令序列如下：

```
        MOV BX，HANDLE         ;文件代号送入 BX 寄存器
        MOV CX，0              ;高位字节值送 CX 寄存器
        MOV DX，N              ;相对移动值送 DX 寄存器
        CMP DX，0              ;测试 N 是否大于 0
        JGE POINT              ;N>0，转 POINT 处
        NOT CX                 ;N<0，对 CX 中的 0 取反即变成 FFFFH
 POINT：MOV AL，1              ;设置相对移动方式
        MOV AH，42H            ;调用移动文件指针
        INT 21H                ;调用 DOS 功能
        JC ERROR               ;试 CF，若 CF=1，则转错误信息提示处
```

这个功能使用较简单，一般程序中在打开文件之后，使用这个功能的某种方式将读写指针移到文件中需要的位置，以后的读写就从文件的这个地方开始，从而提供了在文件中随机存取的能力。

7.3.5　文件管理编程应用举例

【例题 7.6】从键盘输入 32 个字符到利用文件代号存取式建立的文件 MASMFE1.DTA 中。

```
DATA SEGMENT PARA 'DATA'
    FNAME       DB 'F:\MASM\MASMFE1.DAT',0   ;指向文件且可带路径，最后要加 0
    DTAWRITE    DB 100 DUP(0)               ;存写入缓冲区
    DTAREAD     DB 100 DUP(0)               ;存读出缓冲区
DATA ENDS
CODE SEGMENT PARA 'CODE'
    ASSUME CS:CODE,DS:DATA,ES:DATA
START:MOV AX,DATA
```

```
        MOV DS,AX
        MOV ES,AX
        MOV DX,OFFSET FNAME             ;指向文件 MASMFE1.DAT
        MOV CX,0                        ;设置文件的属性为一般属性
        MOV AH,3CH                      ;采用文件代号方式建立文件 MASMFE1.DAT
        INT 21H                         ;建立文件 MASMFE1.DAT，若成功，则文件
代号在 AX 中
        MOV SI,AX                       ;保存文件 MASMFE1.DAT 的代号于 SI 中
    ;从键盘输入一个长度为 10H 的字符串
    NEW:  MOV BX,0                      ;DTAWRITE 区的首地址
          MOV CX,10H                    ;共输入 10H 个字符
    EAR:  MOV AH,01H
          INT 21H                       ;DOS 功能号 01H，从键盘输入一个字符
          MOV DTAWRITE[BX],AL           ;送写入缓冲区 DTAWRITE 中
          INC BX
          LOOP EAR                      ;循环完成 10H 个字符的输入和存储
          MOV DTAWRITE[BX],0AH          ;将回车符存储在 10H 个字符的后面
    ;以下写入文件 MASMFE1.DAT
        MOV DX,OFFSET DTAWRITE          ;指向存写入缓冲区
        MOV CX,10H                      ;共输入 10H 个字符
        MOV BX,SI                       ;MASMFE1.DTA 的代号送到 BX
        MOV AH,40H
        INT 21H                         ;写文件 MASMFE1.DTA
        MOV BX,SI                       ;MASMFE1.DTA 的代号送到 BX
        MOV AH,3EH
        INT 21H                         ;关闭文件
        MOV AH,4CH
        INT 21H
    CODE   ENDS
        END START
```

【例题 7.7】从文件 MASMFE1.DAT 中读取 10 个字符到文件 MASMFE2.DAT 中。

```
    DATA SEGMENT PARA 'DATA'
      FNAME      DB 'F:\MASM\MASMFE1.DAT',0    ;指向文件 MASMFE1.DAT 且可
带路径，最后加 0
      FNAME1     DB 'F:\MASM\MASMFE2.DAT',0    ;指向文件 MASMFE2.DAT
      DTAWRITE   DB 10 DUP(0)                  ;存写入数缓冲区
      DTAREAD    DB 10 DUP(0)                  ;存读出数缓冲区
    DATA ENDS
    CODE SEGMENT PARA 'CODE'
      ASSUME CS:CODE,DS:DATA,ES:DATA
```

```
START:MOV AX,DATA
      MOV DS,AX
      MOV ES,AX
      LEA DX,FNAME                 ;指向文件 MASMFE1.DTA 的首地址
      MOV AH,0                     ;存取方式设置为只读
      MOV AH,3DH            ;调用 DOS 功能号 3DH 打开文件 MASMFE1.DTA
      INT 21H          ;打开文件成功，MASMFE1.DAT 的文件代号存在 AX 中
      MOV SI,AX                    ;MASMFE1.DTA 的文件代号存到 SI 中
      MOV BX,SI                    ;MASMFE1.DTA 的文件代号存到 BX 中
      LEA DX,FNAME1                ;指向文件 MASMFE2.DTA 的首地址
      MOV CX,10                    ;读出 10 个字符
      MOV AH,3FH
      INT 21H           ;从文件 MASMFE1.DTA 读出 10 个字符存到 DTAREAD 中
      MOV DI,AX                    ;实际读出的字符个数 10 保存在 DL 中
      MOV AH,3EH
      INT 21H                      ;关闭文件
;采用文件代号方式建立文件 MASMFE2.DAT
      MOV DX,OFFSET FNAME1         ;指向文件 MASMFE2.DTA
      MOV CX,0                     ;设置文件属性为一般属性
      MOV AH,3CH            ;调用 DOS 功能 3CH 建立文件 MASMFE2.DAT
      INT 21H                      ;建立成功，AX 将保存文件代号
;将从 MASMFE1.DTA 读出的字符写入文件 MASMFE2.DTA 中
      MOV DX,OFFSET DTAREAD        ;指向读出数缓冲区
      MOV CX,DI                    ;实际读出的字符数送 CX
      MOV BX,SI                    ;文件 MASMFE2.DTA 代号送到 BX
      MOV AH,40H
      INT 21H                      ;写入文件 MASMFE2.DTA
      MOV BX,SI                    ;文件 MASMFE2.DTA 代号送到 BX
      MOV AH,3EH
      INT 21H                      ;关闭文件
      MOV AH,4CH
      INT 21H
CODE ENDS
     END START
```

【例题 7.8】读出文件 MASMFE1.DAT 的内容并在屏幕上显示出文件内容。每次读出 1200 个字符，文件最大长度为 64KB。

```
DATA SEGMENT PARA 'DATA'
    FNAME    DB 'F:\MASM\MASMFE1.DAT',0        ;指向文件可带路径，最后要加 0
    DATREAD DB   500 DUP(0)                     ;存读出数缓冲区
    DATSQUE DB 10,13,'enter key continue Y/N， $'   ;提问选择是否结束
```

```
DATA ENDS
STACK SEGMENT STACK
    DW 100 DUP(0)
    TOP LABEL WORD
STACK ENDS
CODE SEGMENT
    ASSUME CS:CODE,SS:STACK,DS:DATA,ES:DATA
START:  MOV AX,DATA
        MOV DS,AX
        MOV ES,AX
        MOV DI,0                        ;计算块数
        MOV SI,0                        ;读文件指针，指向起始位
LOOP1:  CALL INPUT                      ;调用读块程序
        INC DI                          ;块数加 1
        CMP DI,50                       ;计算块数是否超过 50 次
        JG ENDPROC                      ;超过转结束处
        MOV DX,OFFSET DATSQUE           ;为清楚显示一块，让程序暂停
        MOV AH,09H                      ;9 号功能调用显示提示信息
        INT 21H
        MOV AH,01H                      ;从键盘任意输入一字符
        INT 21H
        JCXZ LOOP1                      ;标志 CX=0，转 LOOP1，否则结束
ENDPROC:MOV AH,4CH
         INT 21H
;子程序名：INPUT
;功能：   从文件 MASMFE2.DAT 中由位置[SI]起始长度为 1200 字节的数据到
DATREAD 并显示
;输出参数：CX 存放读成功与否标志，为 1 表示失败
INPUT PROC NEAR
        MOV DX,OFFSET FNAME ;指向文件 MASMFE1.DAT
        MOV AL,0            ;设置文件存取方式为只读方式
        MOV AH,3DH          ;采用文件代号方式打开文件 MASMFE1.DAT
        INT 21H             ;文件打开成功，文件代号将存入 AX 寄存器
        MOV BX,AX           ;文件代号存入 BX 寄存器
        PUSH BX             ;将文件代号压入堆栈进行保护
        MOV CX,0
        MOV DX,SI           ;CX:DX 存移动位移量，位移量为 SI 的值
        MOV AL,0            ;设置移动方式，移动指针值=0+位移量
        MOV AH,42H          ;移动指针移动到 SI 所指位置
        INT 21H
```

```
          MOV DX,OFFSET DATREAD      ;指向 DATREAD 缓冲区
          MOV CX,1200                ;读出 120 个字符
          MOV AH,3FH
          INT 21H                    ;读 MASMFE1.DAT 文件到 DATREAD 中
          JC NULL1                   ;测试读是否成功。CF=1 读失败转 NULL1 处
          CMP AX,0
          JE NULL1                   ;测试读出字符数 AX=0，转 NULL1 处
          MOV BX,AX                  ;BX 指向读取字符数的尾部
          MOV AL,'$'
          MOV DATREAD[BX],AL         ;字符串结束标志存读取字符的最尾部
          POP BX
          MOV AH,3EH
          INT 21H                    ;关闭文件
          MOV DX,OFFSET DATREAD      ;显示字符串
          MOV AH,9
          INT 21H
          ADD SI,1200                ;准备读下一块
          MOV CX,0                   ;CX=0，读成功标志
          RET
NULL1:    MOV CX,1                   ;CX=1，读失败标志
          RET
INPUT     ENDP
CODE      ENDS
          END START
```

7.4　本章小结

1. 磁盘文件管理的相关内容

（1）磁盘文件：指存放在磁盘上的程序或数据。将程序或数据从磁盘中取到计算机内存中称为读磁盘文件；将计算机内存中的程序或数据保存到磁盘上称写磁盘文件。

（2）磁盘文件的存取方式：顺序存取方式和随机存取方式、随机分块存取及文件代号存取方式。对文件的管理一般都要建立或打开文件、预置数据区、读写文件、对文件内容处理、文件结果输出、关闭或删除文件等相关操作。

顺序存取和随机存取、随机分块存取三种方式一般要约定 FCB 区和 DTA 区。FCB 区保存文件的特征数据，一般包括文件名、当前块号、当前记录号、记录长度等；DTA 区保存与磁盘交换的数据。这种方式对文件以记录为单位存取，程序较为简单。

文件代号存取是建立或打开文件时，系统将给定一个文件代号，且定义一个文件指针，以后以文件代号为标识指引文件的操作。文件指针使我们能方便地实现对文件插入数据、查找数据、修改数据和删除部分数据的操作。对文件路径、文件属性、文件最后一次修改的日期与时间进行管理。

2. 磁盘文件管理的 DOS 功能调用

常用磁盘文件管理 DOS 功能调用如表 7-4 所示。

表 7-4　　　　　　　　　**常用磁盘管理 DOS 功能号**

AH	功能	入口参数	出口参数
0EH	指定当前默认的磁盘驱动器	DL=驱动器号（0=A，1=B，…）	AL=驱动器个数
0FH	打开文件		
10H	关闭文件		
11H	查找文件名（查找当前目录的第一个目录项）	DS：DX=文件控制块（FCB）首地址	AL=00　成功 AL=0FF 失败
12H	查找下一个文件名（查找当前目录的下一个目录项）		
13H	删除文件，文件名可带“？”		
14H	顺序读文件	DS：DX=文件控制块（FCB）首地址	AL=00 成功 AL=01 文件结束记录中无数据 AL=02 磁盘缓冲区 DTA 空间不够操作取消 AL=03 文件结束记录不完整以 0 补充
15H	顺序写文件	DS：DX=文件控制块（FCB）首地址	AL=00 成功 AL=01 磁盘满操作取消 AL=02 磁盘缓冲区 DTA 空间不够操作取消
16H	建立文件	DS：DX=文件控制块（FCB）首地址	AL=00　　成功 AL=0FFH 失败
1AH	设磁盘缓冲区首地址 DAT	DS:DX=缓冲区首地址	无
1BH	取当前默认磁盘驱动器的文件分配表 FAT 信息	无	AL=每簇的扇区数 DS:BX=FAT 标识字节 CX=物理扇区的大小
1CH	取任一磁盘驱动器的文件分配表 FAT 信息	DL=驱动器号(0=约定的，1=A，…)	DX=默认驱动器簇数
21H	随机读文件	DS:DX=文件控制块（FCB）首地址	AL=00 成功 AL=01 文件结束记录内无数据 AL=02 磁盘缓冲区 DAT 空间不够操作取消 AL=03 读部分记录以 0 填充

续表

AH	功能	入口参数	出口参数
22H	随机写文件	DS:DX=文件控制块（FCB）首地址	AL=00 成功 AL=01 磁盘满 AL=02 磁盘缓冲区 DAT 空间不够操作取消
23H	取文件长度	DS:DX=文件控制块（FCB）首地址	AL=00 成功文件长度填入 FCB AL=0FFH 失败
27H	随机分块读	DS:DX=文件控制块（FCB）首地址 CX=记录数	AL=00 成功 AL=01 文件结束并读完最后一个记录 AL=02 读入记录过多磁盘缓冲区 DAT 溢出 AL=03 读入部分记录缓冲区不满 CX=实际读出的记录数
28	随机分块写	DS:DX=文件控制块（FCB）首地址 CX=记录数	AL=00 成功 AL=01 磁盘满没有记录写入
29H	建立文件控制块 FCB	ES:DI=文件控制块 FCB 首地址 DS:SI=待分析的 ASCI 串 AL=低 4 位为控制分析标志 位 0=1 对 ASCII 串进行分隔符检查 位 1=1 在 FCB 中设置驱动器号 位 2=1 在 ASCII 串包含文件名，是改变 FCB 中的文件名 位 3=1 在 ASCII 串中包含文件扩展名，则改变 FCB 中的文件扩展名	AL=00 成功 AL=01 多义文件即文件名中包含“？”或“*” AL=0FFH 驱动器无效

续表

AH	功能	入口参数	出口参数
3CH	建立文件	DS:DX=ASCII 串地址（该串包含驱动器名路径和文件名） CX=文件属性	成功：CF=0 AX=文件名柄号 失败：CF=1 AX=3 路径未找到 AX=4 打开文件太多 AX=5 访问方式错
3DH	打开文件	DS:DX=ASCII 串地址（该串包含驱动器名路径和文件名） AL=功能代码；AL=0 读 AL=1 写；　AL=2 读写	成功：CF=0 AX=文件名柄号 失败：CF=1 AX=2 文件没找到 AX=4 打开文件太多 AX=5 访问方式错 AX=12 AL 无效存取代码
3EH	关闭文件	BX=文件名柄	失败：CF=1 AX=6 非法文件句柄
3FH	读文件或设备	DS:DX=数据缓冲区首地址 BX=文件句柄号 CX=读取字节数	成功：CF=0 AX=实际写入的字节数 失败：CF=1 AX=5 访问出错 AX=6 非法的文件句柄
40H	写文件或设备	DS:DX=数据缓冲区首地址 BX=文件句柄号 CX=写入字节数	成功：CF=0 AX=实际写入的字节数 失败：CF=1 AX=5 访问出错 AX=6 非法的文件句柄

3. 文件磁盘管理程序设计

要较好运用 DOS 功能调用掌握各种建立、打开文件的程序设计方法，学会如何从文件中指定位置读出所要求的数据，如何在文件中的不同位置添加数据，如何查找文件中有内容，如何对文件进行修改删除部分或全部内容及通过键盘输入数据和在屏幕上打印数据。

7.5 本章习题

1. 名词：FCB，DTA，文件代号，记录，文件指针，文件属性。
2. 用 DOS 功能调用完成下列操作：

（1）建文件　（2）设置 DTA　（3）顺序写　（4）打开文件　（5）顺序读

3．用 DOS 功能调用完成下列操作：

（1）随机写　（2）随机读　（3）随机分块写　（4）随机分块写

4．比较顺序存取方式、随机存取方式和代号存取方式在打开文件、读文件和写文件操作在程序设计中的异同点。

5．简述文件代号存取方式和程序设计要点。

6．编写指令序列完成下列功能操作：

（1）将光标设置在第 14 行、第 8 列的指令序列。

（2）实现把 14 行第 0 列到 22 行第 79 列屏幕清除的指令序列。

（3）读当前光标位置。

（4）把光标移到屏幕底一行的开始。

（5）在屏幕的左上角以正常属性显示一个字母 M。

7．编写程序：从键盘输入若干条记录，写入磁盘文件 FILE1.DAT 中，设每条记录长度为 12 个字符（含回车符、空格符）。当键盘输入字符串为空串时，输入结束。

8．编写程序：读出文件 FILE1.DAT 的内容并在屏幕上显示，每次读取 120 个字符，文件的最大长度为 64KB。

9．编写程序：按要求完成下列要求。

（1）按用户所选择的驱动器号、文件名和文件扩展名创建一个文件 MASFILE.DAT。

（2）向创建的文件 MASFILE.DAT 中写入相关的信息。如：I am a student of students in the future, will amount to !

（3）将 MASFILE.DAT 文件中的信息打印在屏幕上。

7.6　本章实验

实验　磁盘文件管理程序设计

1．实验目的

（1）学习和掌握应用 DOS 系统功能调用进行磁盘文件管理的基本方法。

（2）学习和掌握磁盘文件的建立、内容显示和多个文件的拼接。

2．实验任务

（1）编程 1：实现将键盘输入的所有字符存放当前文件夹下的一个文件名为 NAME1.DAT 中，如果该文件名已经存在，则更新它；如果该文件名不存在，则先建立该文件。

（2）编程 2：显示文件名为 NAME1.DAT 的内容。

（3）编程 3：实现两个文件的拼接。

3．实验内容

（1）将编写好的程序 1 输入、汇编、连接并运行，建立一个文件名为 NAME1.DAT 文件。

（2）将编写好的程序 2 输入、汇编、连接并运行，显示刚建立的文件 NAME1.DAT 文件的内容，并检查程序结果是否正确。

（3）运行程序 1，建立一个名为 NAME2.DAT 的文件。

（4）运行程序 2，显示刚建立的文件 NAME2.DAT 的内容，检查程序运行结果是否正确。

(5)将编写的程序 3 输入、汇编、连接并运行,实现两个文件 NAME1.DAT 和 NAME2.DAT 的拼接。

4. 编程参考

(1)编程 1 的算法流程图如图 7-4 所示。

(2)编程 2 的算法流程图如图 7-5 所示。

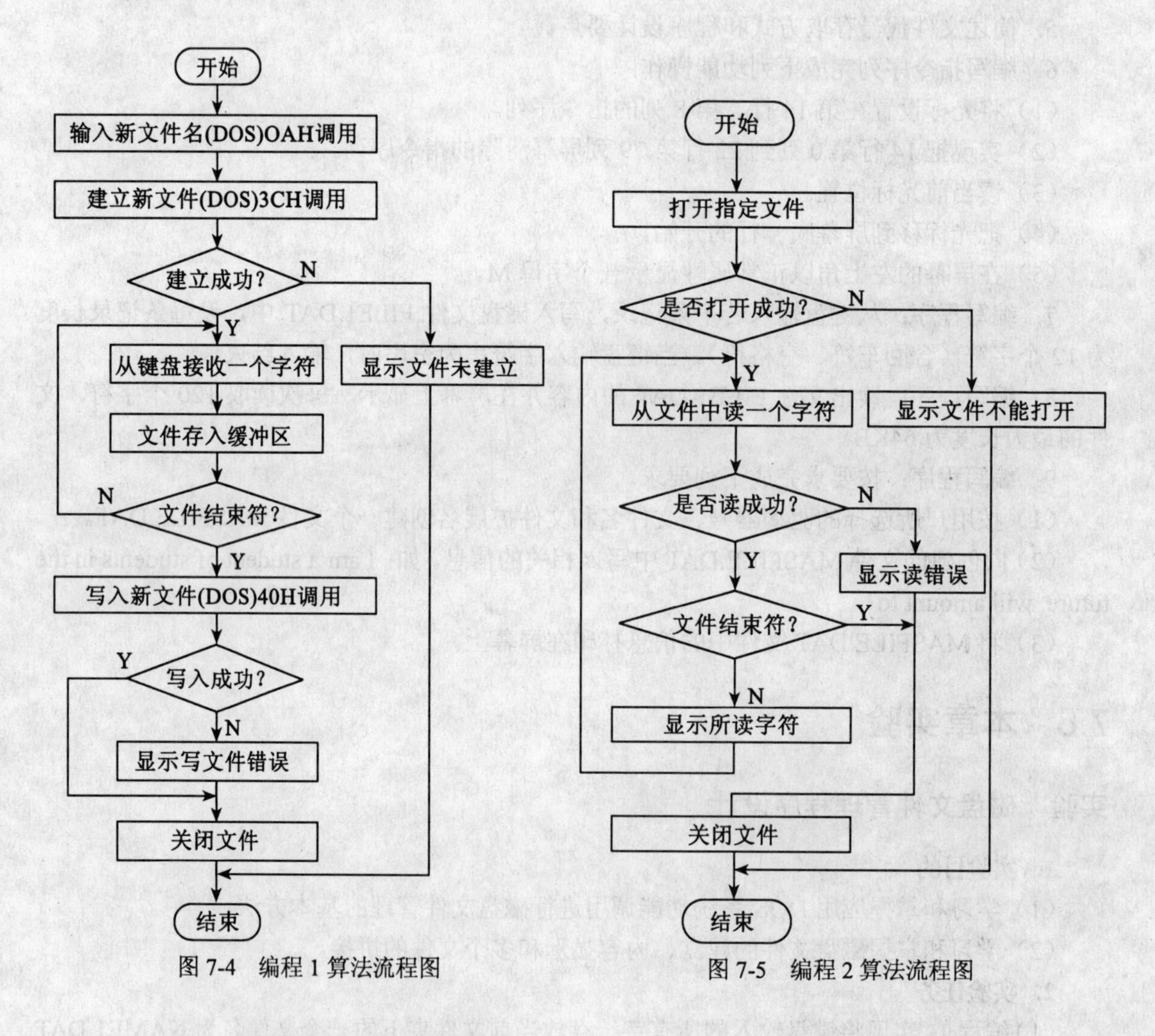

图 7-4　编程 1 算法流程图

图 7-5　编程 2 算法流程图

(3)编程 3 的算法流程图如图 7-6 所示。

5. 实验报告要求

(1)按编程参考的流程图整理出运行正确的源程序清单并加以注释。

(2)对程序 2,如果要求显示从指定的位置 N1 读出长度为 N2 的字符串,程序应如何修改?并将修改后的程序上机运行并分析得出正确结果。

(3)对程序 3,如果要求从第一个文件中指定的位置 N1 读出长度为 N2 的字符串,并追加到第二个文件的末尾,程序应如何修改?并将修改后的程序上机运行并分析得出正确结果。

(4)分析实验过程中所遇到的问题及解决的方法。

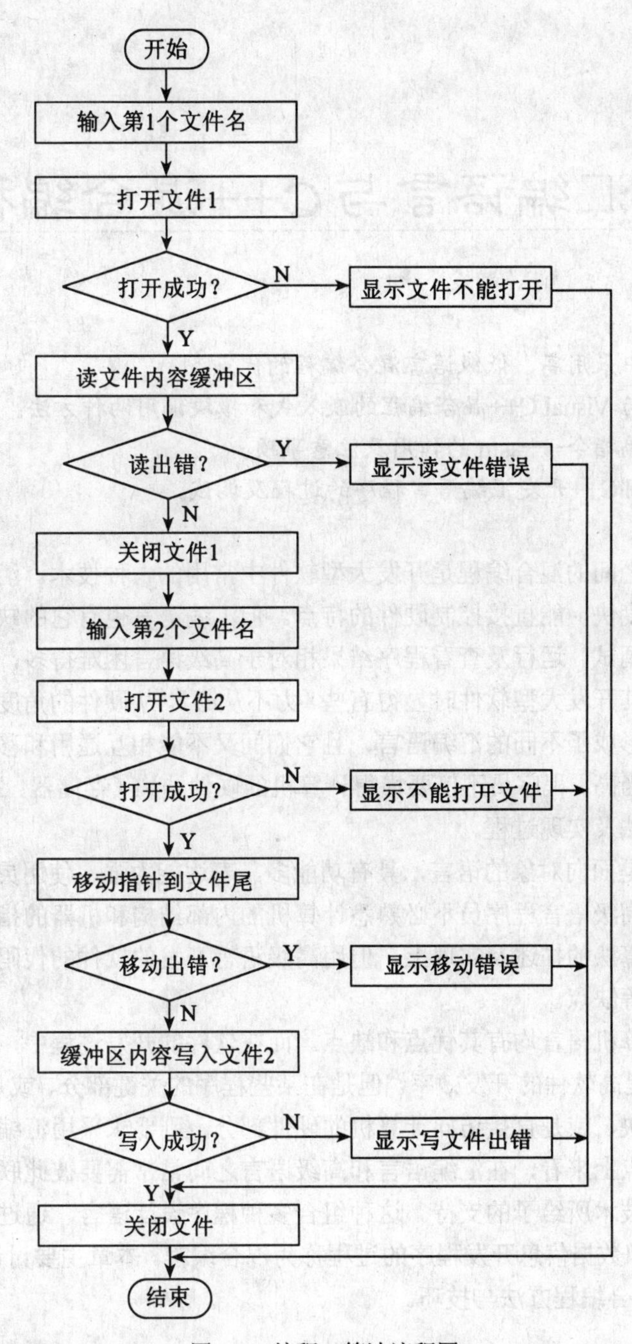

图 7-6　编程 3 算法流程图

第8章　汇编语言与C++混合编程及应用

【学习目标】

（1）项目开发中采用高、低级语言混合编程的优点。

（2）汇编语言与 Visual C++混合编程的嵌入式和模块调用两种方法。

（3）嵌入式汇编指令——asm 的作用及注意事项。

（4）使用 Visual C++开发汇编语言程序的过程及调试。

高、低级语言之间的混合编程是开发大型软件中常用的一种技术。汇编语言具有占用存储空间小、运行速度快，能直接控制硬件的特点。但汇编语言也有它的缺点和不足，比如：汇编语言的编写、调试、运行及查看程序结果相对于高级语言困难得多，也复杂得多，这就使得编程者在利用其开发大型软件时显得有些“力不从心”。从硬件的角度上看不同的机器有着不同指令系统，形成了不同的汇编语言，且它们间又不能相互通用和移植，这就对汇编语言程序员的要求相当高，程序员不仅要懂得计算机的硬件结构（存储器、寄存器组等），同时还要熟悉编程的算法及实现过程。

高级语言 C++是面向对象的语言，具有功能多、表达能力强、使用灵活、应用范围广、移植性好等优点。高级语言程序员不必熟悉计算机的内部结构和机器的指令系统，可以把主要精力放在程序的算法的描述及实现上。但用高级语言开发的软件的代码执行效率低、占用计算机空间资源多等缺点。

因此，每种计算机语言均有其优点和缺点。而在软件的开发过程中，大部分程序都采用高级语言编写，以提高软件的开发效率。但是在某些程序的关键部分、或是运行次数特别多、或是运行速度特别快、或是直接访问计算机的硬件部分，则要求采用汇编来编写以满足软件开发的要求。从这点上来看，在汇编语言和高级语言之间常常需要彼此联系、取长补短，充分利用系统和硬件技术所给予的支持。这种组合多种程序设计语言，通过相互调用、参数传递、共享数据结构和数据信息开发程序的过程称为混合编程。本章主要讨论 Visual C++6.0 与汇编语言的 32 位混合编程方法与技巧。

8.1　汇编语言在 Visual C++中的应用

Visual C++语言是 C 语言的超集，它是在 C 语言的基础上扩展而形成的面向对象程序设计语言。微软 Visual C++则是在 Windows 平台上广泛应用的开发系统。下面以 Visual C++6.0 为例，来研究探讨说明 32 位 Windows 环境下汇编语言与 C++的混合编程。分别从嵌入式和模块调用来讲述。

8.1.1 嵌入汇编语言指令

Visual C++直接支持嵌入式汇编方式，不需要独立的汇编系统和另外的连接步骤。因此，嵌入式汇编比模块连接方式更简单方便。Visual C++的嵌入式汇编方式与其他的 C++编译系统的其本原理是一样的，但细节上有所区别。嵌入汇编指令采用_ _asm 关键字（特别注意的是 asm 前有两下划线。但 Visual C++6.0 也支持一个下划线的格式，其意图是与以前版本保持兼容）。

Visual C++嵌入式汇编格式_ _asm {指令}是采用花括号的汇编语言程序段形式。例如：

```
// _ _asm 程序段
_ _asm
{
    MOV EAX,01H          //支持 C++语言的注释
    MOV DX,0XD007        ；0XD007H=D007H，支持 C/C++的表达式
    OUT DX,EAX
}
```

也具有单条汇编语言指令形式：

```
/* 单条_ _asm 汇编指令格式 */
_ _asm MOV EAX,01H
_ _asm MOV DX,0D007H
_ _asm OUT DX,EAX
```

另外还可以使用空格在一行分隔多个 _ _asm 汇编指令

```
_ _asm MOV EAX,01H     _ _asm MOV DX,0D007H     _ _asm OUT DX,EAX
```

上面三种形式产生相同的代码，第一种形式具有更多的优点：因为它可以将 C++代码与汇编代码明确分开，避免混淆。

如果将_ _asm 指令与 C++语句放在同一行且不使用括号，编译器就分不清汇编代码到什么地方结束和 C++语句从哪里开始。

_ _asm 花括号的程序段不影响变量的作用范围。_ _asm 块允许嵌套，嵌套也不影响变量的作用范围。

1. 在_ _asm 中使用汇编语言的注意事项

（1）嵌入式汇编代码支持 80486 的全部指令系统。Visual C++还支持 MMX 指令集。对于还不能支持的指令，Visual C++提供了_emit 伪指令进行扩展。

（2）Visual C++不支持 MASM 的宏伪指令。如 MARO、ENDP 、REPEAT/FOR/FORC 等和宏操作符如!、&、%等。

（3）嵌入式汇编代码可以使用 MASM 的表达式，这个表达式是操作数和操作符的组合，产生一个数值或地址。

（4）嵌入式汇编行可以使用 MASM 的注释风格即分号。

（5）嵌入式汇编代码可以使用 LENGTH、SIZE、TYPE 操作符来获取 C++变量和类型的大小。LENGTH 用来返回数组元素的个数，对非数组变量返回值为 1。TYPE 返回 C++类型或变量的大小，如果变量是一个数组，它返回数组单个元素大小。SIZE 返回 C++变量的大小即 LENGTH 和 TYPE 的乘积。

例如：假如数据 int array[10] 且 int 类型是整型 32 位共 4 个字节，则：

LENGTH　　array 返回 10

TYPE　　array 返回 4

SIZE　　array 返回 40

（6）在用汇编编写的函数中，不必保存 EAX、EBX、ECX、EDX、ESI 和 EDI 寄存器，但必须保存函数中使用的其他寄存器 DS、SS、ESP、EBP 和整数标志寄存器。

（7）嵌入式汇编引用段寄存器时应该通过寄存器而不是通过段名。段跨越时，必须清晰地用段寄存器说明，如 ES：[EBX]。

2. 在_ _asm 使用 C++语言的注意事项

嵌入式汇编代码可以使用 C++的下列元素：符号（包括标号、变量、函数名）、常量（包括符号常量、枚举成员）、宏和预处理指令、注释、类型名及结构、联合的成员。

嵌入式汇编语句使用 C++符号也有一些限制：每一个汇编语言的语句只包含一个 C++符号（若要包含多个符号可使用 LENGTH、TYPE、SIZE 构成表达式来实现）。_ _asm 中引用函数前必须在程序中说明其原型，否则编译程序将分不出是函数名还是标号。_ _asm 中不能使用和 MASM 保留字相同的 C++符号，也不能识别结构 structure 和联用 union 关键字。

嵌入式汇编语言语句不能使用 C++的专用操作符，如<<。对两种语言都有的操作符在汇编语句中作为汇编语言操作符，如：*、[ ] 。

例如：int array[8]；//C++语句中，[ ]表示数组的某个元素

　　　_ _asm MOV array[8],BX　//汇编语言中，[ ]表示距离标识符的字节偏移量

嵌入式汇编中可以引用包含该_ _asm 作用范围内的任何符号（包括变量名），它通过使用变量名引用 C++的变量。例如：若 var 是 C++中的整型（int）变量，则可以使用如下语句：

_ _ asm MOV EAX, var

嵌入式汇编中的标号和 C++的标号相似。它有作用范围为定义它的函数中有效。汇编转移指令和 C++的 goto 指令都可以跳到 _ _ asm 块内或块外的标号。

_ _asm 块中定义的标号对大小写不敏感，汇编语言指令跳到 C++中的标号也不区分大小写，C++中的标号只有使用 goto 语句才对大小写敏感。

利用 C++宏可以方便地将汇编语言代码插入源程序中。C++宏将扩展成为一个逻辑行，书写具有嵌入式汇编的 C++宏时，应按以下规则：将 _ _asm 程序段放在括号中，每一个汇编语言指令前必须有 _ _asm 标志，应该使用 C 的注释风格即/*…*/，而不使用 C++的单行注释风格和汇编语言的注释风格分号。例如：

```
# define portio _ _asm          \
/* port output */               \
{                               \
    _ _ asm MOV EAX,01H         \
    _ _ asm MOV DX,D007H        \
    _ _ asm OUT DX,EAX          \
}
```

该宏展开为一个逻辑行，其中“\”是连续行符：

_ _asm/*portoutput*/{_ _ asm MOV EAX,01H　_ _ asm MOV DX,D007H _ _ asm OUT DX,EAX}

3. 用 _ _ asm 程序段编写函数

采用嵌入式汇编书写函数，较模块调用更加方便，因为这不需要利用独立的汇编程序，而且给函数传递参数和从函数返回值也非常之方便。

嵌入式汇编不仅可以编写 C/C++函数，还可调用 C 函数（包括 C 库函数）和非重载的全部 C++函数，也可以调用任何用 extern “C”说明的函数，但不能调用 C++的成员函数。因此所有的标准头文件都采用 extern “C”说明库函数，所以 C++程序中的嵌入式汇编可以调用 C 库函数。

【例题 8.1】用嵌入式汇编编写函数

```
#include <iostream.h>
int power2 (int,int);
void main (void)
{
    count<< “2 的 6 次方乘 5 等于：\t”;
    count<<power2(5,6)<<end;
}
int power2(int num,int power)
{
    _ _ asm
    {
        MOV EAX,num        ；取第一个参数
        MOV ECX,power      ；取第二个参数
        SHL EAX,CL         ；计算机 EAX 即 EAX*2^CL
    }                      //返回值存于 EAX
}
```

8.2 调用汇编语言过程

采用模块调用方式，在 C++语言中调用汇编必须遵循一些共同约定规则。主要有：标识符命名约定、声明约定、寄存器使用约定、存储器模式约定和参数传递约定。

1. 约定规则

（1）标识符命名约定。C++语言编译系统在编译 C++语言源程序时，要在其中的变量名、过程名、函数名等标识符前面加下划线“_”。如 C++语言源程序中的变量 var，编译后变为_var。而汇编程序在汇编过程中，直接使用标识符，因此在 C++语言程序调用的汇编源程序中，所有的标识符前都要加下划线“_”。如汇编语言子程序名为_average( )，则汇编后其名字不变。在 C++调用时，可直接使用 average( )。这是因为 C++程序编译后，自动将 average( ) 变为_average( )，使两者标识符一致。

（2）声明约定。C++语言和汇编语言进行混合编程时，汇编子程序中公共的过程名及变量名应该用 public 进行声明：

```
public _name
```

其中，name 是汇编子程序的一个过程名或变量名，需要注意的是在名字前要加下划线。

而在C++中应将在本程序中用到的汇编子程序的公共的过程名和变量名说明为外部符号，并且不能在名字前加下划线。

C++的说明形式为：

extern 返回值类型 函数名称（参数类型表）；

extern 变量类型 变量名；

例如C++的说明形式：

extern num；

extern void addition(int *,int *)；

经过说明后，C++语言程序可以使用汇编语言的子程序及变量。

（3）寄存器使用约定。在编写汇编子程序过程时，应注意寄存器使用的有关限制。在汇编语言子程序过程中：AX、BX、CX、DX、ES可以随意使用；BP、SP、SI、DI、CS、DS、SS使用时先将原始内容保存入栈，在子程序结束前恢复其原始内容。

（4）存储模式约定。C++提供了6种存储模式分别是：微型模式（Tiny）、小型模式（Small）、紧凑模式（Compact）、中型模式（Medium）、大型模式（Large）和巨型模式（Huge），与汇编程序相应的模式一样。

为了使汇编语言与C++语言程序连接到一起，对于汇编语言简化段定义格式来说，两者必须具有相同的存储模式。相同的存储模式将自动产生相互兼容的调用和返回类型。汇编程序采用.model伪指令，则利用TCC选项“-m”指定各自的存储模式，同时汇编程序的段定义伪指令.code、.data等也将产生与C++相兼容的段名称和属性。

2. 采用一致的调用规范

C++与汇编语言混合编程的参数传递通常采用堆栈，调用规范采用堆栈的方法和命名约定，两者必须一致。Visual C++语言具有3种调用规范：_cdecl、_stdcall和_fastcall。Visual C++默认采用_cdecl调用规范，它在名字前自动加一个下划线，从右到左将实参压入堆栈，由调用程序进行堆栈的平衡。

Windows图形用户界面过程和API函数等采用_stdcall调用规范，它在名字前自动加一个下划线，名字后跟@和表示参数所占字节数的十进制数值，从右到左将实参压入堆栈，由被调用程序平衡堆栈。

Visual C++的_fastcall调用规范是在名字前、后都加一个@，后再跟表示参数所占字节数的十进制数值。首先利用寄存器ECX、EDX传递前两个字节参数，其他参数再通过堆栈传递（从右到左），由调用程序平衡堆栈。与其他语言混合编程时不要使用_fastcall规范。

3. 声明公用函数和变量

对于C++语言和汇编语言的公用过程名、变量名应该进行声明，并且标识符一样。注意C++语言对标识符区分大小写，但汇编语言不区分大小写。

在C++语言程序中，采用extern “C”{ }对所调用的外部过程、函数、变量予以说明，其说明形式如下：

extern “C”{返回值类型 调用规范 函数名称（参数类型表）；}

extern “C”{变量类型 变量名}

汇编语言程序中供外部使用的标识符应具有PUBLIC属性，使用外部标识符要通过EXTERN来声明。

4. 入口参数和返回参数的约定

C++语言中不论采用何种调用规范，传递参数的形式都是“传值”的（by value），但只有数组（因数组名表示的是第一个元素的地址）传递参数是“地址”（by reference）,即可利用指针数据类型来实现。

Visual C++与MASM数据类型对应关系如表8-1所示。但不论何种整数类型，进行参数传递时，都扩展成32位。值得注意：32位Visual C++中整型（int）类型是4个字节。另外32位Visual C++中没有近、远调用之分，所有调用都是32的偏移地址，所有的地址参数也都是32位偏移地址，在堆栈中占4个字节。

表8-1 Visual C++与MASM数据类型对应关系

Visual C++的数据类型	MASM的数据类型	Visual C++的数据类型	MASM的数据类型	字节数
Unisigned char	BYTE	Char	SBYTE	1
Unisigned short	WORD	Short	SWORD	2
Unisigned long[int]	DWORD	Long[int]	SDWORD	4
Float	REAL4			4
Double	REAL8			8
Long double	REAL10			10

参数返回时8位值在AL返回，16位值在AX返回，32位值在EAX寄存器返回，64位返回存在EDX EAX寄存器中，更大数据则将它们的地址指针存放在EAX中返回。

5. 编写汇编语言程序要注意的问题

在编写与Visual C++混合编程的汇编语言过程时，程序员必须明确这是一个32位的编程环境，程序员可以采用全部32位Intel80x86CPU指令，但首先必须掌握32位指令程序设计方法。如：用.386p等处理器伪指令说明采用的指令集。

对于Visual C++的32位程序来说，没有存储模式的选择；汇编语言简化段定义格式应该采用平展模式（flat），并且汇编时采用选项/coff。ML命令行的选项/coff使得产生的.obj模块文件采用与32位Microsoft Windows NT兼容的COFF格式。不修改ML的默认选项/Cx(表示保持汇编语言程序中的名字的大小写不变)

32位编程环境的寄存器是32位的，因此汇编语言过程存取堆栈要使用32位寄存器EBP进行相对寻址，而不能采用16位寄存器BP。

8.3 使用汇编语言优化C++代码

汇编语言的优势之一是生成的代码运行速度快，因此其用途之一是优化高级语言中运行次数多、速度要求高的关键程序段。下面通过一个事例来说明利用汇编语言优化C++代码的具体方法。

【例题8.2】有一程序段，要求在一个较大的数组array[10000]中查找某个指定的数值，假设全部元素都为0，要查找的数值为100，优化前的代码如下：

```
#include<iostream.h>
```

```
bool findArray(int searchVal int array[],int count);
void main()
{
    const int SIZE=10000;
    int array[SIZE];
    int temp1,temp2;
    for(int i=0;i<=SIZE;i++) array[i]=0; //将数组的所有元素赋值 0
    _ _asm
    {
        rdtsc
        mov temp1,eax
        mov temp2,edx
    }
    findArray(100,array,SIZE);
    _ _asm
    {
        rdtsc
        sub eax,temp1
        sub edx,temp2
        mov temp1,eax
        mov temp2,edx
    }
    Count<<"程序执行的时钟周期数："<<temp1+temp2*(2^32)<<endl;
}
bool findArray(int searchVal int array[],int count)
{
    for(int i=0;i<count;i++)
        if(searchVal==array[i])
            return true;
        return false;
}
```

将该程序在 Visual C++集成开发环境下采用调试（DEBUG）版本进行编译、连接生成可执行文件。然后在命令行模式下运行生成的可执行文件，就可以显示执行 findArray 过程需要的时钟周期。程序运行的速度当然与计算机有关，因为现代 PC 存在高速缓冲存储器 Cache，程序的执行是一个动态过程，因此该程序在不同的 PC 机上运行显示的时钟周期是不同的，即使在同一台机器上多次运行该时钟周期数也是不同的。例如在某台采用 Pentium4 微处理器、时钟频率为 1.8GHz 的 PC 上显示的是约为 81000。

DEBUG 版本的可执行程序文件是没有经过优化的，Visual C++使用的编译程序 CL.EXE 支持许多优化参数，例如以 O 开头的参数都是优化参数。在项目配置采用调试（DEBUG）版本时，默认不进行优化，对应的参数“/Od”。在项目配置中采用发布（Release）版本时，

对应的参数“/O2”，它按最快运行速度的原则进行优化（Maximize Speed）。还有参数“O1”是按最小空间的原则优化（Maxsize Size）。它们都可以通过 Visual C++集成开发环境的工程（project）菜单的设置（Setting）命令进行设置。

现在执行创建菜单设置活动配置（Set Active Configuration）命令选择 Release 版本，重新进行编译和连接，生成经过编译器优化的 Release 版本可执行文件。在同一台 PC 上运行，显示的时钟周期数约为 31000。由此可见，程序运行速度提高了 2.5 倍以上，编译器优化的效果是很明显的。现在再用嵌入式汇编语言编写 findArray 过程，代码如下：

```
bool findArray(int search)
{
    __asm {
        mov ecx,count
        jecxz notfound        ；如果数组元素个数为 0，则退出
        mov edi,array
        mov eax,searchVal
    again:cmp eax,[edi]
        je found
        add edi,4
        loop again
    notfound:xor al,al
        jmp done
    found:mov al,1
    done:
    }
}
```

用这个过程代替 C++代码再次生成可执行文件。该执行文件在同一台机器上运行的结果与前面的 Release 版本不相上下。可见，简单的汇编语言程序与没有优化的程序相比其速度也可以取得较大的提高。

8.4　使用 Visual C++开发汇编语言程序

功能强大的集成开发环境 Visual C++能够用来编辑、汇编、连接和调试汇编语言程序。下面用 Visual C++集成开发环境开发和调试汇编语言程序，并说明其中应该注意的问题。

1. 使用 Visual C++开发汇编语言程序的开发过程

（1）创建项目。新建一个工程项目，根据需要选择 32 位控制台应用程序（Win Console Application）或 32 位窗口应用程序（Win Application）。输入工程项目所在的磁盘目录，输入工程名称并选择一个空白工程（An Empty Project）。

（2）创建汇编语言源程序文件。选择文本文件（Text file），输入源程序文件名及扩展名 asm。然后将该文件添加到工程项目中来。

（3）配置环境。在文件视图（File View）选中上一步创建的汇编语言源程序文件，选择右击弹出的设置（Setting）命令，或者通过工程菜单的设置命令展开其工程设置窗口。在右

边选择定制创建（Custom Build）标签，在其命令（Commands）文本框输入进行汇编的命令；还要在其输出（Outputs）文本框输入汇编后目标模块文件名。文件名也可以单击该标签下面的文件(File)选项选择 Input Name，另外，应该事先将 ML.EXE 和 ML.ERR 文件复制到 Visual C++所在的 bin 目录下；或者在输入汇编命令的同时输入 ML.EXE 所在的目录路径。

这时，可以调用创建菜单的创建命令进行汇编程序的汇编和连接。汇编连接的有关信息显示在下面输出（Output）窗口的创建视图中。如果程序正确无误，会生成可执行文件（默认的是调试版本，在 DEBUG 目录下)。如果程序有错误，创建视图将显示错误所在的行号以及错误的原因。此时双击错误信息，光标将定位于出现错误的源程序行。

2. 使用 Visual C++开发汇编语言程序的调试过程

为了使 Visual C++集成开发环境更适合对汇编语言程序的调试，可以通过工具（Tools）菜单的选项（Options）命令展开调试（DEBUG）标签页面进行设置。通用（General）下的十六进制显示（Hex cimal display）应该选中，以便十六进制形式显示输入/输出数据（此时，可以用 On 开头表示输入十进制数据）。反汇编窗口（Disassembly windows）下要选中代码字节（Code bytes)。存储器窗口（Memory windows）下选中固定宽度（Fixed width)，并在后面填入数字 16。

在文件视图（File View）中双击源程序文件名，则编辑窗口将显示这个源程序。移动光标到需要暂停的语句行，按 F9 键，就在该行设置了一个断点（前面有一个红色的圆点)；光标在已经设置断点的语句行时再次按 F9 键，则取消断点。一个程序可以设置多个断点。

使用创建菜单的执行命令（快捷键 Ctrl+F5）可以运行已经编译连接的可执行程序，也可以从创建菜单的开始调试（Start Debug）命令选择在调试状态下执行程序，例如运行（Go, 其快捷键是 F5)。常用的调试命令还有不跟踪子程序的单步执行（Step over，快捷键是 F10)，跟踪子程序和单步执行（Step Into,快捷键是 F11）等。进入调试状态后，原来的创建菜单改变成为调试菜单。

如果程序设置了断点，启动程序运行后将停留在断点语句行，在源程序窗口中有一个黄色箭头指示。这时，利用视图（View）菜单的调试窗口（Debug windows）命令，就可以打开各种窗口观察程序当前的运行状态。

8.5 汇编语言与 C++的混合编程应用

【例题 8.3】已知在 CMOS 中，偏移地址 04H 存放着系统时间的小时数，02H 存放系统时间的分钟数，00H 存放着系统时间的秒数，存放的形式均为压缩型 BCD 码。利用汇编程序访问 CMOS 读取系统时间，C++程序显示系统时间。

参考程序如下：

```
//读系统时间
#include "bios.h"
extern int *f1();
void main()
{
    int h,m,s;
    int *a;
```

```
    while(1)
    {
        a=f(1);
        h=*a;
        m=*(a+1);
        s=*(a+2);
        h=h/16+h%16;
        m=m/16+m%16;
        s=s/16+s%16;
        count<<h<<":"<<m<<":"<<s<<":"<<end;
        if(kbit)break;
    }
}
```

;读取 CMOS 中系统时间的汇编程序 CMOS.ASM 文件如下：

```
.MODEL SMALL
.DATA
TIME DW ?,?,?               ;存放系统时间
.CODE
PUBLIC    _F1
_F1       PROC
          CLI
          MOV AL,4
          OUT 70H,AL
          IN AL,71H         ;读取小时
          MOV AH,0
          MOV TIME,AX
          MOV AL,2
          OUT 70H,AL
          IN AL,71H         ;读取分钟数
          MOV TIME+2,AX
          MOV AL,0
          MOV 70H,AL
          IN AL,71H         ;读取秒数
          MOV TIME+4,AX
          LEA AX,TIME       ;返回地址值
          STI
          RET
_F1       RNDP
          END
```

【例题 8.4】Visual C++与汇编语言混合实例：演示 Visual C++调用嵌入式汇编函数和外部汇编语言过程。

分析：本例中嵌入式汇编语言函数 imin()实现查找数组 iarray 中的最小数，而通过外部汇编过程 isum 实现对数组 iarray 的求和。

参考程序如下：

```
//C++源程序
#include<iostream.h>
extern"C"{long isum(int,int*);}
int imin(int,int*);
void main(void)
{
    const int SIZE=10;
    int array[SIZE];
    int temp;
    count<<"请输入 10 个整数:"<<end;
    for(temp=0;temp<SIZE;temp++)
        cin>>array[temp];          //输入 10 个数据
    count<<end;
    count<<"整数数据之和：\t"<<isum(SIZE,array)<<end;
    count<<"其中最小数为：\t"<<imin(SIZE,array)<<end;
}
int imin(int itmp,int iarray[])
{
    _ _asm{
        mov ecx,itmp
        jecxz minexit        ;如果个数为 0，则返回
        dec ecx
        mov esi,iarry
        mov eax,[esi]
        jecxz minexit        ;个数为 1，则返回
    minlp:add esi,4
        cmp eax,[esi]        ;比较两个数据的大小
        jle nochange
        mov eax,[esi]        ;取得较小值
    nochange:loop minlp
    minexit:
    }
}
;汇编语言程序
        ;NAME eaxmple8_4.asm
```

```
        .386p
        .MODEL FLAT,C
        .CODE
;32 位有符号数据求和过程
ISUM PROC USES ECX ESI,\
        COUNT:DWORD,DARRA:PTR          ; "\"为续行符
        MOV ECX,COUNT                  ;个数为0，和为0
        XOR EAX,EAX
        JECXZ SUMEXIT
        MOV ESI,DARRAY
        MOV EAX,[ESI]
        DEC ECX
        JECXZ SUMEXIT
SUMLP:  ADD ESI,4
        ADD EAX,[ESI]
        LOOP SUMLP
SUMEXIT:RET
ISUM    ENDP
        END
```

8.6 本章小结

本章通过对项目开发分别采用高、低级语言的优缺点进行了对比分析。认为开发项目时采用高、低级语言混合进行既能做到取长补短，又能充分发挥硬件系统性能提高效率的混合编程。着重介绍汇编语言在Visual C++中的应用，分别从嵌入式和模块调用两种情况进行讲述。

（1）嵌入式汇编语言指令_ _asm在使用汇编语言的注意事项和在_ _asm使用C++语言的注意事项，用_ _asm程序段编写函数的基本方法。

（2）模块调用要遵循名称、调用、参数传递与返回的相关约定。采用一致的调用规范，遵守公用函数和变量的声明及入口参数和返回参数的约定及编写汇编语言程序时注意的几个问题。

（3）通过例题说明使用汇编语言优化C++代码的基本方法。使用Visual C++开发汇编语言程序的开发过程和Visual C++开发汇编程序的调试过程及基本方法。

8.7 本章习题

1．什么是混合编程？汇编语言与C++语言的混合编程有哪两种方法？各有什么特点？

2．Visual C++支持的汇编指令集是什么？

3．说明Visual C++嵌入汇编语言指令的形式？

4．编写一个汇编语言子程序实现加法函数sum，并用模块连接方式实现与C++语言主函

数混合编程的程序。

5．用汇编语言写函数 Display(Data)。其功能是在当前光标处显示整数 Data 然后编写一个 C++语言程序调用 Display 来显示整型变量的值。

附录A 基本ASCII码表

ASCII值	字符	ASCII值	字符	ASCII值	字符	ASCII值	字符
000	NULL	032	(space)	064	@	096	
001	SOH	033	!	065	A	097	a
002	STX	034	"	066	B	098	b
003	ETX	035	#	067	C	099	c
004	EOT	036	$	068	D	100	d
005	ENQ	037	%	069	E	101	e
006	ACK	038	&	070	F	102	f
007	BEL	039	’	071	G	103	g
008	BS	040	(	072	H	104	h
009	HT	041	)	073	I	105	i
010	LF	042	*	074	J	106	j
011	VT	043	+	075	K	107	k
012	FF	044	,	076	L	108	l
013	CR	045	～	077	M	109	m
014	SO	046	.	078	N	110	n
015	SI	047	/	079	O	111	o
016	DLE	048	0	080	P	112	p
017	DC1	049	1	081	Q	113	q
018	DC2	050	2	082	R	114	r
019	DC3	051	3	083	S	115	s
020	DC4	052	4	084	T	116	t
021	NAK	053	5	085	U	117	u
022	SYN	054	6	086	V	118	v
023	ETB	055	7	087	W	119	w
024	CAN	056	8	088	X	120	x
025	EM	057	9	089	Y	121	y
026	SUB	058	:	090	Z	122	z
027	ESC	059	;	091	[	123	{
028	FS	060	<	092	\	124	|
029	GS	061	=	093	]	125	}
030	RS	062	>	094	^	126	～
031	US	063	?	095	—	127	DEL

控制字符含义：

NULL	空	HT	横向列表	DC2	设备控制 2	ESC	换码
SOH	标题开始	LF	换行	DC3	设备控制 3	FS	文字分符
STX	正文结束	VT	垂直列表	DC4	设备控制 4	GS	组分隔符
ETX	本文结束	FF	走纸控制	NAK	否定	RS	记录分符
EOT	传输结束	CR	回车	SYN	空转同步	US	单元分符
ENQ	询问	SO	移位输出	ETB	信息组传输结束	DEL	删除
ACK	承认	SI	移位输入	CAN	作废		
BEK	报警符	DEL	数据链码	EM	纸尽		
BS	退一格	DC1	设备控制 1	SUB	减		

附录B 8088/8086 指令系统一览表

1. 数据传送表

汇编指令格式	功 能	操作数说明	时钟周期数	字节数
MOV dst,src	(dst)←(src)	mem,reg reg,mem reg,reg reg,imm mem,imm seg,reg seg,mem mem,seg reg,seg mem,acc acc,mem	9+EA 8+EA 2 4 10+EA 2 8+EA 9+EA 2 10 10	2～4 2～4 2 2～3 3～6 2 2～4 2～4 2 3 3
PUSH src	(SP)←(SP)-2 ((SP)+1,(SP))←(src)	reg seg mem	11 10 16+EA	1 1 2～4
POP dst	(dst)←((SP)+1,(SP)) (SP)←(SP)+2	reg seg mem	8 8 17+EA	1 1 2～4
XCHG op1,op2	(op1)←→(op2)	reg,mem reg,reg reg,acc	17+EA 4 3	2～4 2 1
IN acc,port IN acc,DX	(acc)←(port) (acc)←(DX)		10 8	2 1
OUT port,acc OUT DX,acc	(port)←(acc) (DX)←(acc)		10 8	2 1
XLAT			11	1
LEA reg,src	(reg)←src	reg,mem	2+EA	2～4
LDS reg,src	(reg)←src (DS)←(src+2)	reg,mem	16+EA	2～4
LES reg,src	(reg)←src (ES)←(src+2)	reg,mem	16+EA	2～4
LAHF	(AH)←(FR 低字节)		4	1
SAHF	（FR 低字节）←（AH）		4	1
PUSHF	(SP)←(SP)-2 （(SP）+1，(SP）)←（FR）		10	1
POPF			8	1

2. 算术运算类

汇编指令格式	功能	操作数说明	时钟周期数	字节数
ADD dst,src	(dst)←(src)+(dst)	mem,reg	16+EA	2～4
		reg,mem	9+EA	2～4
		reg,reg	3	2
		reg,imm	4	3～4
		mem,imm	17+EA	3～6
		acc,imm	4	2～3
ADC dst,src	(dst←(src)+(dst)+CF	mem,reg	16+EA	2～4
		reg,mem	9+EA	2～4
		reg,reg	3	2
		reg,imm	4	3～4
		mem,imm	17+EA	3～6
		acc,imm	4	2～3
INC op1	(op1)←(op1)+1	reg	2～3	1～2
		mem	15+EA	2～4
SUB dst src	(dst)←(src)−(dst)	mem,reg	16+EA	2～4
		reg,mem	9+EA	2～4
		reg,reg	3	2
		reg,imm	4	3～4
		mem,imm	17+EA	3～6
		acc,imm	4	2～3
SBB dst,src	(dst←(src)−(dst)−CF	mem,reg	16+EA	2～4
		reg,mem	9+EA	2～4
		reg,reg	3	2
		reg,imm	4	3～4
		mem,imm	17+EA	3～6
		acc,imm	4	2～3
DEC op1	(op1)←(op1)−1	reg	2～3	1～2
		mem	15+EA	2～4
NEG op1	(op1)←0−(op1)	reg	3	2
		mem	16+EA	2～4
CMP op1, op2	(op1)−(op2)	mem,reg	9+EA	2～4
		reg,mem	9+EA	2～4
		reg,reg	3	2
		reg,imm	4	3～4
		mem,imm	10+EA	3～6
		acc,imm	4	2～3

续表

汇编指令格式	功能	操作数说明	时钟周期数	字节数
MUL src	(AX)←(AL)*(src) (DX,AX)←(AX) *(src)	8位reg 8位mem 16位reg 16位mem	70～77 (76～83)+EA 118～133 (12～139)+EA	2 2～4 2 2～4
IMUL src	(AX)←(AL)*src (DX,AX)←(AX)*src	8位reg 8位mem 16位reg 16位mem	80～98 (86～104)+EA 128～154 (134～160)+EA	2 2～4 2 2～4
DIV src	(AL)←(AX)/src的商 (AH)←(AX)/src的余数 (AX)←(DX,AX)/src的商 (DX)←(DX,AX)/src的余数	8位reg 8位mem 16位reg 16位mem	80～90 (86～96)+EA 144～162 (150～168)+EA	2 2～4 2 2～4
IDIV src	(AL)←(AX)/src的商 (AH)←(AX)/src的余数 (AX)←(DX,AX)/src的商 (DX)←(DX,AX)/src的余数	8位reg 8位mem 16位reg 16位mem	101～112 (107～118)+EA 165～184 (171～190)+EA	2 2～4 2 2～4
DAA	(AL)←AL中的和调整为组合BCD		4	1
DAS	(AL)←AL中的差调整为组合BCD		4	1
AAA	(AL)←AL中的和调整为非组合BCD (AH)←(AH)+调整产生的进位值		4	1
AAS	(AL)←AL中的差调整为非组合BCD (AH)←(AH)-调整产生的进位值		4	1
AAM	(AX)←AX中和积调整为非组合BCD		83	2
AAD	(AL)←(AH)*10+(AL) (AH)←0 (注是除法进行前调整被除数)		60	2

3. 逻辑运算类

汇编指令格式	功能	操作数说明	时钟周期	字节数
AND dst,src	(dst)←(dst)∧(src)	mem,reg reg,mem reg,reg reg,imm mem,imm acc,imm	16+EA 9+EA 3 4 17+EA 4	2～4 2～4 2 3～4 3～6 2～3

续表

汇编指令格式	功能	操作数说明	时钟周期	字节数
OR dst,src	(dst)←(dst)∨(src)	mem,reg	16+EA	2～4
		reg,mem	9+EA	2～4
		reg,reg	3	2
		reg,imm	4	3～4
		mem,imm	17+EA	3～6
		acc,imm	4	2～3
NOT op1	(op1)←$\overline{(op1)}$	reg	3	2
		meme	16+EA	2～4
XOR dst,src	(dst)←(dst)⊕(src)	mem,reg	16+EA	2～4
		reg,mem	9+EA	2～4
		reg,reg	3	2
		reg,imm	4	3～4
		mem,imm	17+EA	3～6
		acc,imm	4	2～3
TEST op1,op2	(op1)∧(op2)	reg,mem	9+EA	2～4
		reg,reg	3	2
		reg,imm	4	3～4
		mem,imm	17+EA	3～6
		acc,imm	4	2～3
SHL op1,1 SHL op1,CL	逻辑左移	reg	2	2
		mem	15+EA	2～4
		reg	8+4/bit	2
		mem	20+EA+4/bit	2～4
SAL op1,1 SAL op1,CL	算术左移	reg	2	2
		mem	15+EA	2～4
		reg	8+4/bit	2
		mem	20+EA+4/bit	2～4
SHR op1,1 SHR op1,CL	逻辑右移	reg	2	2
		mem	15+EA	2～4
		reg	8+4/bit	2
		mem	20+EA+4/bit	2～4
SAR op1,1 SAR op1,CL	算术右移	reg	2	2
		mem	15+EA	2～4
		reg	8+4/bit	2
		mem	20+EA+4/bit	2～4

续表

汇编指令格式	功能	操作数说明	时钟周期	字节数
ROL op1,1 ROL op1,CL	循环左移	reg mem reg mem	2 15+EA 8+4/bit 20+EA+4/bit	2 2～4 2 2～4
ROR op1,1 ROR op1,CL	循环右移	reg mem reg mem	2 15+EA 8+4/bit 20+EA+4/bit	2 2～4 2 2～4
RCL op1,1 RCL op1,CL	带进位的循环左移	reg mem reg mem	2 15+EA 8+4/bit 20+EA+4/bit	2 2～4 2 2～4
RCR op1,1 RCR op1,CL	带进位的循环右移	reg mem reg mem	2 15+EA 8+4/bit 20+EA+4/bit	2 2～4 2 2～4

4. 串操作类指令

汇编指令格式	功能	操作数说明	时钟周期数	字节数
MOVSB	((DI))←((SI)) (SI)←(SI)±1,(DI)←(DI)±1		不重复：18 重复：9+17/rep	1
MOVSW	((DI))←((SI)) (SI)←(SI)±2,(DI)←(DI)±2		不重复：18 重复：9+17/rep	1
STOSB	((DI))←(AL) (DI)←(DI)±1		不重复：11 重复：9+10/rep	1
STOSW	((DI))←(AX) (DI)←(DI)±2		不重复：11 重复：9+10/rep	1
LODSB	(AL)←((SI)) (SI)←(SI)±1		不重复：12 重复：9+13/rep	1
LODSW	(AX)←((SI)) (SI)←(SI)±2		不重复：12 重复：9+13/rep	1
CMPSB	((SI))～((DI)) (SI)←(SI)±1,(DI)←(DI)±1		不重复：22 重复：9+22/rep	1
CMPSW	((SI))−((DI)) (SI)←(SI)±2,(DI)←(DI)±2		不重复：22 重复：9+22/rep	1

续表

汇编指令格式	功能	操作数说明	时钟周期数	字节数
SCASB	(AL)-((DI)) (DI)←(DI)±1		不重复：15 重复：9+15/rep	1
SCASW	(AX)-((DI)) (DI)←(DI)±2		不重复：15 重复：9+15/rep	1
REP string_instruc	(CX)=0 退出重复，否则（CX）←(CX)-1，并执行其后的串指令		2	2
REPE/REPZ string_instruc	(CX)=0 或(ZF)=0 退出重复，否则,(CX)←(CX)-1 并执行其后串指令		2	2
REPNE/REPNZ string_instruc	(CX)=0 或(ZF)=1 退出重复，否则,(CX)←(CX)-1 并执行其后串指令		2	1

注：在串指令中，源串指针 SI 与 DS 联系，可使用段跨越，目的串指针 DI 与 ES 联系不能使用段跨越来改变。

5. 控制转移类

汇编指令格式	功能	操作数说明	时钟周期数	字节数
JMP SHORT op1	无条件转移	reg	15	2
JMP NEAR PTR op1			15	3
JMP FAR PTR op1			15	5
JMP WORD PTR op1		mem	18+EA	2～4
JMP DWORD PTR op1			24+EA	2～4
JZ/JE op1	ZF=1 则转移		16/4	2
JNZ/JNE op1	ZF=0 则转移		16/4	2
JS op1	SF=1 则转移		16/4	2
JNS op1	SF=0 则转移		16/4	2
JP/JPE op1	PF=1 则转移		16/4	2
JNP/JPO op1	PF=0 则转移		16/4	2
JC op1	CF=1 则转移		16/4	2
JNC op1	CF=0 则转移		16/4	2
JO op1	OF=1 则转移		16/4	2
JNO op1	OF=0 则转移		16/4	2
JB/JNAE op1	CF=1 且 ZF=0 则转移		16/4	2
JNB/JAE op1	CF=0 或 ZF=0 则转移		16/4	2
JBE/JNA op1	CF=1 或 ZF=1 则转移		16/4	2
JNBE/JA op1	CF=0 且 ZF=0 则转移		16/4	2
JL/JNGE op1	SF ⊕ OF=1 则转移		16/4	2
JNL/JGE op1	SF ⊕ OF=0 则转移		16/4	2

续表

汇编指令格式	功能	操作数说明	时钟周期数	字节数
JLE/JNG op1	SF⊕OF=1 或 ZF=1 则转移		16/4	2
JNLE/JG op1	SF⊕OF=0 且 ZF=0 则转移		16/4	2
JCXZ op1	(CX)=0 则转移		18/6	2
LOOP op1	(CX)≠0 则循环		17/5	2
LOOPZ/LOOPE op1	(CX)≠0 且 ZF=1 则循环		18/6	2
LOOPNZ/LOOPNE op1	(CX)≠0 且 ZF=0 则循环		19/5	2
CALL dst	段内直接：(SP)←(SP)-2 ((SP)+1,(SP))←IP (IP)←(IP)+D16 段内间接：(SP)←(SP)-2 ((SP)+1,(SP))←IP (IP)←EA 段间直接：(SP)←(SP)-2 ((SP)+1,(SP))←(CS) (SP)←(SP)-2 ((SP)+1,(SP))←IP (IP)←目的偏移地址 (CS)←目的段地址 段间间接：(SP)←(SP)-2 ((SP)+1,(SP))←(CS) (SP)←(SP)-2 ((SP)+1,(SP))←IP (IP)←（EA） (CS)←(EA+2)	reg mem	19 16 21+EA 28 37+EA	3 2 2～4 5 2～4
RET	段内：(IP)←((SP)+1,(SP)) (SP)←(SP)+2 段间：(IP)←((SP)+1,(SP)) (SP)←(SP)+2 (CS)←((SP)+1,(SP)) (SP)←(SP)+2		16 24	1 1
RET exp	段内：(IP)←((SP)+1,(SP)) (SP)←(SP)+2 (SP)←(SP)+D16 段间：(IP)←((SP)+1,(SP)) (SP)←(SP)+2 (CS)←((SP)+1,(SP)) (SP)←(SP)+2 (SP)←(SP)+D16		20 23	3 3

续表

汇编指令格式	功能	操作数说明	时钟周期数	字节数
INT N INT	(SP)←(SP)−2 ((SP)+1,(SP))←(FR) (SP)←(SP)−2 ((SP)+1,(SP))←(CS) (SP)←(SP)−2 ((SP)+1,(SP))←(IP) (IP)←(type*4) (CS)←(type*4+2)	N≠3 N=3	51 52	2 1
INTO	若 OF=1，则 (SP)←(SP)−2 ((SP)+1,(SP))←(FR) (SP)←(SP)−2 ((SP)+1,(SP))←(CS) (SP)←(SP)−2 ((SP)+1,(SP))←(IP) (IP)←(10H) (CS)←(12H)		53（OF=1） 4 （OF=0）	1
IRET	(IP)←((SP)+1,(SP)) (SP)←(SP)+2 (CS)←((SP)+1,(SP)) (SP)←(SP)+2 (FR)←((SP)+1,(SP)) (SP)←(SP)+2		24	1

6. 处理器控制类

汇编指令格式	功能	操作数说明	时钟周期数	字节数
CBW	(AL)符号扩展到(AH)		2	1
CWD	(AX)符号扩展到(DX)		5	1
CLC	CF 清 0		2	1
CMC	CF 取反		2	1
STC	CF 置 1		2	1
CLD	DF 清 0		2	1
STD	DF 置 1		2	1
CLI	IF 清 0		2	1
STI	IF 置 1		2	1
NOP	空操作		3	1

续表

汇编指令格式	功能	操作数说明	时钟周期数	字节数
HLT	停机		2	1
WAIT	等待		≥3	1
ESC mem	换码		8+EA	2～4
LOCK	总线封锁前缀		2	1
Seg:	段超越前缀		2	1

附录C 8088/8086 指令对标志位的影响

1. 对状态标志位的影响

指令类型	指令	OF	CF	AF	SF	ZF	PF
加法和减法	ADD,ADC,SUB,SBB,CMP,NEG	√	√	√	√	√	√
	CMPS,SCAS	√	√	√	√	√	√
	INC,DEC	√	·	√	√	√	√
乘法和除法	MUL,IMUL	√	√	×	×	×	×
	DIV,IDIV	×	×	×	×	×	×
十进制调整	DAA,DAS	×	√	√	√	√	√
	AAA,AAS	×	√	√	×	×	√
	AAM,AAD	×	×	×	√	√	√
逻辑运算	AND,OR	0	0	×	√	√	√
	XOR,TEST	0	0	×	√	√	√
移位和循环	SHL,SHR(1 次)	√	√	×	√	√	√
	SHL,SHR(CL 次)	√	√	×	√	√	√
	SAR	0	√	×	√	√	√
	ROL，ROR（1 次）	√	√	·	·	·	·
	ROL，ROR（CL 次）	×	√	·	·	·	·
	RCL，RCR（1 次）	√	√	·	·	·	·
	RCL，RCR（CL 次）	×	√	·	·	·	·
标志操作	POPF,IRET	√	√	√	√	√	√
	SAHF	·	√	√	√	√	√
	STC	·	1	·	·	·	·
	CLC	·	0	·	·	·	·
	CMC	·	C	·	·	·	·

2. 对控制标志位的影响

指令类型	指令	DF	IF	TF
恢复控制标志	POPF,IRET	√	√	√
中断	INT,INTO	·	0	0
设置方向标志	STD	1	·	·
	CLD	0	·	·
	STI	·	1	·
	CLI	·	0	·

符号说明：

√ 有影响　　·无影响（原状态不变）　　× 无定义（不确定）

0 置0　　1 置1　　C CF标志取反

附录D 8088/8086宏汇编常用伪指令表

1. 数据及结构定义

伪指令	伪指令格式	功能说明
ASSUME	ASSUME segreg:seg_name[,…]	说明段所对应的段寄存器
COMMENT	COMMENT delimiter_text	后跟注释（代替:）
DB	[variable_name] DB operand_list	定义字节变量
DD	[variable_name] DD operand_list	定义双字变量
DQ	[variable_name] DQ operand_list	定义4字变量
DT	[variable_name] DT operand_list	定义10字节变量
DW	[variable_name] DW operand_list	定义字变量
DUP	DB/DD/DQ/DT/Dwrepeat_count DUP (operand_list)	变量定义中重复从句
END	END[label]	源程序结束
EQU	expression_name EQU expression	定义符号
=	label=expression	赋值
EXTRN	EXTRN name:type[,…](type is,byte,word,dword or near,far)	本模块中使用外部符号
GROUP	name GROUP seg_name_list	指定段在64K的物理段内
INCLUDE	INCLUDE filespec	包含其他文件
LABEL	name LABEL type(type is byte,word,dword or near,far)	定义name的属性
NAME	NAME module_name	定义模块名
ORG	ORG expression	地址计数器置expression
PROC	procedure_name PROC type(type is near or far)	定义过程开始
ENDP	procedure_name ENDP	定义过程结束
PUBLIC	PUBLIC symbol_list	本模块定义的外部符号
PUREG	PURGE expression)_name_list	取消指定的符号（EQU定义）
RECORD	record_name RECORD file_name:length[=preassignment][,…]	定义记录
SEGMENT	seg_name SEGMENT [align_type][combine_name] ['class']	定义段开始
ENDS	seg_name ENDS	定义段结束
STRUC	strcrure_name STRUC strcrure_name ENDS	定义结构开始 定义结构结束

2. 条件汇编

伪指令	伪指令格式	功能说明
IF	IF argument	定义条件汇编开始
ELSE	ELSE	条件分支
ENDIF	ENDIF	定义条件汇编结束
IF	IF expression	表达式 expression 不为 0 则真
IFE	IFE expression	表达式 expression 为 0 则真
IF1	IF1	汇编程序正在扫描第一次为真
IF2	IF2	汇编程序正在扫描第二次为真
IFDEF	IFDEF symbol	符号 symbol 已定义为则真
IFNDEF	IFNDEF symbol	符号 symbol 未定义为则真
IFB	IFB<variable>	变量 variable 为空则真
IFNB	IFNB<variable>	变量 variable 不为空则真
IFDIN	IFDIN<string1> <string2>	字串 string1 和 string2 相同为真
IFDIF	IFDIF<string1> <string2>	字串 string1 和 string2 不同为真

3. 宏

伪指令	伪指令格式	功能说明
MACRO	macro_name MACRO [dummy_list]	宏定义开始
ENDM	macro_name ENDM	宏定义结束
PURGE	PURGE macro_name_list	取消指定的宏定义
LOCAL	LOCAL local_label_list	定义局部标号
REPT	REPT expression	重复宏体次数为 expression
IRP	IRP dummy,<argument_list>	重复宏体，每次重复用 argument_list 中的一项实参取代语句中的形参
IRPC	IRPCdummy,string	重复宏体，每次重复用 string 中的一个字符取代语句中的形参
EXITM	EXITM	立即退出宏定义块或重复块
&	text&text	宏展开时合并 text 成一个符号
;;	;; text	宏展开时不产生注释 text

4. 列表控制

伪指令	伪指令格式	功能说明
.CREF	.CREF	控制交叉引用文件信息的输出
.XCREF	.XCREF	停止交叉引用文件信息的输出
.LALL	.LALL	列表所有宏展开正文
.SALL	.SALL	取消所有宏展开正文
.XALL	.XALL	只列出产生目标代码的宏展开
.LIST	.LIST	控制列表文件的输出
.XLIST	.XLIST	不列出源和目标代码
%OUT	%OUT	汇编时显示 text
PAGE	PAGE[operand_1][operand_2]	控制列表文件输出时的页长和页宽
SUBTTL	SUBTTL text	在每页标题下打印副标题
TITLE	TITLE text	在每页第一行打印标题 text

附录E DOS功能调用

1. DOS的软件中断

中断	功能	入口参数	出口参数
INT 20H	程序正常退出		
INT 21H	系统功能调用	AH=调用号 功能调用入口参数	功能调用出口参数
INT 22H	结束退出		
INT 23H	Ctrl+Break 退出		
INT 24H	出错退出		
INT 25H	读盘	AL=盘号 CX=读入扇区数 DX=起始逻辑扇区号 DS：BX=缓冲区首址	CF=1 出错
INT 26H	写盘	AL=盘号 CX=写盘扇区数 DX=起始逻辑扇区号 DS：BX=缓冲区首址	CF=1 出错
INT 27H	驻留退出		

2. DOS的系统功能调用分类

按功能分类		功能号（十六进制数）
设备管理	字符设备	01,02,03,04,05,06,07,08,09,0A,0B,0C
	磁盘设备	0D,0E,19,1A,1B,1C,2F,36
文件管理		0F,10,13,14,15,16,21,22,24,27,28,29 3C,3D,3E,3F,40,41,42,43,44,45,46,5A,5B,5C
目录管理	目录查找	11,12,4E,4F
	目录更改	17,23,56
	子目录操作	39,3A,3B,47
内存管理		48,49,4A,4B
其他管理	程序处理与中断	0,25,26,31,33,35,4C,4D,62
	日历和状态	2A,2B,2C,2D,2E,30,33,38,54,57,58,59
保留		18,1D,1E,1F,,20,32,34,37,50,51,52,53,55

3. DOS的系统功能调用

AH	功能	入口参数	出口参数
00H	程序结束并释放内存（同INT 20H）	CS=程序段前缀（PSP）段基址	无
01H	带回显的单字符键盘输入（检测是否为Ctrl+Break，若是执行中断23H）	无	AL=输入字符ASCII
02H	向显示器输出单字符（检测是否为Ctrl+Break，若是执行中断23H）	DL=输出字符ASCII	无
03H	异步通信口输入	无	AL=输入字符
04H	异步通信口输出	DL=输出字符	无
05H	向打印机输出单字符	DL=输出字符ASCII	无
06H	直接控制台I/O（不检测Ctrl+Break）	DL=0FFH（输入） DL=输出字符（输出）	若ZF=0 则AL=输入字符
07H	无回显的单字符键盘输入（不检测Ctrl+Break）	无	AL=输入字符ASCII
08H	无回显的单字符键盘输入（检测是否为Ctrl+Break，若是执行中断23H）	无	AL=输入字符ASCII
09H	向显示器输出字符串（字符串以$结束）	DS：DX=字符串首地址	无
0AH	带回显的字符串输入（字符串以回车符结束）	DS:DX=接收缓冲区首地址 (DS:DX)=缓冲区长度 (DS:DX+1)=实际输入长度	无
0BH	检查键盘输入状态（检测是否为Ctrl+Break，若是执行中断23H）	无	AL=00（无输入） AL=0FF（有输入）
0CH	清除输入缓冲区并执行指定的输入功能	AL=功能号（1,6,7,8,0A）	无
0DH	磁盘复位（选择驱动器A为默认驱动器，把磁盘传送地址置为DS：80，清除文件缓冲区）	无	无
0EH	指定当前默认的磁盘驱动器	DL=驱动器号（0=A，1=B，…）	AL=驱动器个数
0FH	打开文件	DS:DX=文件控制块（FCB）首地址	AL=00（成功） AL=0FF（失败）
10H	关闭文件		
11H	查找文件名（查找当前目录的第一个目录项）		
12H	查找下一个文件名（查找当前目录的下一个目录项）		
13H	删除文件，文件名可带?		

续表

AH	功能	入口参数	出口参数
14H	顺序读文件	DS:DX=文件控制块（FCB）首地址	AL=00（成功） AL=01（文件结束记录中无数据） AL=02（磁盘缓冲区 DTA 空间不够操作取消） AL=03（文件结束记录不完整以0填充）
15H	顺序写文件	DS:DX=文件控制块（FCB）首地址	AL=00（成功） AL=01（磁盘满操作取消） AL=02（磁盘缓冲区 DTA 空间不够操作取消）
16H	建立文件	DS:DX=文件控制块（FCB）首地址	AL=00（成功） AL=0FF（磁盘空间不够）
17H	文件重命名	DS:DX=文件控制块（FCB）首地址 (DS:DX)=旧文件名 (DS:DX+11)=新文件名 (DS:DX)+19=新文件扩展名	AL=00（成功） AL=0FF（失败）
19H	取当前默认驱动器号	无	AL=默认的驱动器号 （0=A，1=B，…）
1AH	设置磁盘缓冲区首址 DTA	DS：DX=缓冲区首地址	无
1BH	取当前默认磁盘驱动器的文件分配表 FAT 信息	无	AL=每簇的扇区数 (DS:BX)=FAT 标识字节 CX=物理扇区的大小
1CH	取任一磁盘驱动器的文件分配表 FAT 信息	DL=驱动器号（0=约定的，1=A，…）	DX=默认驱动器的簇数
21H	随机读文件	DS:DX=文件控制块（FCB）首地址	AL=00（成功） AL=01（文件结束记录内无数据） AL=02（磁盘缓冲区 DTA 空间不够操作取消） AL=03（读部分记录以0填充）
22H	随机写文件	DS:DX=文件控制块（FCB）首地址	AL=00（成功） AL=01（磁盘满） AL=02（磁盘缓冲区 DTA 空间不够操作取消）
23H	取文件长度	DS:DX=文件控制块（FCB）首地址	AL=00(成功，文件长填入 FCB） AL=0FF（失败）
24H	设置随机记录号	DS:DX=文件控制块（FCB）首地址	无

续表

AH	功能	入口参数	出口参数
25H	设置中断向量	DS：DX=中断向量 AL=中断类型码	无
26H	建立程序段前缀	DX=新的程序段前缀首地址偏移量	无
27H	随机分块读	DS：DX=文件控制块（FCB）首地址 CX=记录数	AL=00（成功） AL=01（文件结束并读完最后一个记录） AL=02（读入记录过多磁盘缓冲区 DTA 溢出） AL=03（读入部分记录缓冲区不满） CX=实际读出的记录数
28H	随机分块写	DS：DX=文件控制块（FCB）首地址 CX=记录数	AL=00（成功） AL=01（磁盘满没有记录写入）
29H	建立文件控制块 FCB	ES:DI=文件控制块 FCB 首地址 DS:SI=待分析的 ASCII 串 AL=低 4 位为控制分析标志 位 0=1：对 ASCII 中进行分隔符检查 位 1=1：在 FCB 中设置驱动器号 位 2=1：在 ASCII 串中包含文件名，则改变 FCB 中国文件名 位 3=1：在 ASCII 串中包含文件扩展名，则改变 FCB 中的文件扩展名	AL=00（标准文件） AL=01（多义文件，即文件名中含有？和*） AL=0FF（驱动器无效）
2AH	取系统日期	无	CX=年 DH：DL=月：日（二进制） AL=星期
2BH	设置系统日期	CX：DH：DL=年：月：日	AL=00（成功） AL=0FF（失败）
2CH	取系统时间	无	CH：CL=时：分 DH：DL=秒：1/100 秒
2DH	设置系统时间	CH：CL=时：分 DH：DL=秒：1/100 秒	AL=00（成功） AL=0FF（失败）
2EH	设置磁盘自动读写标志	AL=00（关闭标志） AL=01（打开标志）	无
2FH	取磁盘缓冲区首址 DTA	无	ES：BX=缓冲区首地址

续表

AH	功能	入口参数	出口参数
30H	取 DOS 版本号	无	AH=主版本号 AL=次版本号
31H	程序结束并驻留	AL=返回码（0=正常结束，1=用 Ctrl+C 终止，2=因严重错误终止，3=因功能号 AH=31H 而驻留退出） DX=驻留内存大小（节数、一节为 16B）	无
33H	Ctrl+Break 检测	AL=00 取状态 AL=01 置状态 DL=00 关闭检测 DL=01 打开检测	DL=00 关闭检测 DL=01 打开检测
35H	取中断向量	AL=中断类型号	ES：BX=中断向量
36H	取可用磁盘空间	DL=驱动器号（0=约定的，1=A，2=B，…）	成功：AX=每簇的扇区数 BX=有效簇数 CX=每扇区字节数 DX=总簇数 失败：AX=0FFFF
38H	置/取国家信息	DS：DX=信息区首址	成功：CF=0 BX=国家码（国际电话前缀） 失败：CF=1
39H	建立子目录	DS：DX=ASCII 串地址（该串包含驱动器符和路径）	失败：CF=1 AX=3 路径未找到 AX=5 访问方式错
3AH	删除子目录	DS：DX=ASCII 串地址（该串包含驱动器符和路径）	失败：CF=1 AX=3 路径未找到 AX=5 访问方式错 AX=16 试图删除当前子目录
3BH	改变当前目录	DS：DX=ASCII 串地址（该串包含驱动器符和路径）	失败：CF=1 AX=3 路径未找到
3CH	建立文件	DS: DX=ASCII 串地址（该串包含驱动器符，路径和文件名） CX=文件属性	成功：CF=0 AX=文件句柄号 失败：CF=1 AX=3 路径未找到 AX=4 打开文件太多 AX=5 访问方式错
3DH	打开文件	DS: DX=ASCII 串地址（该串包含驱动器符，路径和文件名） AL=功能代号 AL=0（读） AL=1（写） AL=2（读/写）	成功：CF=0 AX=文件句柄号（成功） 失败：CF=1 AX=2 文件没找到 AX=4 打开文件太多 AX=5 访问方式错 AX=12AL 中无效存取代码

续表

AH	功能	入口参数	出口参数
3EH	关闭文件	BX=文件句柄号	失败：CF=1 AX=6 非法的文件句柄号
3FH	读文件或设备	DS：DX=数据缓冲区首地址 BX=文件句柄号 CX=读取的字节数	成功：CF=0 AX=实际读入的字节数 失败：CF=1 AX=5 访问方式错 AX=6 非法的文件句柄号
40H	写文件或设备	DS：DX=数据缓冲区首地址 BX=文件句柄号 CX=写入的字节数	成功：CF=0 AX=实际写入的字节数 失败：CF=1 AX=5 访问方式错 AX=6 非法的文件句柄
41H	从指定目录中删除文件	DS: DX=ASCII 串地址（该串包含驱动器符，路径和文件名）	失败：CF=1 AX=2 文件没找到 AX=5 访问方式错
42H	移动文件指针	BX=文件句柄号 CX:DX=需移动的字节偏移量 AL=移动方式 AL=0 从文件头开始移动 AL=1 从当前位置开始移动 AL=2 从文件尾开始移动	成功：DX:AX=新指针位置 失败：CF=1 AX=1 无效的功能编号 AX=6 非法的文件句柄号
43H	置/取文件属性	DS: DX=ASCII 串地址（该串包含驱动器符，路径和文件名） CX=文件属性 AL=功能代码 AL=0 取文件属性 AL=1 置文件属性	成功：CF=0 AL=0 时 CX=文件属性 失败：CF=1 AX=1 无效的功能编号 AX=3 路径未找到 AX=5 访问方式错
44H	设备文件的 I/O 控制	BX=文件句柄号 AL=功能代码 AL=0 取设备信息到 DX 中 AL=1 置 DX 中设备信息 AL=2 从设备控制通道把 CX 个字节读入到 DS：DX 处 AL=3 把 DS：DX 处的 CX 个字节写到设备控制通道 AL=4 使用 BL 中的驱动器号（0=约定的，1=A，…）其余同 2 AL=5 使用 BL 中的驱动器号（0=约定的，1=A，…）其余同 3 AL=6 取输入状态 AL=7 取输出状态	失败：CF=1 AX=1 无效的功能编号 AX=5 访问方式错 AX=6 非法的文件句柄号 AX=13 无效的数据

续表

AH	功能	入口参数	出口参数
45H	复制文件	BX=文件句柄号 1	成功：CF=0 AX=文件句柄号 2 失败：CF=1 AX=4 打开文件太多 AX=6 非法的文件句柄号
46H	强制复制文件	BX=文件句柄号 1 CX=文件句柄号 2	成功：CF=0 CX=文件句柄号 2 失败：CF=1 AX=4 打开文件太多 AX=6 非法的文件句柄号
47H	取当前路径名	DL=驱动器号（0=A，1=B，…） DS:SI=ASCII 串地址（路径名）	成功：CF=0 （DS:SI）=ASCII 串 失败：CF=1 AX=15 无效的驱动器
48H	分配内存块	BX=申请内存的字节数（16B 为一节）	成功：CF=0 AX：0=分配内存首地址 失败：CF=1 BX=最大可用空间 AX=7 内存控制块失效 AX=8 没有足够的内存
49H	释放内存块	ES=内存块的段基址	失败：CF=1 AX=7 内存控制块失效 AX=9 不正确的内存块
4AH	调整已分配的内存块	ES=内存块的段基址 BX=再申请内存的字节数(16B 为一节)	失败：CF=1 BX=最大可用空间 AX=7 内存控制块失效 AX=8 没有足够的内存 AX=9 不正确的内存块
4BH	装配/执行程序	DS：DX=ASCII 串地址（该串包含驱动器符、路径和文件名） ES：BX=参数区首地址 AL=功能代码 AL=0 装入并执行 AL=3 装入但不执行	失败：CF=1 AX=1 非法功能号 AX=2 文件未找到 AX=8 没有足够的内存 AX=10 不正确的环境 AX=11 不正确的格式
4CH	程序结束（带返回码）	AL=返回码（含义同 AH=31H 时）	无
4DH	取返回码	无	AX=返回码（含义同 AH=31H 时）

续表

AH	功能	入口参数	出口参数
4EH	查找第一个匹配文件	DS：DX=ASCII 串地址（该串包含驱动器符、路径和文件名） CX=查找属性	失败：CF=1 AX=2 文件未找到 AX=18 无更多的文件
4FH	查找下一个匹配文件	DS：DX=ASCII 串地址（该串包含驱动器符、路径和文件名）	失败：CF=1 AX=12 无效的存取代码
54H	取磁盘自动读写标志	无	AL=当前标志值
56H	文件重命名	(DS：DX+1)=旧 ASCII 串地址（该串包含驱动器符、路径和文件名） (DS：DX+17)=新 ASCII 串地址（该串包含驱动器符、路径和文件名）	失败：CF=1 AX=3 路径未找到 AX=5 访问方式错 AX=17 不是相同的设备
57H	置/取文件日期时间	BX=文件句柄号 AL=0 读取 AL=1 设置 DX：CX=日期：时间	成功：CF=0 DX：CX=日期：时间 失败：CF=1 AX=1 无效的功能号 AX=6 无效的文件句柄号
58H	置/取分配策略码	AL=0 读取 AL=1 设置 BX=策略码	成功：CF=0 AX=策略码 失败：CF=1 AX=错误码
59H	取扩充错误码	BX=0000H	AX=扩充错误码 BH=错误类型 BL=建议的操作 CH=错误场所
5AH	建立临时文件	DS：DX=ASCII 串地址 CX=文件属性	成功：CF=0 AX=文件句柄号 失败：CF=1 AX=错误码
5BH	建立新文件	DS：DX=ASCII 串地址 CX=文件属性	成功：CF=0 AX=文件句柄号 失败：CF=1 AX=错误码
5CH	控制文件存取	AL=00 封锁 AL=01 开启 BX=文件句柄号 CX：DX=文件位移量 SI：DI=文件长度	失败：CF=1 AX=错误码

续表

AH	功能	入口参数	出口参数
5EH	网络/打印机	AL=00 得到网络名 DS：DX=包含网络名的 ASCII 串地址	若 CF=0，CL=netBIOS 名称号 若 CF=1，出错
		AL=02 定义网络打印机 BX=重定向列表 CX=设置串的长度 DS:DX=打印设备缓冲区地址	若 CF=1，出错
5EH	网络/打印机	AL=03 读网络打印机设置串 BX=重定向列表 DS：DX=打印机设备的缓冲区地址	若 CF=0，CX=设备串长度 ES：DI=打印机设备的缓冲区地址 若 CF=1，出错
62H	取程序前缀地址	DOS1.0 以上版本 AH=0～2E DOS2.0 以上版本 AH=2F～57 DOS3.0 以上版本 AH=58～62	BX=程序段前缀地址
65H	取扩展的国别信息	AL=功能代码 ES：DI=接收信息的缓冲区地址	若 CF=0，CX=国别信息长度 若 CF=1，出错
66H	取/设置代码页	AL=功能代码 BX=代码页号	若 CF=0，CX=活动的代码页号 DX=默认代码页号 若 CF=1，出错
67H	设置句柄计数	BX=请求的句柄数	若 CF=1，出错
68H	提交文件	BX=提交文件的句柄号	若 CF=0，日期、时间标志写入目录 若 CF=1，出错
6CH	扩充的打开文件	AL=00 BX=打开模式 CX=属性 DX=打开标志 DS：SI=ASCII 串文件名首地址	若 CF=0，AX=句柄 CX=0001H，文件存在并已打开 CX=0002H，文件不存在但已创建 若 CF=1，AX=出错代码

附录F 常用 BIOS 功能调用

1. 显示器驱动程序（INT 10H）

AH 功能号	功能	入口参数	出口参数
0	置显示模式	AL=0 40×25 黑白文本 AL=1 40×25 彩色文本 AL=2 80×25 黑白文本 AL=3 80×25 彩色文本 AL=4 320×200 彩色图形 AL=5 320×200 黑白图形 AL=6 640×200 黑白图形 AL=7 80×25 单色文本 AL=8 160×200 16 色图形 AL=9 320×200 16 色图形 AL=10 640×200 16 色图形 AL=11 640×480 单色图形 AL=12 640×480 16 色图形 AL=13 320×200 256 色图形 AL=14 360×480 256 色图形 AL=15 640×350 黑白图形 AL=5CH 640×480 256 色 SVGA AL=5DH 640×480 256 色 TVGA AL=5EH 800×600 16 色 TVGA AL=5FH 1024×768 16 色 SVGA AL=60H 1024×768 4 色 SVGA AL=62H 1024×768 256 色 SVGA	
1	置光标类型	$CL_{4\sim0}$=光标起始线 $CH_{4\sim0}$=光标终止线	
2	置光标位置	DH=行号，DL=列号，BH=页号	
3	读光标位置	BH=页号	DH=行号，DL=列号 CH=当前光标终止线 CL=当前光标起始线

续表

AH 功能号	功能	入口参数	出口参数
4	读光笔位置		AH=0 未按光笔开关 AH=1 寄存器中光笔值有效 DH=光笔所在的行号 DL=光笔所在的列号 CH=扫描线（0～199） BX=像素列号（0～319，639）
5	选择当前显示页（字符方式）	AL=页号 $AL_{4\sim7}$用于模式 0 或 1 $AL_{0\sim3}$ 用于模式 2 或 3	
6	当前页上滚	AL=从窗口底部起空白的行数 BH=空白行的属性 CH=滚动区左上角行号 CL=滚动区左上角列号 DH=滚动区右下角行号 DL=滚动区右下角列号	
7	当前页下滚	AL=从窗口底部起空白的行数 BH=空白行的属性 CH=滚动区左上角行号 CL=滚动区左上角列号 DH=滚动区右下角行号 DL=滚动区右下角列号	
8	读当前光标位置处的属性/字符	BH=页号（文本模式有效）	AL=读出字符 AH=字符属性（文本模式）
9	写属性/字符到当前光标位置	BH=页号（文本模式有效） CX=字符个数 AL=欲写字符 BL=字符属性(文本)/彩色(图形)	
10	仅写字符到当前光标位置处	BH=页号（文本模式有效） CX=字符个数 AL=欲写字符	
11	置彩色调色板	BH=调色板彩色号（0～127） BL=彩色值	
12	写点	DX=行号，CX=列号 AL=颜色值，BH=页号	
13	读点	DX=行号，CX=列号，BH=页号	AL=所读点颜色
14	写字符到光标位置，光标进 1	AL=欲写字符 BL=前景色（图形模式）	

续表

AH功能号	功能	入口参数	出口参数
15	读当前显示状态		AL=当前显示模式，AH=屏幕上字符列数，BH=当前页号
16	定字符串到指定页面	ES：BP=指向字符串地址 CX=字符串长度 DH=起始光标行号 DL=起始光标列号 AL=模式代码 BL=属性 BH=页号	

2. 磁盘驱动程序（INT 13H）

AH功能号	功能	入口参数	出口参数
0	磁盘复位	DL=驱动器号（0~3）	AH=磁盘状态
1	读磁盘状态	DL=驱动器号（0~3）	AH=磁盘状态
2	读指定扇区	DL=驱动器号（0~3） DH=面号（0~1） CH=道数（0~39） CL=扇区号（1~9） AL=扇区数（1~8） ES：BX=数据缓冲区首地址	读成功：AH=0 AL=读出的扇区数 读失败：AH=出错代码
3	写指定扇区	DL=驱动器号（0~3） DH=面号（0~1） CH=道数（0~39） CL=扇区号（1~9） AL=扇区数（1~8） ES：BX=数据缓冲区首地址	写成功：AH=0 AL=写入的扇区数 写失败：AH=出错代码
4	检查指定扇区	DL=驱动器号（0~3） DH=面号（0~1） CH=道数（0~39） CL=扇区号（1~9） AL=扇区数（1~8） ES：BX=数据缓冲区首地址	检验成功：AH=0 AL=检验的扇区数 检验失败：AH=出错代码
5	对指定磁盘格式化	DL=驱动器号（0~3） DH=面号（0~1） CH=道数（0~39） CL=扇区号（1~9） AL=扇区数（1~8） ES：BX=数据缓冲区首地址	成功：AH=0 失败：AH=出错代码

3. 键盘驱动程序（INT 16H）

AH 功能号	功能	入口参数	出口参数
0	读键盘		AH=输入字符的扫描码 AL=输入字符的 ASCII 码
1	判有无输入		ZF=0，AH=输入字符的扫描码 AL=输入字符的 ASCII 码；ZF=1，无输入
2	读特殊键状态		AL=特殊键状态，其中： AL_7=Insert 键 AL_6=Capslock 键，AL_5=Numlock 键 AL_4=Scroll～Lock 键，AL_3=Alt 键 AL_2=Ctrl 键，AL_1=左 Shift 键 AL_0=右 Shift 键

4. 打印机驱动程序（INT 17H）

AH 功能号	功能	入口参数	出口参数
0	打印字符	AL=欲打印字符 DX=打印机号（0～2）	AH=1 超时
1	初始化打印机	DX=打印机号（0～2）	AH=打印机状态，其中： AH_7=空闲，AH_6=响应，AH_5=无纸 AH_4=已选中，AH_3=出错 AH_2=超时，$AH_{1\sim0}$=未用
2	读打印机状态		AH=打印机状态，其中： AH_7=空闲，AH_6=响应，AH_5=无纸 AH_4=已选中，AH_3=出错 AH_2=超时，$AH_{1\sim0}$=未用

5. 通信驱动程序（INT 14H）

AH 功能号	功能	入口参数	出口参数
0	初始化串行口	AL=初始化参数 DX=串行口号（0～2）	AH=通信线状态 AL=modem 状态
1	发送数据字符	AL=欲发送字符 DX=串行口号（0～2）	AH=通信线状态，其中： AH7=1 表示传送失败
2	接收数据	DX=串行口号（0～2）	AH=通信线状态，其中： AH7=1 表示接收失败
3	读串行口状态	DX=串行口号（0～2）	AH=通信线状态 AL=modem 状态

参 考 文 献

[1] 王元珍，曹忠升，韩宗芬.80X86 汇编语言程序设计. 武汉：华中科技大学出版社，2005.

[2] 沈美明，温冬婵. IBM-PC 汇编语言程序设计. 北京：清华大学出版社，1996.

[3] 沈美明，温冬婵. IBM-PC 汇编语言程序设计. 北京：清华大学出版社，2006.

[4] 程学先，林姗，程传慧. 汇编语言程序设计. 北京：机械工业出版社，2009.

[5] 苏帆. 汇编语言程序设计. 武汉：华中科技大学出版社，2005.

[6] 蔡启先，王智文. 汇编语言程序设计实验指导. 北京：清华大学出版社，2008.

[7] 丁辉. 汇编语言程序设计. 北京：电子工业出版社，2009.

[8] 荆淑霞. 微机原理与汇编语言程序设计实验指导和实训.北京：中国水利水电出版社，2006.

[9] 余朝琨. IBM-PC 汇编语言程序设计. 北京：机械工业出版社，2008.